基于深度学习的图像处理与实践

王卓　刘德民◎编著

清华大学出版社
北京

内 容 简 介

本书循序渐进、深入浅出地讲解了基于深度学习的图像处理的核心知识，并通过具体实例演示了开发深度学习图像处理程序的方法和流程。全书共 14 章，分别讲解了图像识别技术基础，scikit-image 数字图像处理，OpenCV 图像视觉处理，dlib 机器学习和图像处理，face_recognition 人脸识别，采样、变换和卷积处理，图像增强，图像特征提取，图像分割，目标检测，图像分类，国内常用的第三方人脸识别平台，斗转星移换图系统，智能 OCR 文本检测识别系统等内容。本书语言简洁而不失技术深度，内容全面。

本书适用于已经了解了 Python 语言基础语法，想进一步学习机器学习、深度学习、计算机视觉与图像处理技术的读者，还可以作为大专院校相关专业的师生用书和培训机构的专业性教材。

图书在版编目(CIP)数据

基于深度学习的图像处理与实践 / 王卓，刘德民编著. -- 北京 ： 清华大学出版社, 2024. 7. -- ISBN 978-7-302-66466-6

Ⅰ. TP391.413; TP181

中国国家版本馆 CIP 数据核字第 2024MR7758 号

责任编辑： 魏　莹
封面设计： 李　坤
责任校对： 李玉茹
责任印制： 从怀宇
出版发行： 清华大学出版社
网　　址：https://www.tup.com.cn, https://www.wqxuetang.com
地　　址：北京清华大学学研大厦 A 座　　邮　　编：100084
社 总 机：010-83470000　　邮　　购：010-62786544
投稿与读者服务：010-62776969, c-service@tup.tsinghua.edu.cn
质量反馈：010-62772015, zhiliang@tup.tsinghua.edu.cn
印 装 者： 三河市人民印务有限公司
经　　销： 全国新华书店
开　　本： 185mm×230mm　　**印　　张：** 23　　**字　　数：** 459 千字
版　　次： 2024 年 7 月第 1 版　　**印　　次：** 2024 年 7 月第 1 次印刷
定　　价： 99.00 元

产品编号：102807-01

前言

当我们回顾人类历史的发展历程时会发现，图像一直是信息传递和交流的重要媒介之一。从古代的壁画和雕刻，到现代的摄影、电影和数字图像，图像在记录时代变迁、传递情感、展示美好瞬间和实现创意方面都扮演着不可或缺的角色。然而，随着科技的进步，我们迈入了一个全新的数字时代，图像的处理和分析也变得日益重要。本书将带领读者进入智能图像处理技术的精彩世界，从基本概念到高级应用，覆盖了图像处理、图像增强、目标检测、人脸识别等多个方面。无论是计算机视觉领域的初学者还是有一定基础的读者，都可以通过本书逐步掌握图像处理与分析的核心技能。

本书特色

本书通过深入的内容讲解、丰富的案例和实用的教程，为读者提供了一个深入了解图像处理和光学字符识别(OCR)技术，并将其应用于实际项目的机会。无论是计算机视觉领域的初学者还是有经验的开发者，都可以从本书中获得有价值的知识和经验。本书的主要特色如下。

1. 广泛涵盖计算机视觉领域

本书涵盖了计算机视觉领域不同方向的两个关键主题，即图像处理和 OCR，这使读者能够获得多个领域的实际应用知识。

2. 深入而实用的内容

本书的每个章节都深入探讨了具体技术的背景、原理和实现方式，使读者不仅了解理论，还能够亲自动手实现这些技术。这种实践性的内容有助于读者将知识应用于实际项目。

3. 丰富的案例和示例

本书的每章都有丰富的案例和示例，这些案例和示例都是从实际项目中抽取的，涵盖了不同层面的技术细节和应用场景，能帮助读者更好地理解和应用所学内容。

4. 结合多种技术栈

本书不拘泥于单一技术栈，而是结合了多种流行的工具和框架，如 Python、PyTorch、TensorFlow、OpenCV 等，让读者能够在实际项目中根据需求选择合适的工具。

5. 详细的步骤和教程

本书的每个章节都提供了详细的步骤和教程，从环境搭建到模型训练再到应用开发，读者可以一步步地跟随指导完成项目。

6. 涵盖了最新技术

本书反映了最新的技术演进趋势，如深度学习在图像处理和 OCR 中的应用，以及移动端应用的开发等，使读者能够跟上领域内的最新发展趋势。

7. 强调实际问题解决

本书的重点是如何解决实际问题，每个章节都围绕实际应用场景展开讨论，帮助读者更好地理解如何将技术应用于解决实际问题。

8. 提供线上技术支持

本书正文的每一个二级标题右侧都有一个二维码，读者可通过扫描二维码观看视频讲解。除了线上视频讲解以外，本书还为读者提供了全书案例源代码和 PPT 课件，读者可扫描下方二维码获取。

扫码下载源代码

扫码下载 PPT

此外，本书还提供在线技术支持，如果读者在学习中遇到问题，可以向我们的售后团队求助，求助方式见 PPT。

本书适合谁看

- 软件工程师。
- 人工智能开发工程师。
- 机器学习和深度学习开发人员。
- 计算机视觉开发人员。

致谢

本书在编写过程中，得到了清华大学出版社各位专业编辑的大力支持，正是各位专业人士的求实、认真，才使得本书出版。另外，也十分感谢我的家人给予的巨大支持。由于本人水平有限，书中难免存在纰漏之处，恳请读者提出宝贵的意见或建议，以便更正修订。

最后感谢您购买本书，希望本书能成为您编程路上的领航者，祝您阅读愉快！

编　者

目录

第1章　图像识别技术基础............................1

1.1　图像识别概述............................2

1.1.1　什么是图像识别............................2

1.1.2　图像识别的发展阶段............................2

1.1.3　图像识别的应用............................3

1.2　图像识别的过程............................4

1.3　图像识别技术............................4

1.3.1　人工智能............................5

1.3.2　机器学习............................5

1.3.3　深度学习............................6

1.3.4　基于神经网络的图像识别............................6

1.3.5　基于非线性降维的图像识别............................7

第2章　scikit-image数字图像处理............................9

2.1　scikit-image基础............................10

2.1.1　安装scikit-image............................10

2.1.2　scikit-image中的模块............................10

2.2　显示图像............................11

2.2.1　使用skimage读入并显示外部图像............................11

2.2.2　读取并显示外部灰度图像............................12

2.2.3　读取并显示内置星空图片............................13

2.2.4　读取并保存内置星空图片............................14

2.3　常见的图像操作............................14

2.3.1　对内置图片进行二值化操作............................15

2.3.2　对内置图片进行裁剪处理............................16

2.3.3　将RGB图转换为灰度图............................17

2.3.4　使用skimage实现绘制图片功能............................18

2.3.5　使用subplot()函数绘制多视图窗口............................19

2.3.6　改变指定图片的大小............................21

2.3.7　使用函数rescale()缩放图片............................22

2.3.8　使用函数rotate()旋转图片............................22

第3章　OpenCV图像视觉处理............................25

3.1　OpenCV基础............................26

3.1.1　OpenCV和OpenCV-Python介绍............................26

3.1.2　安装OpenCV-Python............................26

3.2　OpenCV-Python图像操作............................27

3.2.1　读取并显示图像............................27

3.2.2　保存图像............................29

3.2.3　在Matplotlib中显示图像............................30

3.2.4　绘图............................31

3.2.5　将鼠标作为画笔............................34

3.2.6　调色板程序............................36

3.2.7　基本的属性操作............................37

3.3　OpenCV-Python视频操作............................40

3.3.1　读取视频............................40

3.3.2　播放视频............................41

3.3.3　保存视频............................42

3.3.4　改变颜色空间............................43

3.3.5　视频的背景分离............................45

第 4 章 dlib 机器学习和图像处理............49

4.1 dlib 介绍............50
4.2 dlib 基本的人脸检测............50
4.2.1 人脸检测............50
4.2.2 使用命令行进行人脸识别............52
4.2.3 检测人脸关键点............54
4.2.4 基于 CNN 的人脸检测器............56
4.2.5 在摄像头中识别人脸............58
4.2.6 人脸识别验证............59
4.2.7 全局优化............60
4.2.8 人脸聚类............62
4.2.9 抖动采样和增强............64
4.2.10 人脸和姿势采集............65
4.2.11 物体追踪............66
4.3 SVM 分类算法............67
4.3.1 二进制 SVM 分类器............68
4.3.2 Ranking SVM 算法............69
4.3.3 Struct SVM 多分类器............72
4.4 自训练模型............75
4.4.1 训练自己的模型............75
4.4.2 自制对象检测器............78

第 5 章 face_recognition 人脸识别............83

5.1 安装 face_recognition............84
5.2 实现基本的人脸检测............84
5.2.1 输出显示指定人像人脸特征............84
5.2.2 在指定照片中识别标记出人脸............86
5.2.3 识别出照片中的所有人脸............88
5.2.4 判断照片中是否包含某个人............91
5.2.5 识别出照片中的人是谁............92
5.2.6 摄像头实时识别............93
5.3 深入 face_recognition 人脸检测............98
5.3.1 检测用户眼睛的状态............99
5.3.2 模糊处理人脸............101
5.3.3 检测两个人脸是否匹配............102
5.3.4 识别视频中的人脸............103
5.3.5 网页版人脸识别器............106

第 6 章 采样、变换和卷积处理............109

6.1 采样............110
6.1.1 最近邻插值采样............110
6.1.2 双线性插值............112
6.1.3 双立方插值............116
6.1.4 Lanczos 插值............118
6.2 离散傅里叶变换............119
6.2.1 为什么使用 DFT............119
6.2.2 用库 NumPy 实现 DFT............120
6.2.3 用库 SciPy 实现 DFT............121
6.2.4 用快速傅里叶变换算法计算 DFT............122
6.3 卷积............124
6.3.1 为什么需要卷积图像............124
6.3.2 使用库 SciPy 中的函数 convolve2d()进行卷积............124
6.3.3 使用库 SciPy 中的函数 ndimage.convolve()进行卷积............126
6.4 频域滤波............128
6.4.1 什么是滤波器............128
6.4.2 高通滤波器............128
6.4.3 低通滤波器............130
6.4.4 DoG 带通滤波器............130

6.4.5 带阻滤波器……132

第 7 章 图像增强……135

7.1 对比度增强……136

7.1.1 直方图均衡化……136

7.1.2 自适应直方图均衡化……138

7.1.3 对比度拉伸……140

7.1.4 非线性对比度增强……142

7.2 锐化……144

7.2.1 锐化滤波……145

7.2.2 高频强调滤波……148

7.2.3 基于梯度的锐化……152

7.3 减少噪声……156

7.3.1 均值滤波器……156

7.3.2 中值滤波器……158

7.3.3 高斯滤波器……158

7.3.4 双边滤波器……159

7.3.5 小波降噪……160

7.4 色彩平衡……161

7.4.1 白平衡……161

7.4.2 颜色校正……163

7.4.3 调整色调和饱和度……164

7.5 超分辨率……165

7.6 去除运动模糊……167

7.6.1 边缘……167

7.6.2 逆滤波……169

7.6.3 统计方法……170

7.6.4 盲去卷积……171

第 8 章 图像特征提取……173

8.1 图像特征提取方法……174

8.2 颜色特征……174

8.2.1 颜色直方图……174

8.2.2 其他颜色特征提取方法……176

8.3 纹理特征……178

8.3.1 灰度共生矩阵……178

8.3.2 方向梯度直方图……180

8.3.3 尺度不变特征变换……181

8.3.4 小波变换……182

8.4 形状特征……184

8.4.1 边界描述子……184

8.4.2 预处理后的轮廓特征……188

8.4.3 模型拟合方法……190

8.4.4 形状上的变换……193

8.5 基于 LoG、DoG 和 DoH 的斑点检测器……196

8.5.1 LoG 滤波器……197

8.5.2 DoG 滤波器……198

8.5.3 DoH 算法……200

第 9 章 图像分割……203

9.1 图像分割的重要性……204

9.2 基于阈值的分割……204

9.2.1 灰度阈值分割……205

9.2.2 彩色阈值分割……206

9.3 基于边缘的分割……207

9.3.1 Canny 边缘检测……207

9.3.2 边缘连接方法……208

9.4 基于区域的分割……209

9.4.1 区域生长算法……209

9.4.2 图割算法……212

9.4.3 基于聚类的分割算法……213

9.5 基于图论的分割……215

9.5.1 图割算法……215

9.5.2 最小生成树算法......215

9.6 基于深度学习的分割......217

9.6.1 FCN......217

9.6.2 U-Net......219

9.6.3 DeepLab......220

9.6.4 Mask R-CNN......220

第 10 章 目标检测......223

10.1 目标检测概述......224

10.1.1 目标检测的步骤......224

10.1.2 目标检测的方法......224

10.2 YOLO v5......225

10.2.1 YOLO v5 的改进......225

10.2.2 基于 YOLO v5 的训练、验证和预测......226

10.3 语义分割......242

10.3.1 什么是语义分割......242

10.3.2 DeepLab 语义分割......244

10.4 SSD 目标检测......245

10.4.1 摄像头目标检测......246

10.4.2 基于图像的目标检测......247

第 11 章 图像分类......249

11.1 图像分类介绍......250

11.2 基于特征提取和机器学习的图像分类......250

11.2.1 图像分类的基本流程......250

11.2.2 基于 scikit-learn 机器学习的图像分类......251

11.2.3 分类算法......254

11.2.4 聚类算法......257

11.3 基于卷积神经网络的图像分类......259

11.3.1 卷积神经网络的基本结构......259

11.3.2 第一个卷积神经网络程序......262

11.3.3 使用卷积神经网络进行图像分类......267

11.4 基于迁移学习的图像分类......279

11.4.1 迁移学习介绍......279

11.4.2 基于迁移学习的图片分类器......280

11.5 基于循环神经网络的图像分类......284

11.5.1 循环神经网络介绍......284

11.5.2 实战演练......285

11.6 基于卷积循环神经网络的图像分类......286

11.6.1 卷积循环神经网络介绍......286

11.6.2 CRNN 图像识别器......287

第 12 章 国内常用的第三方人脸识别平台......291

12.1 百度 AI 开放平台......292

12.1.1 百度 AI 开放平台介绍......292

12.1.2 使用百度 AI 之前的准备工作......292

12.1.3 基于百度 AI 平台的人脸识别......296

12.2 科大讯飞 AI 开放平台......301

12.2.1 科大讯飞 AI 开放平台介绍......301

12.2.2 申请试用......301

12.2.3 基于科大讯飞 AI 的人脸识别......302

第 13 章 斗转星移换图系统......311

13.1 背景介绍......312

13.1.1 CycleGAN 的作用 312
13.1.2 CycleGAN 的原理 312
13.2 系统模块架构 313
13.3 设置数据集 313
13.4 训练数据 315
13.4.1 加载图像 315
13.4.2 辅助功能 316
13.4.3 生成对抗网络模型 319
13.4.4 训练 CycleGAN 模型 322
13.5 图像转换 326
13.6 调试运行 328

第 14 章 智能 OCR 文本检测识别系统 333

14.1 OCR 系统介绍 334
14.1.1 OCR 的基本原理和方式 334
14.1.2 深度学习对 OCR 的影响 335
14.1.3 与 OCR 相关的深度学习技术 335
14.2 OCR 项目介绍 336
14.3 准备模型 337
14.3.1 文本检测模型 337
14.3.2 文本识别模型 337
14.4 创建工程 337
14.4.1 工程配置 338
14.4.2 配置应用程序 338
14.4.3 导入模型 338
14.5 具体实现 339
14.5.1 页面布局 339
14.5.2 实现主 Activity 339
14.5.3 图像操作 343
14.5.4 运行 OCR 模型 347
14.6 调试运行 354

第1章 图像识别技术基础

图像识别技术是一种运用计算机视觉方法，对图像进行处理和分析的技术。图像识别的目标是使计算机能够自动识别和理解图像中的对象、场景和特征，是深度学习算法的一种实践应用。在本章中，将详细讲解图像识别技术的基础知识，为读者学习本书后面的知识打下基础。

1.1 图像识别概述

当我们看到一个东西时，大脑会迅速判断是不是见过这个东西或者类似的东西。这个过程有点儿像搜索，我们把看到的东西和记忆中相同或相类似的东西进行匹配，从而识别它。用机器进行图像识别的原理也是类似的，即通过分类并提取重要特征而排除多余的信息来识别图像。机器的图像识别和人类的图像识别原理相似，过程也大同小异。只是技术的进步让机器不但能像人类一样认识事物，还开始拥有超越人类的识别能力。

扫码看视频

1.1.1 什么是图像识别

图像识别是人工智能的一个重要领域，是指利用计算机对图像进行处理、分析和理解，以识别各种不同模式的目标和对象的技术，并对质量不佳的图像进行一系列的增强与重建，从而有效改善图像质量。

本书所讲解的图像识别并不是用人类肉眼识别，而是借助计算机技术进行识别。虽然人类的识别能力很强，但是对于高速发展的社会，人类自身的识别能力已经满足不了需求，于是就产生了基于计算机的图像识别技术。这就像人类研究生物细胞，完全靠肉眼观察细胞是不现实的，这样自然就产生了显微镜等用于精确观测的仪器。通常一个领域存在固有技术无法解决的需求时，就会产生相应的新技术。图像识别技术也是如此，此技术的产生就是为了让计算机代替人类去处理大量的物理信息，解决人类无法识别或者识别率特别低的问题。

随着计算机及信息技术的迅速发展，图像识别技术的应用逐渐扩展到诸多领域，尤其是在面部及指纹识别、卫星云图识别及临床医疗诊断等多个领域发挥着重要作用。在日常生活中，图像识别技术的应用也十分普遍，比如车牌捕捉、商品条形码识别及手写识别等。随着该技术的逐渐发展并不断完善，未来将具有更加广泛的应用领域。

1.1.2 图像识别的发展阶段

图像识别的发展经历了三个阶段，分别是文字识别、数字图像处理与识别和物体识别，具体说明如下。

- 文字识别的研究是从 1950 年开始的，一般是识别字母、数字和符号，从印刷文字识别到手写文字识别，应用范围非常广泛。

- 数字图像处理与识别的研究开始于 1965 年。数字图像与模拟图像相比，具有存储、传输方便可压缩，传输过程中不易失真，处理方便等巨大优势，这些都为图像识别技术的发展提供了强大的技术支持。
- 物体识别主要是指对三维世界的客体及环境的感知和认识，属于高级的计算机视觉范畴。它是基于数字图像处理与识别，结合人工智能、系统学等多个学科的研究方向，主要应用在各种工业及探测机器人上。

1.1.3 图像识别的应用

移动互联网、智能手机及社交网络的发展产生了海量图片信息，不受地域和语言限制的图片逐渐取代了烦琐而微妙的文字，成为传递信息的主要媒介。但伴随着图片成为互联网中的主要信息载体，很多难题也随之出现。当信息由文字记载时，我们可以通过关键词搜索轻易找到所需内容并进行任意编辑。但是当信息由图片记载时，我们无法对图片中的内容进行检索，从而影响了从图片中找到关键内容的效率。图片给我们带来了快捷的信息记录和分享方式，却降低了我们的信息检索效率。在这个背景下，计算机的图像识别技术就显得尤为重要。

1) 图像识别的初级应用

在现实应用中，图像识别的初级应用主要体现在娱乐和工具方面，在这个阶段用户主要是借助图像识别技术来满足某些娱乐化需求。例如，百度魔图的“大咖配”功能可以帮助用户找到与其长相最匹配的明星，百度的图片搜索可以找到相似的图片；脸书(Facebook)研发了根据相片进行人脸匹配的 DeepFace；国内专注于图像识别的创业公司旷视科技成立了 VisionHacker 游戏工作室，借助图形识别技术研发移动端的体感游戏。

在图像识别的初级应用中还有一个非常重要的细分领域——光学字符识别(Optical Character Recognition，OCR)，是指通过光学设备识别纸上打印的字符，通过检测暗、亮的模式确定其形状，然后用字符识别方法将形状翻译成计算机文字。借助 OCR 技术，可以将这些文字和信息提取出来。在这方面，国内产品有百度的涂书笔记和百度翻译等；谷歌(Google)借助经过 DistBelief 训练的大型分布式神经网络，对 Google 街景图库的上千万个门牌号的识别率超过 90%，每天可识别上百万个门牌号。

2) 图像识别的高级应用

图像识别的高级应用主要是让机器拥有视觉能力，当机器真正具有了视觉之后，它们完全有可能代替我们去完成某些行动。目前的图像识别应用就像是盲人的导盲犬，在盲人行动时为其指引方向；而未来的图像识别技术将会同其他人工智能技术融合在一起，成为盲人的全职管家，不需要盲人进行任何行动，而是由这个管家帮助其完成所有事情。

例如，图像识别技术可以作为一个工具，就如同我们在驾驶汽车时佩戴谷歌眼镜，它将外部信息进行分析后传递给我们，我们再依据这些信息做出行驶决策；而如果将图像识别应用在机器视觉和人工智能上，这就如同谷歌的无人驾驶汽车，机器不仅可以对外部信息进行获取和分析，还全权负责所有的行驶活动，让我们得到完全解放。

1.2 图像识别的过程

概括来说，图像识别的过程主要包括以下四个步骤。

扫码看视频

(1) 获取信息：将声音和光等信息通过传感器向电信号转换，也就是对识别对象的基本信息进行获取，并将其转换为计算机可识别的信息。

(2) 信息预处理：采用去噪、变换及平滑等操作对图像进行处理，使图像的重要特点增强。

(3) 抽取及选择特征：在模式识别中，抽取及选择图像特征是一个关键步骤，概括而言，就是识别图像具有的多种特征并采用一定方式分离和识别这些特征，这一过程被称为特征抽取。在特征抽取中所得到的特征也许对此次识别并不都是有用的，这个时候就要提取有用的特征，这就是特征的选择。特征抽取和选择在图像识别过程中是非常关键的技术，因此这一步是图像识别的重点。

(4) 设计分类器及分类决策：设计分类器就是根据训练数据制定识别规则。基于此识别规则能够得到特征的主要种类，进而使图像识别的辨识率不断地提高，此后再通过识别特殊特征，最终实现对图像的评估和确认。

在使用计算机进行图像识别时，计算机首先能够完成图像分类并选出重要信息，排除冗余信息，根据这一分类结果，计算机能够结合自身存储样本和相关要求进行图像的识别，这一过程本身与人脑识别图像并不存在着本质差别。对于图像识别技术来说，其本身提取出的图像特征直接关系着图像识别能否取得满意的结果。

值得大家注意的是，毕竟计算机不同于人类的大脑，因此计算机提取出来的图像特征存在着不稳定性，这种不稳定性往往会影响图像识别的效率与准确性。这个时候，在图像识别中引入人工智能技术就显得十分重要了。

1.3 图像识别技术

计算机的图像识别技术就是模拟人类的图像识别过程。在图像识别的过程中进行模式识别是必不可少的。本节将详细讲解现实中主流的图像识别技术。

扫码看视频

1.3.1 人工智能

人工智能就是我们平常所说的AI，全称是Artificial Intelligence。人工智能是研究、开发用于模拟、延伸和扩展人类智能的理论、方法、技术及应用系统的一门新的技术。人工智能涵盖的领域十分广泛，如机器学习，计算机视觉、语音识别等。总的来说，人工智能研究的一个主要目标是使机器能够胜任一些通常需要人类智能才能完成的复杂工作。

人工智能不是一个非常庞大的概念，单从字面上理解，应该理解为人类创造的智能。那么什么是智能呢？如果人类创造了一个机器人，这个机器人能像人类一样，甚至有超过人类的推理、知识、学习、感知处理等能力，那么就可以将这个机器人称为一个有智能的物体，也就是人工智能。

现在通常将人工智能分为弱人工智能和强人工智能。我们看到电影里的一些人工智能大部分都是强人工智能，它们能像人类一样思考如何处理问题，甚至能在一定程度上做出比人类更好的决定。它们能自适应周围的环境，解决一些程序中未预见的突发事件，具备这些能力的就是强人工智能。但是在目前的现实世界中，大部分人工智能只是弱人工智能，机器具备观察和感知的能力，在经过一定的训练后能够计算一些人类不能计算的问题，但是它们并没有自适应能力，也就是说，它们不会处理突发的情况，只能处理程序中已经写好的、已经预测到的事情，因而叫作弱人工智能。

在AI领域中，图像识别技术占据着极为重要的地位，而随着计算机技术与信息技术的不断发展，AI中图像识别技术的应用范围不断扩展，例如IBM的Watson医疗诊断、各种指纹识别、常用的支付宝的面部识别，以及百度地图中全景卫星云图识别等都是这一应用的典型代表。AI技术已经应用于日常生活之中，图像识别技术将来定会有着更为广泛的运用。

1.3.2 机器学习

机器学习(Machine Learning，ML)是一门多领域交叉学科，涉及概率论、统计学、逼近论、凸分析、算法复杂度理论等多门学科。机器学习专门研究计算机怎样模拟或实现人类的学习行为，以获取新的知识或技能，重新组织已有的知识结构，使之不断改善自身的性能。

机器学习是一类算法的总称，这些算法可以从大量历史数据中挖掘出其中隐含的规律，并用于预测或者分类。更具体地说，机器学习可以看作寻找一个函数，输入是样本数据，输出是期望的结果，只是这个函数过于复杂，以至于不太方便形式化表达。需要注意的是，机器学习的目标是使学到的函数很好地适用于“新样本”，而不仅仅是在训练样本上表现很好。学到的函数适用于新样本的能力，称为泛化能力。

机器学习有一个显著的特点，也是机器学习最基本的做法，就是使用一个算法从大量的数据中解析并得到有用的信息，再从中学习，然后对之后真实世界中会发生的事情进行预测或做出判断。机器学习需要海量的数据来进行训练，并从这些数据中得到有用的信息，然后反馈给真实世界的用户。

我们可以用一个简单的例子来说明机器学习，假设在天猫或京东购物的时候，天猫和京东会向我们推送商品信息，这些推荐的商品往往是我们自己很感兴趣的东西，这个过程是通过机器学习完成的。其实这些商品推送信息是京东和天猫根据我们以前的购物订单和经常浏览的商品记录而得出的结论，它们可以从中得出商城中的哪些商品是我们感兴趣的，并且我们有多大概率会购买，然后将这些商品定向推送给我们。

1.3.3　深度学习

深度学习(Deep Learning，DL)是机器学习领域中一个新的研究方向，它被引入机器学习，使其更接近最初的目标——人工智能。深度学习是学习样本数据的内在规律和表示层次，这些在学习过程中获得的信息对诸如文字、图像和声音等数据的解释有很大的帮助。它的最终目标是让机器能够像人一样具有分析学习能力，能够识别文字、图像和声音等数据。深度学习是一种复杂的机器学习算法，在语音和图像识别方面取得的效果，远远超过以前的相关技术。

深度学习在搜索技术、数据挖掘、机器学习、机器翻译、自然语言处理、多媒体学习、语音识别、推荐和个性化技术，以及其他相关领域都取得了很多成果。深度学习通过机器模仿视听和思考等人类的活动，解决了很多复杂的模式识别难题，使人工智能相关技术取得了很大进步。

1.3.4　基于神经网络的图像识别

神经网络图像识别技术是一种新型的图像识别技术，是在传统的图像识别方法和基础上融合神经网络算法的一种图像识别方法。这里的神经网络是指人工神经网络，也就是说，这种神经网络并不是动物本身所具有的真正的神经网络，而是模仿动物神经网络后人工生成的。在神经网络图像识别技术中，遗传算法与反向传播(Back Propagation，BP)网络相融合的神经网络图像识别模型非常经典，在很多领域都有应用。

在图像识别系统中利用神经网络系统，一般会先提取图像的特征，再利用图像所具有的特征映射到神经网络进行图像识别分类。以汽车牌照自动识别技术为例，当汽车通过的时候，车辆检测设备会有所感应。此时检测设备就会启用图像采集装置来获取汽车正反面的图像。获取图像后必须将图像上传到计算机进行保存以便识别。最后车牌定位模块就会提取车牌信息，对车牌上的字符进行识别并显示最终的结果。在对车牌上的字符进行识别的过程中就用到了基于模板匹配算法和基于人工神经网络算法。

1.3.5 基于非线性降维的图像识别

计算机的图像识别技术是一种异常高维的识别技术，不管图像本身的分辨率如何，其产生的数据经常是多维的，这给计算机的识别带来了非常大的困难。想让计算机具有高效的识别能力，最直接有效的方法就是给数据降维。降维分为线性降维和非线性降维。例如，主成分分析(PCA)和线性判别分析(LDA)等就是常见的线性降维方法，它们的特点是简单、易于理解。但是通过线性降维处理的是整体的数据集合，所求的是整个数据集合的最优低维投影。

经过验证，线性的降维策略计算复杂度高，而且占用相对多的时间和空间，因此就产生了基于非线性降维的图像识别技术，它是一种极其有效的非线性特征提取方法。此技术可以发现图像的非线性结构，而且可以在不破坏其本征结构的基础上对其进行降维，使计算机的图像识别在尽量低的维度上进行，这样就提高了识别速率。例如，人脸图像识别系统所需的维数通常很高，其复杂度之高对计算机来说无疑是巨大的“灾难”。在高维度空间中，人脸图像分布不均匀，计算机可以通过非线性降维技术来得到分布紧凑的人脸图像，从而提升人脸识别技术的效率。

注意： 随着深度学习和计算机硬件的发展，特别是卷积神经网络的出现，图像识别技术取得了巨大的进步。现在的图像识别系统在许多方面已经超越了人类的表现，并且在实际应用中得到了广泛的应用。

第 2 章

scikit-image 数字图像处理

scikit-image 是一款著名的 Python 第三方库，主要功能是处理数字图像。scikit-image 是基于库 SciPy 实现的，它将图片作为 NumPy 数组进行处理。在本章中，将详细讲解使用 scikit-image 处理图像的知识。

2.1 scikit-image 基础

scikit-image(skimage)是一款图像处理库，是采用 Python 语言编写的。scikit-image 提供了多个处理图像的模块，开发者只需调用这些模块即可。

扫码看视频

2.1.1 安装 scikit-image

可以使用 pip 命令安装 scikit-image，安装命令如下：

```
pip install scikit-image
```

虽然可以在没有虚拟环境的情况下使用 pip，但还是建议大家创建一个虚拟环境，这样可以在干净的 Python 环境中安装 scikit-image，也可以很容易地将其删除。

在 scikit-image 的官方网站提供了详细的使用教程，开发者可以了解使用 scikit-image 的方法。

2.1.2 scikit-image 中的模块

在库 scikit-image 中提供了很多个子模块，每个模块包含很多属性和方法，通过这些属性和方法可以实现图像处理功能。scikit-image 中的常用子模块说明如下。

- io：读取、保存和显示图片或视频。
- color：颜色空间变换。
- data：提供一些测试图片和样本数据。
- filters：实现图像增强、边缘检测、排序滤波器、自动阈值等功能。
- draw：操作于 NumPy 数组上绘制的基本图形，包括线条、矩阵、圆和文本等。
- transform：几何变换和其他变换，如旋转、拉伸和拉东(radon)变换等。
- exposure：图像强度调整，例如直方图均衡化等。
- feature：特征检测和提取，例如纹理分析等。
- graph：图论操作，例如最短路径。
- measure：图像属性测量，例如相似度和轮廓。
- morphology：形态学操作，如开闭运算和骨架提取等。
- novice：用于教学的简化接口。
- restoration：修复算法，例如去卷积算法、去噪算法等。
- segmentation：将图像分割为多个区域。

- util：通用工具。
- viewer：简单图形用户界面，用于可视化结果和探索参数。

在本章的后续内容中，将详细讲解使用 scikit-image 中的模块处理图像的知识。

2.2 显示图像

通过使用 scikit-image，可以方便地显示不同样式的图片，例如灰度图像、颜色通道等。在本节的内容中，将详细讲解使用 scikit-image 显示图像的方法。

扫码看视频

2.2.1 使用 skimage 读入并显示外部图像

通过使用 io 和 data 子模块，可以实现图像的读取、显示和保存功能。其中，io 模块用于图片输入/输出操作。为了便于开发者使用练习，scikit-image 提供了 data 模块，在里面嵌套了一些素材图片，开发者可以直接使用。实例 2-1 演示了如何使用 skimage 读入并显示外部图像。

实例 2-1：使用 skimage 读入并显示外部图像

源码路径：daima\2\skimage01.py

```
from skimage import data,io
img = io.imread('111.jpg')
io.imshow(img)
io.show()
```

程序执行后会显示读取的外部图片，如图 2-1 所示。

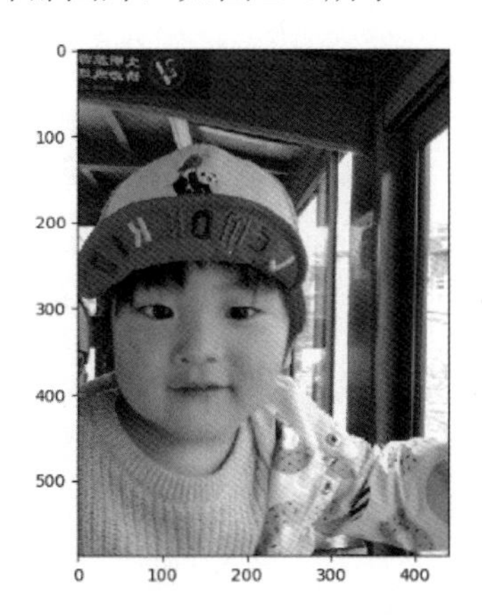

图 2-1 显示读取的外部图片

2.2.2 读取并显示外部灰度图像

如果想读取并显示灰度图效果，可以将函数 imread()中的 as_gray 参数设置为 True，此参数的默认值为 False。实例 2-2 演示了如何使用 skimage 读取并显示外部灰度图像。

实例 2-2：使用 skimage 读取并显示外部灰度图像

源码路径：daima\2\skimage02.py

```
import matplotlib.pyplot as plt
from skimage import io

# 读取图像
image_path = "111.jpg"  # 替换为实际的图像文件路径
image = io.imread(image_path, as_gray=True)

# 显示图像
plt.imshow(image, cmap='gray')
plt.axis('off')    # 关闭坐标轴
plt.show()
```

上述代码的具体说明如下。

(1) 导入需要的库：matplotlib.pyplot 用于显示图像，skimage.io 用于读取图像。

(2) 指定图像文件的路径，将其替换为实际存储图像的路径。通过 io.imread()函数读取图像，设置参数 as_gray=True，将图像以灰度模式读取。

(3) 使用 plt.imshow()函数显示图像，参数 cmap='gray'用于设置图像以灰度颜色映射显示。plt.axis('off ')用于关闭显示坐标轴，以使图像更加清晰。使用 plt.show()函数显示图像窗口。

程序执行后会显示读取的外部灰度图片，如图 2-2 所示。

图 2-2　显示读取的外部灰度图片

2.2.3 读取并显示内置星空图片

在 data 子模块中内置了一些素材图片，开发者可以直接使用。具体说明如下。

- astronaut：宇航员；
- coffee：一杯咖啡；
- lena：美女；
- camera：相机；
- coins：硬币；
- moon：月亮；
- checkerboard：棋盘；
- horse：马；
- page：书页；
- chelsea：小猫；
- hubble_deep_field：星空；
- text：文字；
- clock：时钟；
- immunohistochemistry：结肠。

实例 2-3 演示了如何使用 skimage 读取并显示内置星空图片。

实例 2-3：使用 skimage 读取并显示内置星空图片

源码路径：daima\2\skimage03.py

```
from skimage import io, data
from skimage import data_dir
image = data.hubble_deep_field()        #读取内置星空图片
io.imshow(image)
io.show()                               #显示图片
print(data_dir)                         #打印素材图片的路径
```

程序执行后会读取并显示星空图片，如图 2-3 所示。

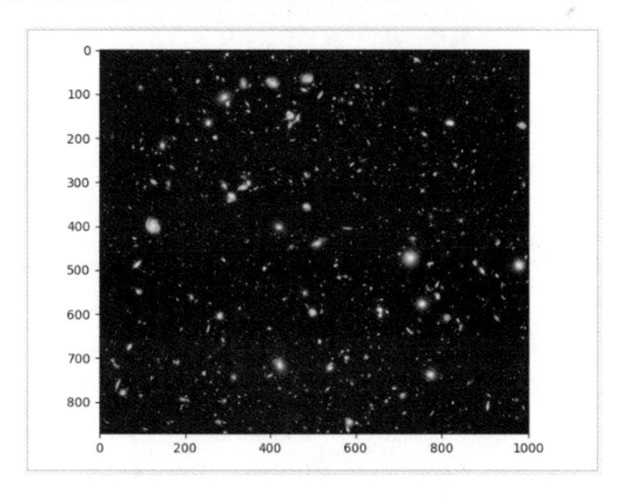

图 2-3 显示读取的星空图片

在 data 子模块中，图片名对应的就是函数名，例如，camera 图片对应的函数名为 camera()。这些素材图片被保存在 skimage 的安装目录下，具体路径名称为 data_dir。上述代码的最后一行代码，打印输出了 data_dir 目录的具体路径。例如，在笔者计算机中执行后会输出：

```
C:\Users\apple\AppData\Roaming\Python\Python36\site-packages\skimage\data
```

2.2.4 读取并保存内置星空图片

使用 io 子模块中的函数 imsave(fname,arr)可以实现保存图片功能。其中，参数 fname 表示保存的路径和名称，参数 arr 表示需要保存的数组变量。实例 2-4 演示了如何使用 skimage 读取并保存内置星空图片。

实例 2-4：使用 skimage 读取并保存内置星空图片

源码路径：daima\2\skimage04.py

```
from skimage import io,data
img = data.hubble_deep_field()
io.imshow(img)
io.show()
io.imsave('hubble_deep_field.jpg', img)        #保存图片
```

程序执行后会将读取的星空素材图片保存在本地，文件名称为 hubble_deep_field.jpg，执行效果如图 2-4 所示。

图 2-4　文件 hubble_deep_field.jpg 的文件效果

2.3 常见的图像操作

扫码看视频

通过前面的学习，读者已经了解了使用 scikit-image 显示图像的知识。其实 scikit-image 的功能远不止如此，本节将进一步讲解使用 scikit-image 处理图像的知识。

2.3.1　对内置图片进行二值化操作

除了显示图像外，开发者还可以使用 scikit-image 修改图片。实例 2-5 演示了如何使用 skimage 对内置图片进行二值化操作的过程。

实例 2-5：对内置猫图片进行二值化操作

源码路径：daima\2\skimage05.py

```
from skimage import io, data, color
img=data.chelsea()
img_gray=color.rgb2gray(img)
rows,cols=img_gray.shape
for i in range(rows):
      for j in range(cols):
         if (img_gray[i,j]<=0.5):
            img_gray[i,j]=0
         else:
            img_gray[i,j]=1
io.imshow(img_gray)
io.show()
```

上述代码的具体说明如下。

(1) 通过 from skimage import io, data, color 导入需要的模块和函数。其中，io 模块用于图像的输入/输出操作；data 模块包含一些示例图像；color 模块提供了颜色空间转换的函数。

(2) 使用 data.chelsea()函数从示例图像中加载一张图像，它是一只猫的照片。

(3) 使用 color.rgb2gray()函数将彩色图像转换为灰度图像，将结果保存在 img_gray 变量中。

(4) 使用 img_gray.shape 获取灰度图像的形状，即行数和列数。

(5) 通过嵌套的 for 循环遍历图像的每个像素点。对于每个像素点，判断其灰度值是否小于或等于 0.5。如果是，将该像素灰度值设置为 0；如果不是，则将其设置为 1。

(6) 使用 io.imshow()函数显示处理后的图像 img_gray，并使用 io.show()函数展示图像窗口。

程序执行后会显示二值化后的图片效果，如图 2-5 所示。

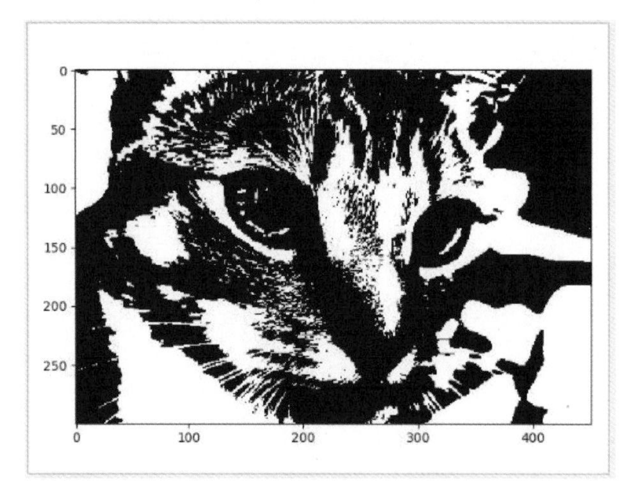

图 2-5　二值化后的图片效果

2.3.2　对内置图片进行裁剪处理

实例 2-6 演示了如何使用 skimage 对内置图片进行裁剪处理。

实例 2-6：对内置图片进行裁剪处理

源码路径：daima\2\skimage06.py

```
from skimage import io, data

img = data.chelsea()
roi = img[150:250, 200:300, :]
io.imshow(roi)
io.show()
```

上述代码的具体说明如下。

(1) 使用 data.chelsea()函数从示例图像中加载图像 chelsea，将加载的图像保存在变量 img 中。

(2) 使用切片操作 img[150:250, 200:300, :]选择感兴趣区(Region of Interst，ROI)的像素。这里的切片表示选择行索引为 150 到 249、列索引为 200 到 299 的区域，并保留所有通道(R、G、B)。将选定的感兴趣区域保存在变量 roi 中。

(3) 使用 io.imshow()函数显示选定的感兴趣区。注意，这里的函数 imshow()会自动根据像素值的范围进行归一化处理，并根据通道数自动选择颜色映射。

(4) 使用 io.show()函数展示图像窗口。

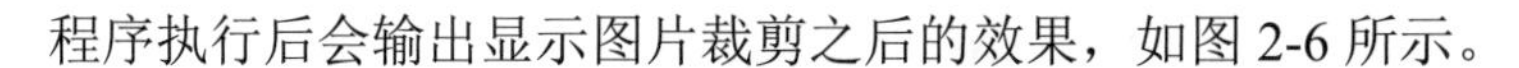

程序执行后会输出显示图片裁剪之后的效果，如图 2-6 所示。

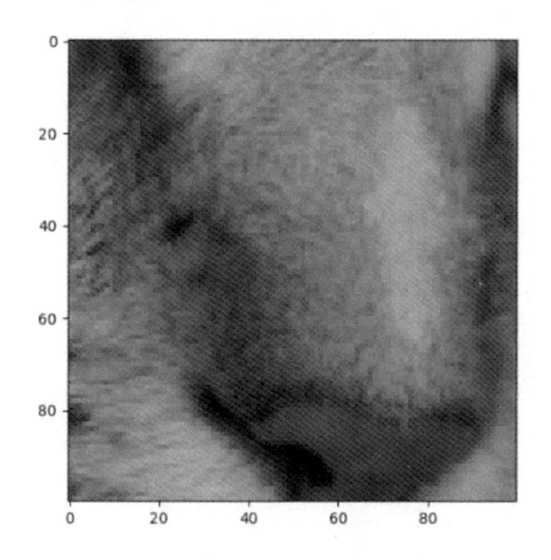

图 2-6　图片裁剪之后的效果

2.3.3　将 RGB 图转换为灰度图

借助 scikit-image，可以通过转换颜色模式的方式来实现数据类型转换功能。现实中常用的颜色模式有灰度模式、RGB 模式、HSV 模式和 CMKY 模式。在转换颜色模式以后，所有的数据类型都变成了 float 类型。实例 2-7 演示了如何使用 skimage 将 RGB 图转换为灰度图。

实例 2-7：将 RGB 图转换为灰度图

源码路径：daima\2\skimage07.py

```
from skimage import io, data, color
image = data.chelsea()
image_gray = color.rgb2gray(image)
io.imshow(image_gray)
io.show()
```

上述代码的具体说明如下。

(1) 使用 data.chelsea()函数从示例图像中加载图像 chelsea，将加载的图像保存在变量 image 中。

(2) 使用 color.rgb2gray()函数将彩色图像转换为灰度图像，将结果保存在 image_gray 变量中。

(3) 使用 io.imshow()函数显示灰度图像 image_gray。

程序执行后会显示将 RGB 模式的图片转换成灰度图，如图 2-7 所示。

图 2-7　RGB 图转换成灰度图后的效果

2.3.4　使用 skimage 实现绘制图片功能

使用 skimage 可以实现绘制图片功能，其实我们前面多次用到的 io.imshow 函数实现的就是绘图功能。在实例 2-8 中，演示了如何使用 skimage 输出绘制图片的功能类。

实例 2-8：使用 skimage 输出绘制图片的功能类

源码路径：daima\2\skimage08.py

```
from skimage import io, data

image = data.chelsea()
axe_image = io.imshow(image)
print(type(axe_image))
io.show()
```

程序执行后会输出绘制图片的功能类：

```
<class 'matplotlib.image.AxesImage'>
```

Matplotlib 是一个专业绘图的库，其相关内容将在本书后面章节中进行讲解。通过上述实例可知，无论我们利用 skimage.io.imshow()还是 matplotlib.pyplot.imshow()绘制图像，最终调用的都是 matplotlib.pyplot 模块。

2.3.5　使用 subplot()函数绘制多视图窗口

在使用 scikit-image 绘制图片的过程中，我们可以用 matplotlib.pyplot 模块下的 figure()函数来创建一个视图窗口。但是使用 figure()函数创建的窗口存在一个弊端，那就是只能显示一张图片。如果想要显示多张图片，则需要将这个窗口划分为几个子窗口，在每个子窗口中显示不同的图片。此时可以使用 subplot()函数来划分子图，此函数的格式为：

```
matplotlib.pyplot.subplot(nrows, ncols, plot_number)
```

参数说明如下。

- nrows：子图的行数。
- ncols：子图的列数。
- plot_number：当前子图的编号。

实例 2-9 演示了如何使用 subplot()函数绘制多通道图像。

实例 2-9：使用 subplot()函数绘制多通道图像

源码路径：daima\2\skimage09.py

```
from skimage import data,io
import matplotlib.pyplot as plt
from pylab import mpl
#下面两行代码能保证汉字正确显示
mpl.rcParams['font.sans-serif'] = ['FangSong'] # 指定默认字体
mpl.rcParams['axes.unicode_minus'] = False # 解决保存图像时负号(-)显示为方块的问题
image = io.imread('111.jpg')

plt.figure(num='cat', figsize=(8, 8))        # 创建一个名为 cat 的窗口，并设置大小

plt.subplot(2, 2, 1)
plt.title('原始图像')
plt.imshow(image)

plt.subplot(2, 2, 2)
plt.title('R 通道')
plt.imshow(image[:, :, 0])

plt.subplot(2, 2, 3)
plt.title('G 通道')
plt.imshow(image[:, :, 1])

plt.subplot(2, 2, 4)
plt.title('B 通道')
```

```
plt.imshow(image[:, :, 2])

plt.show()
```

上述代码使用了 skimage 和 matplotlib 库来读取、显示图像，并展示图像的不同通道。对上述代码的具体说明如下。

(1) 导入需要的模块和函数。其中，data 模块包含一些示例图像，io 模块用于图像的输入/输出操作。同时，还导入了 matplotlib 的 pyplot 模块，并从 pylab 中导入 mpl，用于设置中文显示。

(2) 通过设置 mpl.rcParams 来配置 matplotlib 库的字体和设置负号显示。mpl.rcParams ['font.sans-serif'] = ['FangSong'] 指定默认字体为仿宋，mpl.rcParams ['axes.unicode_minus'] = False 解决保存图像时负号显示为方块的问题。

(3) 使用 io.imread()函数读取名为 111.jpg 的图像文件，并将其保存在变量 image 中。

(4) 通过 plt.figure() 函数创建一个名为 cat 的窗口，并设置其大小为(8, 8)。

(5) 通过 plt.subplot() 函数创建一个 2×2 的子图网格，并分别设置子图的位置和标题。在每个子图中，使用 plt.imshow() 显示不同的图像通道。image[:, :, 0] 表示图像的红色通道，image[:, :, 1] 表示图像的绿色通道，image[:, :, 2] 表示图像的蓝色通道。

(6) 使用 plt.show() 函数显示图像窗口。

总的来说，这段代码的作用是读取名为 111.jpg 的图像文件，并分别显示原始图像、红色、绿色和蓝色通道的子图。同时使用 Matplotlib 库进行图像窗口的创建和显示，并设置中文显示和负号的显示方式。执行后不但显示原始图片，而且还会显示三个通道的子视图，如图 2-8 所示。

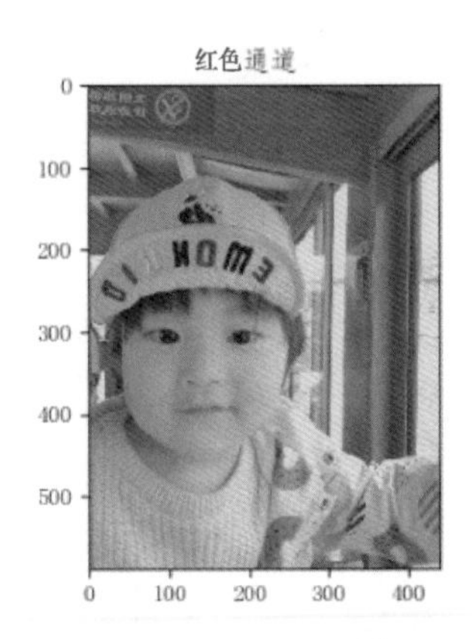

图 2-8　显示多个子图

图 2-8 显示多个子图(续)

2.3.6 改变指定图片的大小

通过使用 scikit-image，我们可以对指定图片进行缩放和旋转处理，这主要是通过其内置模块 transform 实现的。实例 2-10 演示了如何使用函数 resize()改变指定图片的大小。

实例 2-10：使用函数 resize()改变指定图片的大小

源码路径：daima\2\skimage10.py

```
from skimage import transform,data,io
import matplotlib.pyplot as plt
from pylab import mpl
#下面两行代码能保证汉字正确显示
mpl.rcParams['font.sans-serif'] = ['FangSong'] # 指定默认字体
mpl.rcParams['axes.unicode_minus'] = False # 解决保存图像时负号(-)显示为方块的问题
img = io.imread('111.jpg')
dst=transform.resize(img, (80, 60))
plt.figure('resize')
plt.subplot(121)
plt.title('原始图')
plt.imshow(img,plt.cm.gray)
plt.subplot(122)
plt.title('改变后')
plt.imshow(dst,plt.cm.gray)
plt.show()
```

通过上述代码，改变了图片 111.jpg 的大小。程序执行后，会通过两个子视图显示改变图像大小前后的对比效果，如图 2-9 所示。

图 2-9　显示改变图像大小前后的对比效果

2.3.7　使用函数 rescale()缩放图片

实例 2-11 演示了如何使用函数 rescale()缩放指定的图片。

实例 2-11：使用函数 rescale()缩放指定的图片

源码路径：daima\2\skimage11.py

```
from skimage import transform,data,io
img = io.imread('111.jpg')
print(img.shape)                                        #图片原始大小
print(transform.rescale(img, 0.1).shape)                #缩小为原来图片大小的十分之一
#缩小为原图宽度的二分之一，高度的四分之一
print(transform.rescale(img, [0.5,0.25]).shape)
print(transform.rescale(img, 2).shape)                  #放大为原来图片大小的 2 倍
```

程序执行后会显示图片经过不同缩放后的大小：

```
(588, 441, 3)
(59, 44, 3)
(294, 110, 3)
(1176, 882, 3)
```

2.3.8　使用函数 rotate()旋转图片

实例 2-12 演示了如何使用函数 rotate()旋转指定的图片。

实例 2-12：使用函数 rotate()旋转指定的图片

源码路径：daima\2\skimage12.py

```
from skimage import transform,io
import matplotlib.pyplot as plt
from pylab import mpl
#下面两行代码能保证汉字正确显示
mpl.rcParams['font.sans-serif'] = ['FangSong']       #指定默认字体
mpl.rcParams['axes.unicode_minus'] = False     #解决保存图像时负号(-)显示为方块的问题
img=io.imread('111.jpg')
print(img.shape)                                        #图片原始大小
img1=transform.rotate(img, 60)                          #旋转 60 度，不改变大小
print(img1.shape)
img2=transform.rotate(img, 30,resize=True)              #旋转 30 度，同时改变大小
print(img2.shape)
plt.figure('缩放')
plt.subplot(121)
plt.title('旋转 60 度')
plt.imshow(img1,plt.cm.gray)
plt.subplot(122)
plt.title('旋转 30 度')
plt.imshow(img2,plt.cm.gray)
plt.show()
```

程序执行后会输出显示原始图像大小、旋转 60 度时的大小和旋转 30 度时的大小：

```
(588, 441, 3)
(588, 441, 3)
(730, 676, 3)
```

并且还会分别显示旋转 60 度和旋转 30 度后的效果，如图 2-10 所示。

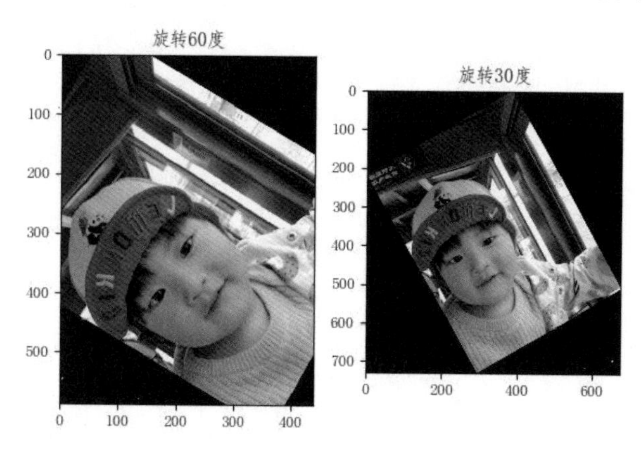

图 2-10　显示旋转 60 度和旋转 30 度后的效果

第3章

OpenCV 图像视觉处理

OpenCV(Open Source Computer Vision Library)是一个开源的计算机视觉库，它提供了很多函数，这些函数非常高效地实现了计算机视觉算法(从最基本的滤波到高级的物体检测皆有涵盖)。在本章中，将详细讲解在 Python 程序中使用 OpenCV 实现图像处理的知识。

3.1 OpenCV 基础

OpenCV 是计算机视觉中经典的专用库，它支持多语言并可跨平台使用，功能强大。为了让 Python 开发者使用 OpenCV 的强大功能，OpenCV 提供了 Python 接口库 OpenCV-Python，开发者通过调用 OpenCV-Python 中的成员模块和方法，就可以在 Python 程序中使用 OpenCV 的强大功能。

扫码看视频

3.1.1 OpenCV 和 OpenCV-Python 介绍

OpenCV 由 Gary Bradski(加里·布拉德斯基)于 1999 年在英特尔创立，Gary Bradski 当时在英特尔任职，怀着通过为计算机视觉和人工智能的从业者提供稳定的基础架构并以此来推动产业发展的美好愿景，他启动了 OpenCV 项目。

OpenCV 支持多种编程语言，例如 C++、Python、Java 等，并且可在 Windows、Linux、OS X、Android 和 iOS 等不同平台上使用。OpenCV 的应用领域非常广泛，包括图像拼接、图像降噪、产品质检、人机交互、人脸识别、动作识别、动作跟踪、无人驾驶等。

OpenCV 的目标是提供易于使用的计算机视觉接口，从而帮助人们快速建立精巧的视觉应用。OpenCV 库包含从计算机视觉各个领域衍生出来的 500 多个函数，这些领域包括工业产品质量检验、医学图像处理、安保领域、交互操作、相机校正、双目视觉及机器人学。

因为计算机视觉和机器学习经常在一起使用，所以 OpenCV 也包含一个完备的、具有通用性的机器学习库(ML 模块)。这个子库聚焦于统计模式识别及聚类分析。ML 模块对 OpenCV 的核心任务(计算机视觉)相当有用，并且这个库也足够通用，可以用于任意机器学习问题。

OpenCV 是一个跨平台的计算机视觉库，而 OpenCV-Python 是 OpenCV 库的 Python 绑定，使 Python 开发者能够利用 OpenCV 的功能来编写计算机视觉应用程序。

3.1.2 安装 OpenCV-Python

在 Windows 系统中，安装 Python 后，可以使用以下 pip 命令安装 OpenCV-Python：

```
pip install opencv-python
```

本书中的内容涉及了 OpenCV-Python，它只包含 OpenCV 的主要模块，这些是完全免费的。其实还有一个库：opencv-contrib-python。这个库包含了 OpenCV 的主要模块以及扩展模块，扩展模块主要包含了一些带专利的收费算法(如 shift 特征检测)以及一些在测试的新算法(稳定后会合并到主要模块)。在 Windows 系统中，安装 Python 后，可以使用如下 pip 命令安装 opencv-contrib-python：

```
pip install opencv-contrib-python
```

3.2 OpenCV-Python 图像操作

本节首先讲解读取图像、显示图像以及保存图像的知识，然后讲解绘图、图像算法和几何变换的知识。

扫码看视频

3.2.1 读取并显示图像

1. 读取图像

在 OpenCV-Python 中，使用内置函数 cv.imread()读取图像，被读取的图像应该在工作目录中，或使用图像的完整路径。函数 cv.imread()的语法格式如下：

```
cv.imread(filepath,flags)
```

(1) filepath：要读入图片的完整路径。

(2) flags：读入图片的标志，用于设置读取图像的方式，主要方式有如下几种。

- cv.IMREAD_COLOR：加载彩色图像，用整数 1 表示。任何图像的透明度都会被忽视，这是默认标志值。
- cv.IMREAD_GRAYSCALE：以灰度模式加载图像，用整数 0 表示。
- cv.IMREAD_UNCHANGED：以原始格式加载图像，包括 alpha 通道，用-1 表示。

2. 显示图像

在 OpenCV-Python 中，使用内置函数 cv.imshow()在窗口中显示图像，窗口会自动适合图像的尺寸大小。函数 cv.imshow()的语法格式如下：

```
cv.imshow(winname, mat)
```

- winname：窗口名称，是一个字符串。
- mat：要显示的图像对象，可以根据需要创建任意多个窗口，但使用不同的窗口名称。

实例 3-1 演示了如何使用 OpenCV-Python 中的内置函数 cv.imshow()读取并显示指定的

图像。

实例 3-1：读取并显示指定的图像

源码路径：daima\3\cv01.py

```
import cv2 as cv
print( cv.__version__ )
#用灰度模式加载图片
img = cv.imread('111.jpg',0)
cv.imshow('image',img)
cv.waitKey(0)
cv.destroyAllWindows()
```

对上述代码的具体说明如下。

- cv.__version__ 的功能是显示当前安装的 OpenCV-Python 的版本。
- cv.imread('111.jpg',0) 的功能是用灰度模式加载图片 111.jpg，最后通过函数 imshow('image',img)显示图片 111.jpg。
- cv.waitKey()是一个键盘绑定函数，其参数是以毫秒为单位的时间。该函数等待任何键盘事件指定的毫秒数。如果在这段时间内按下任意键，这个函数会返回按键的 ASCII 码值，程序将继续运行。如果没有键盘输入，返回值为-1；如果设置这个函数的参数为 0，那么它将无限期地等待键盘输入。它也可以用来检测特定的按键是否被按下，例如是否按下键 A 等。
- cv.destroyAllWindows()会销毁我们创建的所有窗口。如果要销毁特定的窗口，可使用函数 cv.destroyWindow()，在其中传递确切的窗口名称作为参数。

程序执行效果如图 3-1 所示。

图 3-1　读取并显示指定的图像效果

注意：在特殊情况下，可以创建一个空窗口，然后将图像加载到该窗口。在这种情况下，可以指定窗口是否可调整大小，这是通过功能函数 cv.namedWindow()实现的。在默认情况下，该标志为 cv.WINDOW_AUTOSIZE。但是，如果将标志指定为 cv.WINDOW_NORMAL，则可以调整窗口大小。

3.2.2　保存图像

在 OpenCV-Python 中，使用内置函数 cv.imwrite()保存图像。语法格式如下：

```
cv.imwrite('messigray.png', img)
```

其中，第一个参数表示需要保存的图像文件名；第二个参数表示保存的图像，功能是将图像以.png 格式保存在工作目录中。

实例 3-2 的功能是以灰度模式加载并显示图像文件 111.jpg，按下 S 键后将灰度文件保存为 new.png 并退出，或者按 Esc 键直接退出而不保存。

实例 3-2：以灰度模式加载、显示、保存图像

源码路径：daima\3\cv02py

```
import cv2 as cv
img = cv.imread('111.jpg',0)
cv.imshow('image',img)
k = cv.waitKey(0)
if k == 27:             # 等待按 Esc 键退出
   cv.destroyAllWindows()
elif k == ord('s'):  # 等待关键字，保存并退出
   cv.imwrite('new.png',img)
   cv.destroyAllWindows()
```

程序执行效果如图 3-2 所示。

111.jpg
原来的彩色文件

new.png
保存后的灰度文件

图 3-2　以灰度模式读取并保存图像效果

3.2.3　在 Matplotlib 中显示图像

在 Python 程序中，经常使用 Matplotlib 库实现绘图功能，例如绘制统计图。在使用 OpenCV-Python 显示图像时，可以借助 Matplotlib 库来缩放图像或保存图像。实例 3-3 演示了如何在 Matplotlib 中使用 OpenCV-Python 显示指定的图像。

实例 3-3：在 Matplotlib 中使用 OpenCV-Python 显示指定的图像

源码路径：daima\3\cv03.py

```
import cv2 as cv
from matplotlib import pyplot as plt
img = cv.imread('111.jpg',0)
plt.imshow(img, cmap = 'gray', interpolation = 'bicubic')
plt.xticks([]), plt.yticks([])  # 隐藏 x 轴和 y 轴上的刻度值
plt.show()
```

程序执行效果如图 3-3 所示。

图 3-3　使用 OpenCV-Python 显示指定的图像效果

3.2.4　绘图

在 OpenCV-Python 绘图应用中，经常用到的内置函数有 cv.line()、cv.circle()、cv.rectangle()、cv.ellipse()和 cv.putText()等，这些函数的常用参数如下。

- img：要绘制形状的图像。
- color：形状的颜色。对于 BGR 模式来说，将使用元组设置颜色，例如用(255,0,0)设置为蓝色。对于灰度模式来说，只需使用标量值设置即可。
- 宽度：线或圆等的粗细，默认值为 1。如果将闭合图形(如圆)的宽度参数设为-1，它将填充图形。
- lineType：线的类型，例如 8 连接线、抗锯齿线等。在默认情况下为 8 连接线。

(1) 绘制直线。

在 OpenCV-Python 中使用内置函数 cv.line()绘制一条线时，需要设置开始坐标和结束坐标。实例 3-4 演示了如何在 OpenCV-Python 图像中绘制直线。

实例 3-4：在 OpenCV-Python 图像中绘制直线

源码路径：daima\3\cv04.py

```
import cv2 as cv
# 创建黑色的图像
img = cv.imread('111.jpg',1)
# 绘制一条宽度为 5 的蓝色对角线
cv.line(img,(0,0),(511,511),(255,0,0),5)
```

```
#显示图像
cv.imshow('image',img)
cv.waitKey(0)
```

在上述代码中，(0,0)表示起点，(511,511)表示终点，(255,0,0)表示线的颜色，5 表示线的宽度。程序执行效果如图 3-4 所示。

图 3-4　在 OpenCV-Python 图像中绘制直线

(2) 绘制矩形。

在 OpenCV-Python 中使用内置函数 cv.rectangle()绘制矩形，在绘制时需要设置矩形的左上角和右下角的坐标。如在图像 img 的右上角绘制一个绿色矩形，代码如下。

```
cv.rectangle(img,(384,0),(510,128),(0,255,0),3)
```

(3) 绘制圆。

在 OpenCV-Python 中使用内置函数 cv.circle()绘制圆，在绘制时需要设置圆的中心坐标和半径。例如：

```
cv.circle(img,(447,63), 63, (0,0,255), -1)
```

(4) 绘制椭圆。

在 OpenCV-Python 中使用内置函数 cv.ellipse()绘制椭圆，在绘制时需要设置以下参数。

- 中心位置参数(x, y)。
- 轴长度参数(长轴长度, 短轴长度)。
- Angle(角度)参数，是椭圆沿逆时针方向旋转的角度。startAngle 和 endAngle 分别表示从主轴沿顺时针方向测量的椭圆弧的起始角度和终止角度，即给出 0 和 360 将绘制出完整的椭圆。

例如，下面的代码绘制了半个椭圆：

```
cv.ellipse(img,(256,256),(100,50),0,0,180,255,-1)
```

(5) 绘制多边形。

在 OpenCV-Python 中使用内置函数 cv.polylines()绘制多边形，在绘制时首先需要设置顶点坐标，将这些点组成形状为(ROWS, 1, 2)的数组，其中 ROWS 是顶点数，并且数组的数据类型应为 int32。例如，下面的代码绘制了一个带有四个顶点的黄色小多边形。

```
pts = np.array([[10,5],[20,30],[70,20],[50,10]], np.int32)
pts = pts.reshape((-1,1,2))
cv.polylines(img,[pts],True,(0,255,255))
```

注意，如果函数 cv.polylines()的第三个参数为 False，将获得一条连接所有点的折线，而不是封闭图形。

(6) 添加文本。

在图像中添加文本时需要设置多个内容参数，例如要写入的文字数据、位置坐标(即数据开始的左下角)、字体类型、字体比例(指定字体大小)、线条颜色、线条宽度、线条类型等。为了获得更好的外观，建议使用 lineType = cv.LINE_AA。下面的代码将在白色图像上添加文字 OpenCV。

```
font = cv.FONT_HERSHEY_SIMPLEX
cv.putText(img,'OpenCV',(10,500), font, 4,(255,255,255),2,cv.LINE_AA)
```

实例 3-5 将对上面的知识进行综合应用，演示如何在 OpenCV-Python 中绘制常见图形。

实例 3-5：在 OpenCV-Python 中绘制常见图形

源码路径：daima\3\cv05.py

```
import numpy as np
import cv2 as cv
# 创建黑色的图像
img = np.zeros((512,512,3), np.uint8)
# 绘制一条宽度为 5 的蓝色对角线
cv.line(img,(0,0),(511,511),(255,0,0),5)

cv.rectangle(img,(384,0),(510,128),(0,255,0),3)

cv.circle(img,(447,63), 63, (0,0,255), -1)

cv.ellipse(img,(256,256),(100,50),0,0,180,255,-1)

pts = np.array([[10,5],[20,30],[70,20],[50,10]], np.int32)
```

```
pts = pts.reshape((-1,1,2))
cv.polylines(img,[pts],True,(0,255,255))

font = cv.FONT_HERSHEY_SIMPLEX
cv.putText(img,'OpenCV',(10,500), font, 4,(255,255,255),2,cv.LINE_AA)

#显示图像
cv.imshow('image',img)
cv.waitKey(0)
```

程序执行效果如图 3-5 所示。

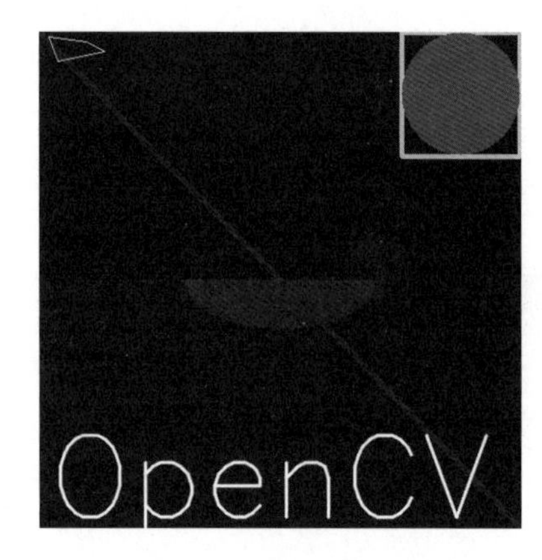

图 3-5　执行效果

注意： 绘制的直线和椭圆是蓝色的，在本书的效果中可能会看不清，建议读者在电脑中运行本实例，查看具体执行效果。

3.2.5　将鼠标作为画笔

在使用电脑绘图时，通常将鼠标作为画笔。假设我们即将创建一个应用程序，要求在图像上双击后可以绘制一个圆。为了实现这个功能，首先创建一个鼠标回调函数，该函数在发生鼠标事件时执行。鼠标事件可以是与鼠标相关的任何事件，例如单击、右击、双击等。该函数为我们提供了每个鼠标事件的坐标(x, y)。通过以下 Python 代码，可以输出显示所有可用的鼠标事件。

```
import cv2 as cv
events = [i for i in dir(cv) if 'EVENT' in i]
print( events )
```

程序执行后会输出显示 OpenCV-Python 支持的鼠标事件：

```
['EVENT_FLAG_ALTKEY', 'EVENT_FLAG_CTRLKEY', 'EVENT_FLAG_LBUTTON',
'EVENT_FLAG_MBUTTON', 'EVENT_FLAG_RBUTTON', 'EVENT_FLAG_SHIFTKEY',
'EVENT_LBUTTONDBLCLK', 'EVENT_LBUTTONDOWN', 'EVENT_LBUTTONUP',
'EVENT_MBUTTONDBLCLK', 'EVENT_MBUTTONDOWN', 'EVENT_MBUTTONUP',
'EVENT_MOUSEHWHEEL', 'EVENT_MOUSEMOVE', 'EVENT_MOUSEWHEEL', 'EVENT_RBUTTONDBLCLK',
'EVENT_RBUTTONDOWN', 'EVENT_RBUTTONUP']
```

实例 3-6 的功能是创建一个矩形画布，当双击鼠标左键时调用函数 draw_circle()，绘制一个指定样式的圆。

实例 3-6：绘制一个指定样式的圆

源码路径：daima\3\cv06.py

```
# 鼠标回调函数
def draw_circle(event,x,y,flags,param):
    if event == cv.EVENT_LBUTTONDBLCLK:
        cv.circle(img,(x,y),100,(222,220,0),-1)
# 创建一个黑色的图像和一个窗口，实现绑定到窗口的功能
img = np.zeros((512,512,3), np.uint8)
cv.namedWindow('image')
cv.setMouseCallback('image',draw_circle)
while(1):
    cv.imshow('image',img)
    if cv.waitKey(20) & 0xFF == 27:
        break
cv.destroyAllWindows()
```

程序执行效果如图 3-6 所示。

图 3-6　绘制一个指定样式的圆

3.2.6 调色板程序

在 OpenCV-Python 中可以使用内置函数 cv.createTrackbar()创建滑块，代码如下：

```
cv.createTrackbar('R','image',0,255,nothing)
```

其中，第一个参数表示滑块的名称；第二个参数是滑块附加到的窗口的名称；第三个参数是滑块的默认初始值；第四个参数是滑块可达到的最大值；第五个参数是回调函数。

实例 3-7 的功能是使用内置函数 cv.createTrackbar()创建滑块，通过滑块设置屏幕的颜色。程序执行后先显示设置颜色窗口，以及三个用于指定 R、G、B 颜色的滑块。通过拖动滑块可以相应地更改窗口的颜色。在默认情况下，设置初始颜色为黑色。

实例 3-7：通过滑块设置屏幕的颜色

源码路径：daima\3\cv07.py

```
def nothing(x):
    pass
# 创建一个黑色的图像和一个窗口
img = np.zeros((300,512,3), np.uint8)
cv.namedWindow('image')
# 创建控制颜色变化的滑块
cv.createTrackbar('R','image',0,255,nothing)
cv.createTrackbar('G','image',0,255,nothing)
cv.createTrackbar('B','image',0,255,nothing)
# 为 ON/OFF 功能创建开关
switch = '0 : OFF \n1 : ON'
cv.createTrackbar(switch, 'image',0,1,nothing)
while(1):
    cv.imshow('image',img)
    k = cv.waitKey(1) & 0xFF
    if k == 27:
        break
    # 得到 4 个滑块的当前位置
    r = cv.getTrackbarPos('R','image')
    g = cv.getTrackbarPos('G','image')
    b = cv.getTrackbarPos('B','image')
    s = cv.getTrackbarPos(switch,'image')
    if s == 0:
        img[:] = 0
    else:
        img[:] = [b,g,r]
cv.destroyAllWindows()
```

在上述代码中，我们创建了一个画笔开关，只有在该开关为 ON 的情况下，才能使用滑块设置屏幕的颜色，否则屏幕始终为黑色。执行效果如图 3-7 所示。

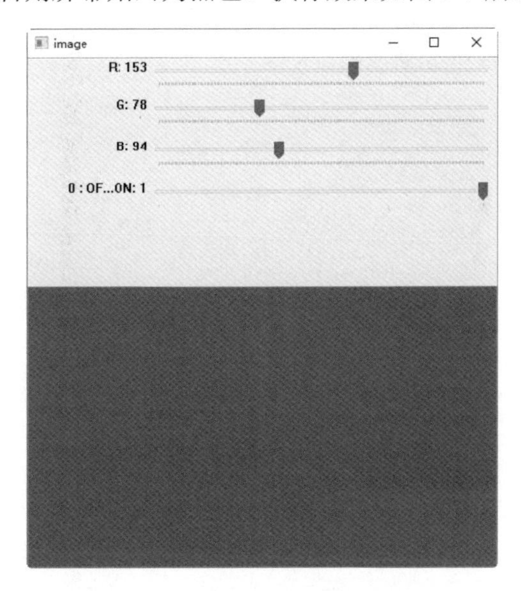

图 3-7　通过滑块设置屏幕的颜色

3.2.7　基本的属性操作

(1) 获取和修改像素值。

首先加载一张指定的彩色图像：

```
>>> import numpy as np
>>> import cv2 as cv
>>> img = cv.imread('111.jpg')
```

接下来可以通过行和列坐标来获取图像的像素值。对于 GRB 图像来说，会返回一个由蓝色、绿色和红色值组成的数组。对于灰度图像来说，只会返回相应的灰度。

```
>>> px = img[100,100]
>>> print( px )
[157 166 200]
# 仅访问蓝色像素
>>> blue = img[100,100,0]
>>> print( blue )
157
```

也可以用相同的方法修改图像的像素值：

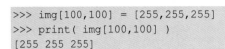

```
>>> img[100,100] = [255,255,255]
>>> print( img[100,100] )
[255 255 255]
```

也可以用下面的方法获取和修改像素值：

```
# 获取 RED 值
>>> img.item(10,10,2)
59
# 修改 RED 值
>>> img.itemset((10,10,2),100)
>>> img.item(10,10,2)
100
```

(2) 获取图像属性。

图像属性包括行数、列数、通道数、图像数据类型、像素数等。在 OpenCV-Python 中，可以通过 img.shape 获取图像的形状。img.shape 会返回由行、列和通道数组成的元组(如果图像是彩色的)，例如：

```
>>> print( img.shape )
(342, 548, 3)
```

注意：如果图像是灰度图，则返回的元组仅包含行数和列数，因此这是检查加载的图像是灰度图像还是彩色图像的好方法。

可以通过 img.size 获得图像的像素总数：

```
>>> print( img.size )
562248
```

可以通过 img.dtype 获得图像的数据类型：

```
>>> print( img.dtype )
uint8
```

(3) 为图像设置边框。

如果要在图像周围创建边框(如相框)，那么可以使用 OpenCV-Python 内置函数 cv.copyMakeBorder()实现。函数 cv.copyMakeBorder()在卷积运算和零填充等方面的应用比较常见，此函数的常用参数如下。

- src：要处理的图像。
- top/bottom/left/right：边框的宽度(以相应方向上的像素数为单位)。
- borderTyp：定义要添加的边框类型，可以是以下类型。

① cv.BORDER_CONSTANT：添加像素值恒定的彩色边框。该值应作为下一个参数

value 给出。

② cv.BORDER_REFLECT：边框将是边界元素的镜面反射。

③ value：如果边框类型为 cv.BORDER_CONSTANT，则这个值即为要设置的边框颜色。

实例 3-8 演示了如何使用函数 cv.copyMakeBorder()为图像设置边框。在 Matplotlib 中，可以为图像 111.jpg 设置多种样式的边框。

实例 3-8：为图像设置多种样式的边框

源码路径：daima\3\cv08.py

```
from matplotlib import pyplot as plt
BLUE = [255,0,0]
img1 = cv.imread('111.jpg')
replicate = cv.copyMakeBorder(img1,10,10,10,10,cv.BORDER_REPLICATE)
reflect = cv.copyMakeBorder(img1,10,10,10,10,cv.BORDER_REFLECT)
reflect101 = cv.copyMakeBorder(img1,10,10,10,10,cv.BORDER_REFLECT_101)
wrap = cv.copyMakeBorder(img1,10,10,10,10,cv.BORDER_WRAP)
constant= cv.copyMakeBorder(img1,10,10,10,10,cv.BORDER_CONSTANT,value=BLUE)
plt.subplot(231),plt.imshow(img1,'gray'),plt.title('ORIGINAL')
plt.subplot(232),plt.imshow(replicate,'gray'),plt.title('REPLICATE')
plt.subplot(233),plt.imshow(reflect,'gray'),plt.title('REFLECT')
plt.subplot(234),plt.imshow(reflect101,'gray'),plt.title('REFLECT_101')
plt.subplot(235),plt.imshow(wrap,'gray'),plt.title('WRAP')
plt.subplot(236),plt.imshow(constant,'gray'),plt.title('CONSTANT')
plt.show()
```

程序执行效果如图 3-8 所示。

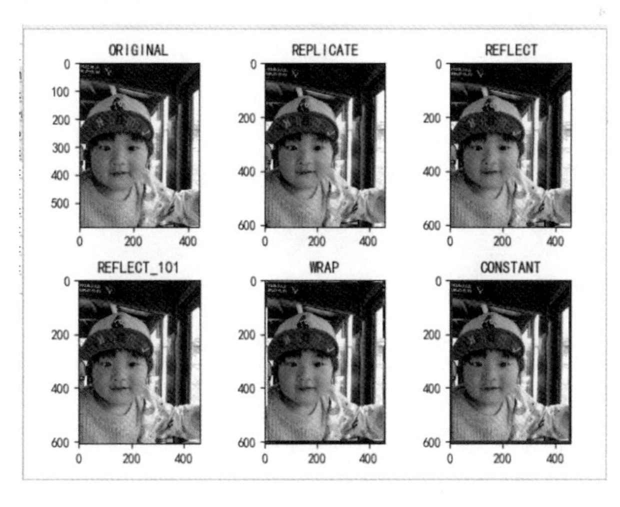

图 3-8　为图像设置多种样式的边框

3.3　OpenCV-Python 视频操作

在本节的内容中，首先讲解读取视频、显示视频以及保存视频的知识，然后讲解改变颜色空间和视频分析的相关知识。

扫码看视频

3.3.1　读取视频

在大多数情况下，需要使用摄像机捕捉实时画面。实例 3-9 的功能是从摄像头捕捉一段视频(例如使用笔记本电脑内置的摄像头)，并将其转换成灰度视频显示出来。要想捕捉视频，需要创建一个 VideoCapture 对象，其参数可以是设备索引或视频文件的名称。设备索引用于指定使用哪个摄像头，例如通过参数 0 来选择第 1 个相机，通过参数 1 来选择第 2 个相机，以此类推。在选择相机后可以逐帧捕获，完成后释放捕获器。

实例 3-9：捕捉摄像头中的视频

源码路径：daima\3\cv09.py

```
cap = cv.VideoCapture(0)
if not cap.isOpened():
   print("Cannot open camera")
   exit()
while True:
   # 逐帧捕获
   ret, frame = cap.read()
   # 如果正确读取帧，则 ret 为 True
   if not ret:
      print("Can't receive frame (stream end?). Exiting ...")
      break
   # 将 RGB 彩色图像转换为灰度图像
   gray = cv.cvtColor(frame, cv.COLOR_BGR2GRAY)
   # 显示结果帧
   cv.imshow('frame', gray)
   if cv.waitKey(1) == ord('q'):
      break
# 完成所有操作后，释放捕获器
cap.release()
cv.destroyAllWindows()
```

执行后会打开当前电脑中的摄像头，并将捕捉到的视频转换为灰度模式。执行效果如图 3-9 所示。

图 3-9 捕捉摄像头中的视频效果

在上述代码中，函数 cap.read()返回布尔值(True/ False)，如果正确读取了帧将返回 True。有时 cap 可能尚未初始化捕获，在这种情况下，此代码显示错误。可以通过函数 cap.isOpened()检查它是否已初始化。如果返回 True，说明已经初始化。否则，使用 cap.open()打开。

另外，还可以使用函数 cap.get(propId)获取该视频的某些参数信息，其中 propId 是 0 到 18 之间的一个数字，每个数字表示视频的一个属性(如果适用于该视频)，并且可以通过 cv.VideoCapture.get()显示完整的详细信息。也可以使用 cap.set(propId, value)修改其中一些属性值，其中 value 是修改后的新值。

可以通过函数 cap.get(cv.CAP_PROP_FRAME_WIDTH)和 cap.get(cv.CAP_PROP_FRAME_HEIGHT)设置框架的宽度和高度。在默认情况下，它的分辨率为 640×480。但是如果想将其修改为 320×240，只需使用 and 运算符即可，例如：

```
ret = cap.set(cv.CAP_PROP_FRAME_WIDTH,320) and ret =
cap.set(cv.CAP_PROP_FRAME_HEIGHT,240).
```

3.3.2 播放视频

OpenCV-Python 播放视频的方法与从相机读取视频的方法相似，在播放视频时，要给函数 cv.waitKey()传入适当的参数。如果值太小，则播放视频的速度会非常快；如果值太大，则播放视频的速度会很慢(显示慢动作)。在正常情况下，将参数设置为 25 毫秒。实例 3-10 的功能是播放视频文件 capture-1.mp4。

实例 3-10：播放视频文件

源码路径：daima\3\cv10.py

```
cap = cv.VideoCapture('capture-1.mp4')
while cap.isOpened():
    ret, frame = cap.read()
    # 如果正确读取帧，则 ret 为 True
    if not ret:
        print("Can't receive frame (stream end?). Exiting ...")
        break
    gray = cv.cvtColor(frame, cv.COLOR_BGR2GRAY)
    cv.imshow('frame', gray)
    if cv.waitKey(1) == ord('q'):
        break
cap.release()
cv.destroyAllWindows()
```

程序执行效果如图 3-10 所示。

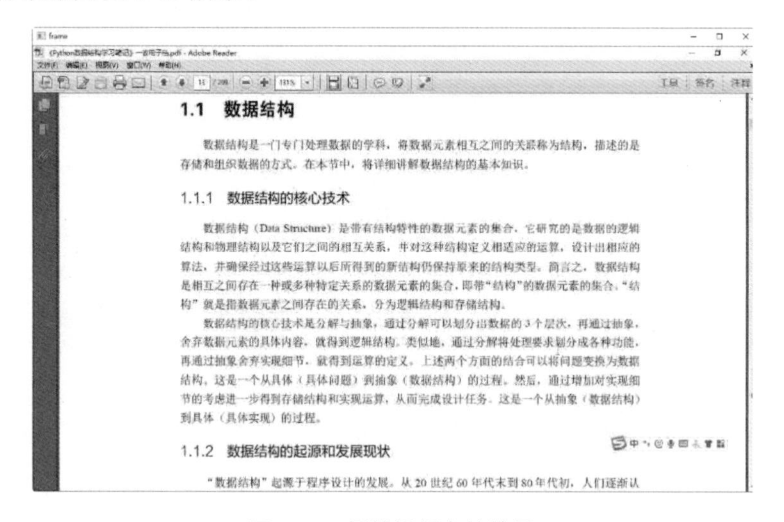

图 3-10　播放视频文件效果

3.3.3　保存视频

在捕捉读取一个视频时，可以一帧一帧地读取处理，然后可以使用函数 cv.imwrite()将读取到的图像帧保存起来，这种方法适用于单独保存每一帧的情况，而不是将它们连续保存到视频中。在保存连续视频时应该先创建一个 VideoWriter 对象，并设置保存视频的文件名(如 output.avi)。然后设置帧率和帧的大小，这时不需要单独定义编解码器。最后设置颜色标志，若设置为 True，就使用编码器期望颜色帧保存，否则使用灰度帧保存。实例 3-11 的功能是读取摄像头中的视频，并保存为视频文件 output.avi。

实例 3-11：读取摄像头中的视频并保存为视频文件

源码路径：daima\3\cv11.py

```
cap = cv.VideoCapture(0)
# 定义编解码器并创建 VideoWriter 对象
fourcc = cv.VideoWriter_fourcc(*'XVID')
out = cv.VideoWriter('output.avi', fourcc, 20.0, (640,  480))
while cap.isOpened():
    ret, frame = cap.read()
    if not ret:
        print("Can't receive frame (stream end?). Exiting ...")
        break
    frame = cv.flip(frame, 0)
    # 写翻转的框架
    out.write(frame)
    cv.imshow('frame', frame)
    if cv.waitKey(1) == ord('q'):
        break
# 完成工作后释放所有内容
cap.release()
out.release()
cv.destroyAllWindows()
```

程序执行后会打开摄像头录制视频，按下 Q 键后停止录制，并将录制的视频保存为 output.avi。执行效果如图 3-11 所示。

图 3-11　使用摄像头录制视频并保存为视频文件

3.3.4　改变颜色空间

在 OpenCV 中大约有超过 150 种实现颜色空间转换的方法，但是最常用的方法有两种：

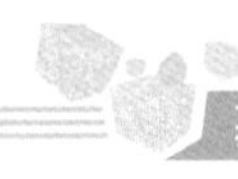

BGR↔灰度和BGR↔HSV。在OpenCV-Python中，使用内置函数cv.cvtColor(input_image, flag)改变颜色空间，其中参数flag用于设置转换的类型如下。

- BGR→灰度转换，使用cv.COLOR_BGR2GRAY。
- BGR→HSV转换，使用cv.COLOR_BGR2HSV。

通过下面的代码，可以获取参数flag的其他转换类型：

```
>>> import cv2 as cv
>>> flags = [i for i in dir(cv) if i.startswith('COLOR_')]
>>> print( flags )
```

大家需要注意的是，HSV的色相范围为[0,179]，饱和度范围为[0,255]，值范围为[0,255]。不同的软件使用不同的范围。因此，如果要将OpenCV值和它们进行比较，需要标准化处理这些值的范围。实例3-12演示了如何使用内置函数cv.cvtColor()改变摄像头视频颜色空间。

实例3-12：改变摄像头视频颜色空间

源码路径：daima\3\cv12.py

```
cap = cv.VideoCapture(0)
while(1):
    # 读取帧
    _, frame = cap.read()
    # 转换颜色空间 BGR 到 HSV
    hsv = cv.cvtColor(frame, cv.COLOR_BGR2HSV)
    # 定义 HSV 中蓝色的范围
    lower_blue = np.array([110,50,50])
    upper_blue = np.array([130,255,255])
    # 通过设置 HSV 的阈值只取蓝色
    mask = cv.inRange(hsv, lower_blue, upper_blue)
    # 将掩码和图像逐像素相加
    res = cv.bitwise_and(frame,frame, mask= mask)
    cv.imshow('frame',frame)
    cv.imshow('mask',mask)
    cv.imshow('res',res)
    k = cv.waitKey(5) & 0xFF
    if k == 27:
        break
cv.destroyAllWindows()
```

程序执行效果如图3-12所示。

图 3-12 改变摄像头视频颜色空间效果

3.3.5 视频的背景分离

背景分离(BS)是一种通过使用静态相机来生成前景掩码(即包含属于场景中的移动对象像素的二进制图像)的技术。也就是说，BS 用于计算前景掩码，在当前帧与背景模型之间执行减法运算，其中包含场景的静态部分，或者更一般而言，考虑到所观察场景的特征，可以将其视为背景的所有内容。图 3-13 所示为背景分离，将视频中的一艘船和背景分离出来。

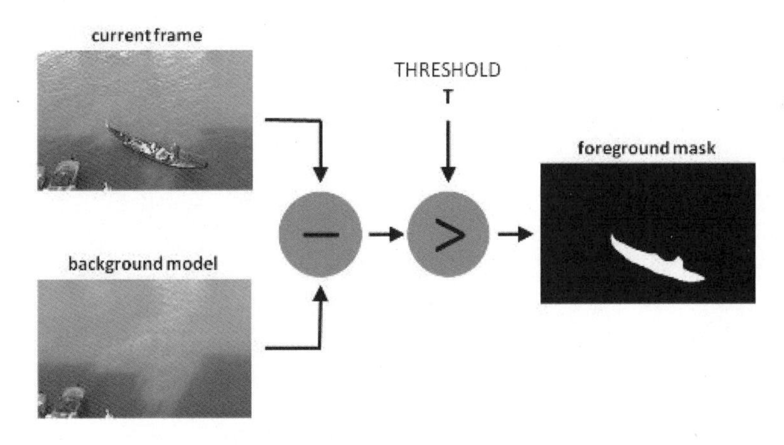

图 3-13 背景分离

在 OpenCV-Python 中实现背景分离的流程是，首先使用 cv.VideoCapture()函数从视频或图像序列中读取数据，然后使用类 cv.BackgroundSubtractor 创建和更新背景类，最后使用 cv.imshow()函数获取并显示前景蒙版。

实例 3-13 的功能是让用户选择处理视频文件或图像序列，并使用函数 cv.createBackgroundSubtractorMOG2()生成前景掩码。

实例 3-13：选择处理视频文件或图像序列并生成前景掩码

源码路径：daima\3\cv13.py

```
import cv2 as cv
import argparse
parser = argparse.ArgumentParser(description='This program shows how to use
background subtraction methods provided by \
                                        OpenCV. You can process both videos and images.')
parser.add_argument('--input', type=str, help='Path to a video or a sequence of
image.', default='capture-1.mp4')
parser.add_argument('--algo', type=str, help='Background subtraction method (KNN,
MOG2).', default='MOG2')
args = parser.parse_args()
if args.algo == 'MOG2':
   backSub = cv.createBackgroundSubtractorMOG2()
else:
   backSub = cv.createBackgroundSubtractorKNN()
capture = cv.VideoCapture(cv.samples.findFileOrKeep(args.input))
if not capture.isOpened:
   print('Unable to open: ' + args.input)
   exit(0)
while True:
   ret, frame = capture.read()
   if frame is None:
      break
   fgMask = backSub.apply(frame)

   cv.rectangle(frame, (10, 2), (100,20), (255,255,255), -1)
   cv.putText(frame, str(capture.get(cv.CAP_PROP_POS_FRAMES)), (15, 15),
          cv.FONT_HERSHEY_SIMPLEX, 0.5 , (0,0,0))

   cv.imshow('Frame', frame)
   cv.imshow('FG Mask', fgMask)

   keyboard = cv.waitKey(30)
   if keyboard == 'q' or keyboard == 27:
      break
```

上述代码的具体说明如下。

(1) 通过函数 cv.createBackgroundSubtractorMOG2()和 cv.createBackgroundSubtractorKNN()创建背景分割器，分别对应 MOG2 和 KNN 两种不同的背景分割算法。

(2) 函数 cv.VideoCapture()用于读取输入视频或图像序列。

(3) 通过代码 fgMask = backSub.apply(frame)更新背景模型，每一帧都用于计算前景掩码和更新背景。如果要更改用于更新背景模型的学习率，可以将参数传递给函数 apply()来设置。

(4) 使用函数 cv.VideoCapture()提取当前帧号，标记在当前帧的左上角，并使用白色矩形突出显示黑色的帧编号。

程序执行效果如图 3-14 所示。

图 3-14　处理视频文件并生成前景掩码

第 4 章

dlib 机器学习和图像处理

dlib 是一个包含机器学习算法的 C++开源工具包，可以帮助开发者编写机器学习程序。目前 dlib 已经被广泛地应用在开发和学术领域，包括机器人、嵌入式设备、移动电话和大型高性能计算环境。在本章的内容中，将详细讲解 dlib 机器学习和图像处理算法的知识。

4.1 dlib 介绍

扫码看视频

dlib 是一个由 C++语言编写的第三方库，提供了与机器学习、数值计算、图模型算法、图像处理等领域相关的一系列功能。库 dlib 的主要特点如下。

(1) 文档齐全。

dlib 为每一个类和函数提供了完整的文档说明，同时，还提供了 debug(调试)模式。打开 debug 模式后，开发者在调试代码的过程中可以及时查看变量和对象的值，快速找出错误点。另外，dlib 还提供了大量的实践实例。

(2) 有高质量的可移植代码。

dlib 不依赖第三方库，可以完美运行在 Windows、Mac OS 和 Linux 系统上。

(3) 提供了大量的机器学习和图像处理算法。

- 深度学习算法。
- 聚类分析算法。
- 基于 SVM 的分类和递归算法。
- 针对大规模分类和递归的降维方法。
- 相关向量机(Relevance Vector Machine)：是与支持向量机具有相同函数形式的稀疏概率模型，对未知函数进行预测或分类。具体训练是在贝叶斯框架下进行的，与 SVM 相比，不需要估计正则化参数，其核函数也不需要满足 Mercer 条件，需要更少的相关向量，训练时间长，测试时间短。

在使用 dlib 之前，需要先使用如下命令安装：

```
pip install dlib
```

4.2 dlib 基本的人脸检测

扫码看视频

通过使用 dlib 提供的内置类和函数，可以方便地检测各种素材图像。在本节的内容中，将详细讲解使用 dlib 实现基本人脸检测的知识。

4.2.1 人脸检测

实例 4-1 演示了如何使用 dlib 实现基本人脸检测。

实例 4-1：使用 dlib 实现基本人脸检测

源码路径：daima\4\first.py

(1) 使用 import 语句导入 dlib 模块。

(2) 设置人脸检测器和显示窗口，并设置要检测的图片路径是 111.jpg，在检测时指定一个阈值。代码如下：

```
path = '111.jpg'
img = imread(path)
# -1 表示人脸检测的判定阈值
# scores 为每个检测结果的得分，idx 为人脸检测器的类型
dets, scores, idx = detector.run(img, 1, -1)
for i, d in enumerate(dets):
    print('%d: score %f, face_type %f' % (i, scores[i], idx[i]))
win.clear_overlay()
win.set_image(img)
win.add_overlay(dets)
dlib.hit_enter_to_continue()
```

程序执行后会检测图片 111.jpg 中的人脸，执行效果如图 4-1 所示。

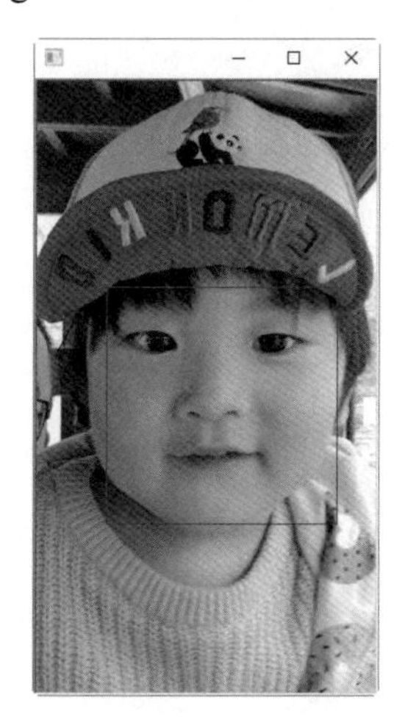

图 4-1　使用 dlib 实现基本人脸检测效果

在 dlib 中，函数 find_candidate_object_locations()可以快速找到候选目标的区域，然后使用这些区域进行后续操作。实例 4-2 演示了如何使用函数 find_candidate_object_locations()识别图片 111.jpg。

实例 4-2：使用函数 find_candidate_object_locations()识别指定的图片

源码路径：daima\4\find_candidate_object_locations.py

```
image_file = '111.jpg'
img = dlib.load_rgb_image(image_file)
rects = []
dlib.find_candidate_object_locations(img, rects, min_size=500)
print("number of rectangles found {}".format(len(rects)))
for k, d in enumerate(rects):
    print("Detection {}: Left: {} Top: {} Right: {} Bottom: {}".format(
        k, d.left(), d.top(), d.right(), d.bottom()))
```

在上述代码中，函数 load_rgb_image()接收一个文件名称，然后返回 NumPy 数组对象，这个返回值作为函数 find_candidate_object_locations()的第一个参数。函数 find_candidate_object_locations()的第二个参数 rects 为列表，用于保存找到候选对象所在的区域。第三个参数 min_size 表示找到的区域大小不应该小于指定的像素值。

执行上述代码，候选对象的位置将保存到矩形中。执行后会输出：

```
number of rectangles found 889
Detection 0: Left: 0 Top: 0 Right: 68 Bottom: 34
Detection 1: Left: 0 Top: 0 Right: 94 Bottom: 34
Detection 2: Left: 0 Top: 0 Right: 117 Bottom: 36
Detection 3: Left: 0 Top: 0 Right: 119 Bottom: 34
Detection 4: Left: 0 Top: 0 Right: 120 Bottom: 45
Detection 5: Left: 0 Top: 0 Right: 120 Bottom: 103
Detection 6: Left: 0 Top: 0 Right: 141 Bottom: 100
Detection 7: Left: 0 Top: 0 Right: 141 Bottom: 103
Detection 8: Left: 0 Top: 0 Right: 141 Bottom: 137
……省略后面的
```

4.2.2 使用命令行进行人脸识别

在上一个实例中，我们在代码中设置了要识别的图片文件是 111.jpg。我们也可以使用命令行的格式识别指定的图片，实例 4-3 演示了如何通过命令行对指定图片实现人脸检测。本实例的人脸检测器采用了经典的方向梯度直方图(HOG)特征，结合线性分类器、图像金字塔和滑动窗口检测方案进行识别。这种类型的目标探测器是相当普遍的，能够检测除了人脸外的许多类型的半刚性物体。具体实现代码如下。

实例 4-3：通过命令行对指定图片实现人脸检测

源码路径：daima\4\face_detector.py

```
detector = dlib.get_frontal_face_detector()
win = dlib.image_window()
for f in sys.argv[1:]:
    print("Processing file: {}".format(f))
    img = dlib.load_rgb_image(f)
    #第二个参数 1 表示应该将图像向上采样 1 次，这能够让我们发现更多的面孔
    dets = detector(img, 1)
    print("Number of faces detected: {}".format(len(dets)))
    for i, d in enumerate(dets):
        print("Detection {}: Left: {} Top: {} Right: {} Bottom: {}".format(
            i, d.left(), d.top(), d.right(), d.bottom()))
    win.clear_overlay()
    win.set_image(img)
    win.add_overlay(dets)
    dlib.hit_enter_to_continue()
if (len(sys.argv[1:]) > 0):
    img = dlib.load_rgb_image(sys.argv[1])
    dets, scores, idx = detector.run(img, 1, -1)
    for i, d in enumerate(dets):
        print("Detection {}, score: {}, face_type:{}".format(
            d, scores[i], idx[i]))
```

在上述代码的 if 语句中，可以让探测器告诉我们每次检测的分数。分数越大，表示检测的可信度越高。在函数 detector.run()中，第三个参数可以调整检测阈值，其中，负值将返回更多的检测，正值将返回更少的检测。另外，变量 idx 用来设置匹配哪些人脸子探测器，可用于识别不同方向的人脸。输入下面的命令可以检测图片 222.jpg 中的人脸：

```
python face_detector.py 222.jpg
```

运行上述命令后显示下面的检测信息，并显示检测结果，如图 4-2 所示。

```
Processing file: 222.jpg
Number of faces detected: 1
Detection 0: Left: 66 Top: 32 Right: 118 Bottom: 84
Hit enter to continue
Detection [(66, 32) (118, 84)], score:
2.6202281155122633, face_type:0
Detection [(129, 118) (181, 170)], score:
-0.6346316183738288, face_type:1
```

图 4-2　通过命令行对指定图片实现人脸检测结果

4.2.3 检测人脸关键点

使用训练好的模型 shape_predictor_68_face_landmarks.dat(人脸识别 68 个特征点检测数据库)检测人脸关键点，在检测出人脸的同时，可以检测出人脸上的 68 个关键点。开发者可以在 dlib 的官方网站下载模型文件 shape_predictor_68_face_landmarks.dat，下载网址是 http://dlib.net/files/，如图 4-3 所示。

```
dlib-19.5.tar.bz2
dlib-19.5.zip
dlib-19.6.tar.bz2
dlib-19.6.zip
dlib-19.7.tar.bz2
dlib-19.7.zip
dlib-19.8.tar.bz2
dlib-19.8.zip
dlib-19.9.tar.bz2
dlib-19.9.zip
dlib documentation-18.16.chm
dlib documentation-18.17.chm
dlib documentation-18.18.chm
dlib face recognition resnet model v1.dat.bz2
dlib face recognition resnet model v1 lfw test scripts.tar.bz2
dlib kitti submission mmodCNN basic7convModel.tar.bz2
imagenet2015 validation images.txt.bz2
instance segmentation voc2012net.dnn
instance segmentation voc2012net v2.dnn
mmod dog hipsterizer.dat.bz2
mmod front and rear end vehicle detector.dat.bz2
mmod human face detector.dat.bz2
mmod rear end vehicle detector.dat.bz2
resnet34 1000 imagenet classifier.dnn.bz2
resnet50 1000 imagenet classifier.dnn.bz2
semantic segmentation voc2012net.dnn
```

图 4-3　dlib 官方网站的模型文件

在 dlib 中，使用内置函数 shape_predictor()实现预测器功能，在图片中标记人脸关键点。函数 shape_predictor()的具体格式如下：

```
dlib.shape_predictor('data/data_dlib/shape_predictor_68_face_landmarks.dat')
```

其中，参数 data/data_dlib/shape_predictor_68_face_landmarks.dat 为 68 个关键点模型地址，返回值为人脸关键点预测器。

实例 4-4 的功能是使用模型 shape_predictor_68_face_landmarks.dat 检测人脸关键点。

实例 4-4：使用模型 shape_predictor_68_face_landmarks.dat 检测人脸关键点

源码路径：daima\4\second.py

(1) 使用 import 语句导入 dlib 模块。

(2) 分别设置好人脸检测器、关键点检测模型、显示窗口和要检测的图片路径，代码如下：

```
detector = dlib.get_frontal_face_detector()
predictor_path = 'shape_predictor_68_face_landmarks.dat'
predictor = dlib.shape_predictor(predictor_path)
win = dlib.image_window()
path ='111.jpg'
img = imread(path)
win.clear_overlay()
win.set_image(img)
```

(3) 检测图片 111.jpg 中的人脸关键点，代码如下：

```
detector = dlib.get_frontal_face_detector()
predictor_path = 'shape_predictor_68_face_landmarks.dat'
predictor = dlib.shape_predictor(predictor_path)
win = dlib.image_window()
path ='111.jpg'
img = imread(path)
win.clear_overlay()
win.set_image(img)

# 1 表示将图片放大一倍，便于检测到更多人脸
dets = detector(img, 1)
print('检测到了 %d 个人脸' % len(dets))
for i, d in enumerate(dets):
        print('- %d: Left %d Top %d Right %d Bottom %d' % (i, d.left(), d.top(),
d.right(), d.bottom()))
        shape = predictor(img, d)
        # 第 0 个点和第 1 个点的坐标
        print('Part 0: {}, Part 1: {}'.format(shape.part(0), shape.part(1)))
        win.add_overlay(shape)

win.add_overlay(dets)
dlib.hit_enter_to_continue()
```

在上述代码中，使用函数 shape_predictor()在检测出人脸的基础上找到人脸的 68 个特征点。程序执行后会检测出图片 111.jpg 中的人脸关键点，执行效果如图 4-4 所示，并输出下面的内容：

```
检测到了 1 个人脸
- 0: Left 56 Top 160 Right 242 Bottom 345
Part 0: (35, 200), Part 1: (37, 229)
Hit enter to continue
```

图 4-4　检测人脸关键点效果

4.2.4　基于 CNN 的人脸检测器

基于机器学习的 CNN 方法来检测人脸比前面介绍的检测方法效率要低很多。实例 4-5 演示了如何使用 dlib 运行基于 CNN 的人脸检测器。本实例加载一个经过预训练的模型 mmod_human_face_detector.dat，并使用它在图像中查找人脸。具体实现代码如下。

实例 4-5：使用模型 mmod_human_face_detector.dat 在图像中查找人脸

源码路径：daima\4\cnn_face_detector.py

```
import sys
import dlib
if len(sys.argv) < 3:
    print(
        "Call this program like this:\n"
        "   ./cnn_face_detector.py
mmod_human_face_detector.dat ../examples/faces/*.jpg\n"
        "You can get the mmod_human_face_detector.dat file from:\n"
        "    http://dlib.net/files/mmod_human_face_detector.dat.bz2")
    exit()

cnn_face_detector = dlib.cnn_face_detection_model_v1(sys.argv[1])
win = dlib.image_window()

for f in sys.argv[2:]:
    print("Processing file: {}".format(f))
    img = dlib.load_rgb_image(f)
```

```
    dets = cnn_face_detector(img, 1)
    print("Number of faces detected: {}".format(len(dets)))
    for i, d in enumerate(dets):
        print("Detection {}: Left: {} Top: {} Right: {} Bottom: {} Confidence:
{}".format(
            i, d.rect.left(), d.rect.top(), d.rect.right(), d.rect.bottom(),
d.confidence))

    rects = dlib.rectangles()
    rects.extend([d.rect for d in dets])

    win.clear_overlay()
    win.set_image(img)
    win.add_overlay(rects)
    dlib.hit_enter_to_continue()
```

上述检测器会返回一个 mmod_rectangles 矩阵对象，此对象包含 mmod_rectangles 对象的列表，可以通过迭代来访问 mmod_rectangles 对象。mmod_rectangles 对象有两个成员变量，即 dlib.rectangle 对象和预测的置信度分数。输入下面的命令运行本实例程序：

```
python cnn_face_detector.py mmod_human_face_detector.dat 111.jpg
```

通过运行上述命令，可以实现基于 CNN 对图片 111.jpg 进行人脸检测，并输出下面的检测结果，执行效果如图 4-5 所示。

```
Processing file: 111.jpg
Number of faces detected: 1
Detection 0: Left: 39 Top: 120 Right: 243 Bottom: 324 Confidence: 1.0611059665679932
```

图 4-5 基于 CNN 的人脸检测效果

4.2.5 在摄像头中识别人脸

在现实应用中，经常需要识别摄像头中的人脸。实例 4-6 演示了如何使用 OpenCV 和 dlib 在网络摄像头中识别正面人脸。这也意味着 dlib 的 RGB 图像可以与 OpenCV 一起使用，只需交换红色和蓝色通道即可。

实例 4-6：使用 OpenCV 和 dlib 在网络摄像头中识别正面人脸

源码路径：daima\4\opencv_webcam_face_detection.py

```
detector = dlib.get_frontal_face_detector()
cam = cv2.VideoCapture(0)
color_green = (0,255,0)
line_width = 3
while True:
    ret_val, img = cam.read()
    rgb_image = cv2.cvtColor(img, cv2.COLOR_BGR2RGB)
    dets = detector(rgb_image)
    for det in dets:
        cv2.rectangle(img,(det.left(), det.top()), (det.right(), det.bottom()),
color_green, line_width)
    cv2.imshow('my webcam', img)
    if cv2.waitKey(1) == 27:
        break  # esc to quit
cv2.destroyAllWindows()
```

程序执行效果如图 4-6 所示。

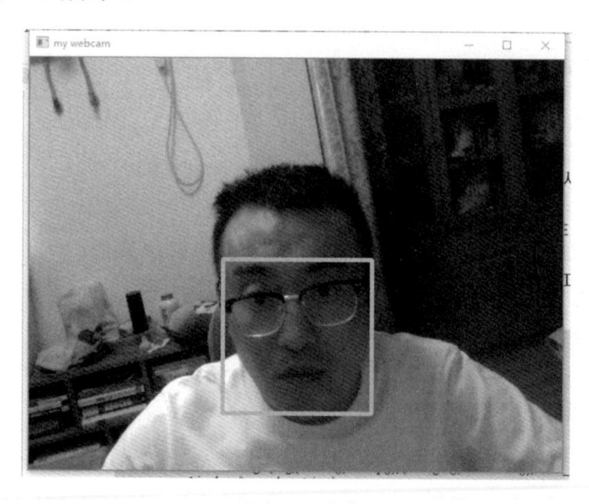

图 4-6　在摄像头中识别人脸效果

4.2.6 人脸识别验证

在实例 4-6 的基础上将人脸提取为特征向量，从而可以对特征向量进行比对，以实现人脸的验证。实例 4-7 的功能是验证两张照片中的人物是不是同一个人。本实例采用的是对比欧式距离的方法，使用训练好的 ResNet 人脸识别模型文件 dlib_face_recognition_resnet_model_v1.dat 进行识别，代码如下。

实例 4-7：验证两张照片是不是同一个人

源码路径：**daima\4\shibie.py**

```
detector = dlib.get_frontal_face_detector()
predictor_path = 'shape_predictor_68_face_landmarks.dat'
predictor = dlib.shape_predictor(predictor_path)
face_rec_model_path = 'dlib_face_recognition_resnet_model_v1.dat'
facerec = dlib.face_recognition_model_v1(face_rec_model_path)

def get_feature(path):
    img = imread(path)
    dets = detector(img)
    print('检测到了 %d 个人脸' % len(dets))
    # 这里假设每张图只有一个人脸
    shape = predictor(img, dets[0])
    face_vector = facerec.compute_face_descriptor(img, shape)
    return(face_vector)

def distance(a,b):
    a,b = np.array(a), np.array(b)
    sub = np.sum((a-b)**2)
    add = (np.sum(a**2)+np.sum(b**2))/2.
    return sub/add

path_lists1 = ["f1.jpg","f2.jpg"]
path_lists2 = ["毛毛照片.jpg","毛毛测试.jpg"]

feature_lists1 = [get_feature(path) for path in path_lists1]
feature_lists2 = [get_feature(path) for path in path_lists2]

print("feature 1 shape",feature_lists1[0].shape)

out1 = distance(feature_lists1[0],feature_lists1[1])
out2 = distance(feature_lists2[0],feature_lists2[1])

print("diff distance is",out1)
```

```
print("same distance is",out2)

def classifier(a,b,t = 0.09):
    if(distance(a,b)<=t):
        ret = True
    else :
        ret = False
    return(ret)

print("f1 is 毛毛",classifier(feature_lists1[0],feature_lists2[1]))
print("f2 is 毛毛",classifier(feature_lists1[1],feature_lists2[1]))
print("毛毛照片.jpg is 毛毛.jpg",classifier(feature_lists2[0],feature_lists2[1]))
```

通过上述代码，每张人脸都被提取为128维的向量，我们可以将其理解为128维的坐标(xyz是三维，128维就是由128个坐标轴组成)。然后计算两个特征的距离，设定好合适的阈值，如果小于这个阈值，则识别为同一个人。程序执行后会输出：

```
检测到了 1 个人脸
检测到了 1 个人脸
检测到了 1 个人脸
检测到了 1 个人脸
feature 1 shape (128, 1)
diff distance is 0.25476771591192765
same distance is 0.06
f1 is 毛毛 False
f2 is 毛毛 False
毛毛照片.jpg is 毛毛.jpg True
```

通过上述执行效果可以看出，不同的距离为0.25476771591192765，表示两个不同的人脸特征向量之间的差异较大；而同一个人的距离为0.06，表示两个特征向量非常相似，很可能是同一个人。我们可以先将阈值设置为其间的一个值，在上述代码中设置为0.09，这个阈值也是需要使用大量数据来计算的，选择的准则为使错误识别率最低。在将阈值设置为0.09后，使用函数classifier(a,b,t = 0.09)测试能否区分出不同的人。通过上述实例的执行效果可以看出，本实例代码已基本满足对人脸区分的功能，如果想要商业化该应用，则需要继续调优阈值与代码。调优的准则就是选择合适的阈值，使错误识别率最低。

4.2.7 全局优化

所有机器学习开发者都会遇到同样一个问题：有一些机器学习算法中填满了超参数——这些数字包括权重衰减系数、高斯核函数宽带等。算法本身并不会设置它们，开发者必须自己决定它们的数值。如果参数调得不够好，那么算法就不会正常运行。在调参时，绝大多数开发者只是凭经验进行猜测。很显然这不是一个好方法，我们需要用更合理的方法来设置这些参数。

dlib 作为一个开源的 C++ 机器学习算法工具包，被广泛用于工业界和学术界，覆盖机器人、嵌入式设备、手机和大型高性能计算设备等领域。dlib 从 v19.8 版本开始，为开发者引入了自动调优超参数的 LIPO 算法。dlib 中调优方法的最大优势是简单，非常易于进行超参数优化的工作。

实例 4-8 的功能是使用 dlib 内置的全局优化函数 dlib.find_min_global()查找自定义函数 holder_table()的输入，从而使函数 holder_table()的输出最小。dlib 的全局优化是一个非常有用的工具，便于应用机器学习函数的超参搜索功能。本实例只演示如何调用全局优化方法，使用一个通用的全局优化测试函数 find_min_global()调用自定义函数 holder_table()。具体实现代码如下。

实例 4-8：使用全局优化函数 dlib.find_min_global()查找自定义函数 holder_table()的输入

源码路径：daima\4\global_optimization.py

```
# 这是针对优化问题的标准测试函数，它有一组局部最小值和一个全局最小值
holder_table()==-19.2085025679.
def holder_table(x0,x1):
    return -abs(sin(x0)*cos(x1)*exp(abs(1-sqrt(x0*x0+x1*x1)/pi)))

#通过 find_min_global()查找 holder_table()的最佳输入
x,y = dlib.find_min_global(holder_table,
                      [-10,-10],    #x0 和 x1 的下界约束
                      [10,10],      #x0 和 x1 的上界约束
                      80)           #find_min_global()调用 holder_table()的次数
#print 语句用于显示提高精度后的最佳设置
print("optimal inputs: {}".format(x));
print("optimal output: {}".format(y));
```

程序执行后会输出：

```
optimal inputs: [8.057092112728306, 9.67043010020526]
optimal output: -19.208113390882694
```

另外，还可以使用 dlib 的内置函数 max_cost_assignment()计算分配任务的最大价值方案。例如，有如下场景。

需要将 N 个工作分配给 N 个人，每个人在每一份工作上都会给公司赚一定的钱。但是因为每个人的技能不同，所以他们在某些工作上做得很好，在另一些工作上做得不好。请找到最好的方法来为这些人分配工作，以最大限度地提高公司整体的利润。

在这个问题中，假设有 3 个人和 3 份工作。用一个矩阵来表示每个人在每项工作中的收入，每行对应一个人，每列对应一份工作。那么员工 0 在工作 0 赚 1 美元，在工作 1 赚 2

美元，在工作 2 赚 6 美元。

实例 4-9 演示了如何调用函数 max_cost_assignment()解决上述最优线性分配求解器问题。本算法是匈牙利算法的一个实现，运行速度非常快，时间复杂度为 O(N^3)。具体实现代码如下。

实例 4-9：解决最优线性分配求解器问题

源码路径：daima\4\max_cost_assignment.py

```
#工作矩阵
cost = dlib.matrix([[1, 2, 6],
                    [5, 3, 6],
                    [4, 5, 0]])
#调用函数 dlib.max_cost_assignment()找出最佳的工作分配方案
assignment = dlib.max_cost_assignment(cost)
# 打印最佳分配：[2,0,1]
print("Optimal assignments: {}".format(assignment))
print("Optimal cost: {}".format(dlib.assignment_cost(cost, assignment)))
```

程序执行后会输出：

```
Optimal assignments: [2, 0, 1]
Optimal cost: 16.0
```

通过上述执行结果可知，输出的最佳分配是[2, 0, 1]，这表示将工作 2 分配给员工 0，工作 0 分配给员工 1，工作 1 分配给员工 2。输出显示的最佳盈利是 16.0，这是正确的，因为我们的最佳分配的盈利是 6+5+5。

4.2.8 人脸聚类

如果一张图片中存在大量的人脸，我们就可以基于人脸识别标准进行聚类操作，把较相似的人脸聚为一类，即有可能识别为同一个人。实例 4-10 的功能是将某个目录下的所有照片中被认为是同一个人的人脸提取出来。具体实现代码如下。

实例 4-10：将某个目录下的所有照片中被认为是同一个人的人脸提取出来

源码路径：daima\4\juface.py

(1) 下载模型文件 shape_predictor_68_face_landmarks.dat 和 dlib_face_recognition_resnet_model_v1.dat，设置要处理的图片目录为 paths。代码如下：

```
detector = dlib.get_frontal_face_detector()
predictor_path = 'shape_predictor_68_face_landmarks.dat'
predictor = dlib.shape_predictor(predictor_path)
```

```
face_rec_model_path = 'dlib_face_recognition_resnet_model_v1.dat'
facerec = dlib.face_recognition_model_v1(face_rec_model_path)
paths = glob.glob('faces/*.jpg')
```

(2) 获取所有图片的关键点检测结果和向量表示。代码如下：

```
vectors = []
images = []
for path in paths:
    img = imread(path)
    dets = detector(img, 1)
    for i, d in enumerate(dets):
        shape = predictor(img, d)
        face_vector = facerec.compute_face_descriptor(img, shape)
        vectors.append(face_vector)
        images.append((img, shape))
```

(3) 以 0.5 为阈值进行聚类，并找出人脸数量最多的类。代码如下：

```
labels = dlib.chinese_whispers_clustering(vectors, 0.5)
num_classes = len(set(labels))
print('共聚为 %d 类' % num_classes)
biggest_class = Counter(labels).most_common(1)
print(biggest_class)
```

(4) 将最大类中包含的人脸保存下来。代码如下：

```
output_dir = 'most_common'
if not os.path.exists(output_dir):
    os.mkdir(output_dir)
face_id = 1
for i in range(len(images)):
    if labels[i] == biggest_class[0][0]:
        img, shape = images[i]
        dlib.save_face_chip(img, shape, output_dir + '/face_%d' % face_id,
size=150, padding=0.25)
        face_id += 1
```

程序执行后会聚类处理某个目录下的所有照片，将照片中被认为是同一个人的人脸提取出来，然后保存到 most_common 目录下。执行结果如图 4-7 所示。

face_1.jpg

face_2.jpg

face_3.jpg

face_4.jpg

face_5.jpg

face_6.jpg

图 4-7　被认为是同一个人的人脸

4.2.9 抖动采样和增强

实例 4-11 演示了如何使用 dlib 人脸识别模型训练数据，对指定图像中的人脸进行抖动采样和增强处理。本实例可以接收指定的图像并干扰颜色，同时应用随机平移、旋转和缩放操作。具体实现代码如下。

实例 4-11：对指定图像中的人脸进行抖动采样和增强处理

源码路径：daima\4\face_jitter.py

```
def show_jittered_images(window, jittered_images):
    //逐一显示指定的抖动图像
    for img in jittered_images:
        window.set_image(img)
        dlib.hit_enter_to_continue()

if len(sys.argv) != 2:
    print(
        "Call this program like this:\n"
        "   ./face_jitter.py shape_predictor_5_face_landmarks.dat\n"
        "You can download a trained facial shape predictor from:\n"
        "    http://dlib.net/files/shape_predictor_5_face_landmarks.dat.bz2\n")
    exit()

predictor_path = sys.argv[1]
face_file_path = "111.jpg"
#加载我们需要的所有模型：检测器用来查找人脸，形状预测器用来查找人脸标志，这样可以精确地定位人脸
detector = dlib.get_frontal_face_detector()
sp = dlib.shape_predictor(predictor_path)
#使用 dlib 加载图像
img = dlib.load_rgb_image(face_file_path)
#让探测器找到每个面部的边界框
dets = detector(img)
num_faces = len(dets)
# 找到 5 个面部标志
faces = dlib.full_object_detections()
for detection in dets:
    faces.append(sp(img, detection))
# 获取对齐的人脸图像并显示出来
image = dlib.get_face_chip(img, faces[0], size=320)
window = dlib.image_window()
window.set_image(image)
dlib.hit_enter_to_continue()
#显示 5 个抖动的图像而不增强数据
jittered_images = dlib.jitter_image(image, num_jitters=5)
```

```
show_jittered_images(window, jittered_images)
#显示 5 个抖动的图像并增强数据
jittered_images = dlib.jitter_image(image, num_jitters=5, disturb_colors=True)
show_jittered_images(window, jittered_images)
```

通过如下命令运行本实例程序，执行后可以将图片 111.jpg 采样，执行效果如图 4-8 所示。

```
python face_jitter.py
shape_predictor_5_face_landmarks.dat
```

图 4-8　对指定图像中的人脸进行抖动采样和增强处理效果

4.2.10　人脸和姿势采集

实例 4-12 的功能是在指定的图像中找到正面人脸并预测他们的姿势。在文件 shape_predictor_68_face_landmarks.dat 中保存了人脸 68 点特征检测器数据集，这些数据集是脸上的特征点，比如嘴角、眉毛、眼睛等。

实例 4-12：在指定的图像中找到正面人脸并预测他们的姿势

源码路径：daima\4\face_landmark_detection.py

```
if len(sys.argv) != 3:
    print(
        "Give the path to the trained shape predictor model as the first "
        "argument and then the directory containing the facial images.\n"
        "For example, if you are in the python_examples folder then "
        "execute this program by running:\n"
        "    ./face_landmark_detection.py shape_predictor_68_face_
             landmarks.dat ../examples/faces\n"
        "You can download a trained facial shape predictor from:\n"
        "    http://dlib.net/files/shape_predictor_68_face_landmarks.dat.bz2")
    exit()

predictor_path = sys.argv[1]
faces_folder_path = sys.argv[2]

detector = dlib.get_frontal_face_detector()
predictor = dlib.shape_predictor(predictor_path)
win = dlib.image_window()

for f in glob.glob(os.path.join(faces_folder_path, "*.jpg")):
    print("Processing file: {}".format(f))
    img = dlib.load_rgb_image(f)
```

```
win.clear_overlay()
win.set_image(img)

# 让探测器找到每个面部的边界框。第二个参数 1 表示应该将图像向上采样 1 次，让我们能够发现更多的面孔
dets = detector(img, 1)
print("Number of faces detected: {}".format(len(dets)))
for k, d in enumerate(dets):
    print("Detection {}: Left: {} Top: {} Right: {} Bottom: {}".format(
        k, d.left(), d.top(), d.right(), d.bottom()))
    #在方框 d 中获取面部的 landmarks/parts
    shape = predictor(img, d)
    print("Part 0: {}, Part 1: {} ...".format(shape.part(0),
                                              shape.part(1)))
    #画出面部标记
    win.add_overlay(shape)

win.add_overlay(dets)
dlib.hit_enter_to_continue()
```

本实例使用的人脸检测器利用了经典的方向梯度直方图(HOG)特征，结合线性分类器、图像金字塔和滑动窗口检测方案。假设在 faces 目录中保存了多个图片文件，通过如下命令可以提取照片中的人脸和姿势。程序执行效果如图 4-9 所示。按 Enter 键后，会继续识别 faces 目录中的下一张照片。

```
python face_landmark_detection.py
shape_predictor_68_face_landmarks.dat faces
```

图 4-9　人脸和姿势采集效果

4.2.11　物体追踪

物体追踪是指在视频文件的第一帧指定一个矩形区域，对于后续帧自动追踪和更新区域的位置。使用 Python 库 dlib 中的 correlation 跟踪器，可以实时跟踪检测视频中某个移动对象的位置。在使用 correlation 跟踪器时，需要将当前视频帧中要跟踪的对象的边界框指定给相关性跟踪程序，然后在随后的帧中识别这个对象的位置。假设在一张桌子上放了一个果汁盒和其他物品，然后用移动的相机拍摄这个桌子上的物品。实例 4-13 演示了如何使用 dlib 追踪视频中的果汁盒。

实例 4-13：使用 dlib 追踪视频中的果汁盒

源码路径：daima\4\wuzhui.py

```
# 视频帧的路径
video_folder = os.path.join("video_frames")
```

```
#创建相关跟踪器，初始化对象后才能使用
tracker = dlib.correlation_tracker()
#设置好追踪器和图片
win = dlib.image_window()
#将在从磁盘加载帧时跟踪它们
for k, f in enumerate(sorted(glob.glob(os.path.join(video_folder, "*.jpg")))):
    print("Processing Frame {}".format(k))
    img = dlib.load_rgb_image(f)

    # 需要在第一帧初始化跟踪器
    if k == 0:
        # 开始追踪果汁盒，如果看第一帧，会看到果汁盒所在位置的边界框是(74,67,112,153)
        tracker.start_track(img, dlib.rectangle(74, 67, 112, 153))
    else:
        # 否则我们就从上一帧开始跟踪
        tracker.update(img)

    win.clear_overlay()
    win.set_image(img)
    win.add_overlay(tracker.get_position())
    dlib.hit_enter_to_continue()
```

程序执行后可以追踪 video_frames 目录中的视频帧，标记每一帧图像中果汁盒的位置。执行效果如图 4-10 所示。

图 4-10　追踪视频中的果汁盒效果

4.3　SVM 分类算法

扫码看视频

SVM 是支持向量机(Support Vector Machine)的缩写，是一类按监督学习(Supervised Learning)方式对数据进行二元分类的广义线性分类器(Generalized Linear Classifier)，其决策边界是对学习样本求解的最大边距超平面(Maximummargin Hyperplane)。SVM 使用铰链损失函数(Hinge Loss)计算经验风险，并在求解系统中加入了正则化项以优化结构风险，是一个具有稀疏性和稳健性的分类器。SVM 可以通过核方法(Kernel Method)进行非线性分类，是常见的核学习(Kernel Learning)方法之一。

4.3.1 二进制 SVM 分类器

实例 4-14 的功能是使用 dlib 的内置库实现二进制 SVM 分类器。在本实例中创建了一个简单的测试数据集，展示了实现简易 SVM 分类器的方法。具体实现流程如下。

实例 4-14：使用 dlib 的内置库实现二进制 SVM 分类器

源码路径：daima\4\svm_binary_classifier.py

(1) 导入需要的库，创建两个训练数据集。在现实应用中，通常会使用更大的训练数据集，但是就本实例来说，两个训练数据集就已经足够了。对于二进制分类器而言，y 标签应该都是+1 或-1。代码如下：

```
import dlib
try:
   import cPickle as pickle
except ImportError:
   import pickle

x = dlib.vectors()
y = dlib.array()

# x.append(dlib.vector([1, 2, 3, -1, -2, -3]))
y.append(+1)

x.append(dlib.vector([-1, -2, -3, 1, 2, 3]))
y.append(-1)
```

(2) 制作一个训练对象，此对象负责将训练数据集转换为预测模型。本实例使用的是线性核的支持向量机训练器，如果要使用 RBF 内核或直方图相交内核，可以将其更改为以下的代码行之一：

- svm = dlib.svm_c_trainer_histogram_intersection()。
- svm = dlib.svm_c_trainer_radial_basis()。

代码如下：

```
svm = dlib.svm_c_trainer_linear()
svm.be_verbose()
svm.set_c(10)
```

(3) 开始训练模型，返回值是能够进行预测的训练模型，然后用我们的数据运行模型并查看结果。代码如下：

```
classifier = svm.train(x, y)
#查看结果
print("prediction for first sample:  {}".format(classifier(x[0])))
print("prediction for second sample: {}".format(classifier(x[1])))
```

(4) 可以像任何其他 Python 对象一样，也可以使用 Python 内置库 pickle 序列化分类器模型对象。代码如下：

```
with open('saved_model.pickle', 'wb') as handle:
    pickle.dump(classifier, handle, 2)
```

程序执行后会输出：

```
objective:     0.0178571
objective gap: 0
risk:          0
risk gap:      0
num planes:    3
iter:          1
prediction for first sample:  1.0
prediction for second sample: -1.0
```

4.3.2 Ranking SVM 算法

排序学习(Learning to Rank，LTR)用机器学习的思想来解决排序问题。LTR 有三种主要的方法：PointWise、PairWise 和 ListWise。Ranking SVM 算法是 PairWise 方法的一种，由 R. Herbrich 等人在 2000 年提出。T. Joachims 介绍了一种基于用户 Clickthrough(点击)数据使用 Ranking SVM 来进行排序的方法(SIGKDD，2002)。

在 dlib 的 C++库中内置了 SVMRank 工具，这是一个学习排列对象的有用工具。例如，SVMRank 可以根据用户的搜索引擎结果对网页进行排名。其思想是使最相关的页面排名高于不相关的页面。

实例 4-15 的功能是创建一个简单的测试数据集，并使用机器学习方法来学习一个函数。函数的目的是给相关对象比非相关对象更高的分数。其思想是使用此分数对对象进行排序，以便最相关的对象位于排名列表的顶部。具体实现流程如下。

实例 4-15：使用 Ranking SVM 算法解决排序问题

源码路径：daima\4\svm_rank.py

(1) 准备测试数据。为了简单起见，假设我们需要对二维向量进行排序，并且在第一维中具有正值的向量的排序应该高于其他向量。因此，我们要做的是制作相关(即高排名)和非相关(即低排名)向量的示例，并将它们存储到排序对象中。代码如下：

```
data = dlib.ranking_pair()
# 添加两个示例。在实际应用中，可能需要大量相关和非相关向量的示例
data.relevant.append(dlib.vector([1, 0]))
data.nonrelevant.append(dlib.vector([0, 1]))
```

(2) 使用机器学习方法来学习一个函数，该函数的功能是给相关向量高分，给非相关向量低分。代码如下：

```
trainer = dlib.svm_rank_trainer()
# trainer 对象具有一些控制其行为的参数
#因为这是 SVMRank 算法，所以需要使用参数 c 来控制在尝试精确拟合训练数据或选择一个“更简单”的
#解决方案之间的权衡
trainer.c = 10
```

(3) 使用函数 train()开始训练上面的数据，如果在向量上调用 rank()函数将输出一个排名分数，相关向量的排名得分应当大于非相关向量的排名得分。代码如下：

```
rank = trainer.train(data)
print("相关向量的排名得分:     {}".format(
    rank(data.relevant[0])))
print("非相关向量的排名得分: {}".format(
    rank(data.nonrelevant[0])))
```

(4) 如果想要一个排名精度的整体度量，可以通过调用函数 test_ranking_function()来计算排序精度和平均精度值。在这种情况下，排序精度告诉我们非相关向量排在相关向量前面的频率。在本实例中，函数 test_ranking_function()为这两个度量返回 1，表示使用 rank()函数输出一个完美的排名。代码如下：

```
print(dlib.test_ranking_function(rank, data))
#排名得分是通过获取学习的权重向量和数据向量之间的点积来计算的。如果想查看学习的权重向量，可以这样显示
print("Weights: {}".format(rank.weights))#在这种情况下的权重
```

(5) 在实际应用中，数据通常会更加复杂。例如，在用户浏览网页时的排名应用中，我们需要根据每个用户的查询对网页进行排序。每个查询可能会有一组与之相关的网页，这与其他查询可能完全不同。因此，我们没有一个全局的相关网页集和一个非相关网页集的

数据。为了处理这种情况，我们可以提供多个 ranking_pair 排序对实例给训练器。每个排序对代表了特定查询的相关和非相关集合。例如下面的排序对实例，我们重复使用之前的数据，为4个不同的“查询”创建相同的排序对实例。

```
queries = dlib.ranking_pairs()
queries.append(data)
queries.append(data)
queries.append(data)
queries.append(data)

#像以前一样训练
rank = trainer.train(queries)
```

(6) 现在我们有了多个 ranking_u_pair 排序对实例，可以使用函数 cross_validate_ranking_trainer()将查询拆分为多个折叠来执行交叉验证。也就是说，它可以对一个子集进行训练，并对其他子集进行测试。本实例将通过 4 个不同的子集来实现这一点，并根据保留的数据返回总体排名精度。代码如下：

```
# 与函数 test_ranking_function()一样，同时返回排序精度和平均精度
print("Cross 交叉验证结果: {}".format(
    dlib.cross_validate_ranking_trainer(trainer, queries, 4)))
```

(7) 最后需要注意，除了在上面使用过的密集向量之外，排名工具还支持使用稀疏向量。因此通过下面的代码，可以像本实例程序的第一部分那样使用稀疏向量。

```
data = dlib.sparse_ranking_pair()
samp = dlib.sparse_vector()
```

(8) 使 samp 表示与 dlib.vector([1, 0])相同的向量，代码如下：

```
samp.append(dlib.pair(0, 1))
data.relevant.append(samp)
```

在 dlib 中，稀疏向量是由成对对象组成的数组，每对存储一个索引和一个值。此外，支持向量机排序工具需要对稀疏向量进行排序，并具有唯一的索引。这意味着索引是按递增顺序展示的，索引值不会出现一次以上。在日常应用中，可以使用函数 dlib.make_sparse_vector()使稀疏向量对象正确排序并包含唯一的索引。

(9) 我们可以让 samp 表示与 dlib.vector([0,1])相同的向量，最后使用函数 train()训练上面的数据。代码如下：

```
samp.clear()
samp.append(dlib.pair(1, 1))
data.nonrelevant.append(samp)
```

```
trainer = dlib.svm_rank_trainer_sparse()
rank = trainer.train(data)
print("相关向量的排名分数:    {}".format(
    rank(data.relevant[0])))
print("非相关向量的排名分数: {}".format(
    rank(data.nonrelevant[0])))
```

程序执行后会输出：

```
相关向量的排名得分:     0.5
非相关向量的排名得分: -0.5
ranking_accuracy: 1  mean_ap: 1
Weights: 0.5
-0.5
Cross 交叉验证结果: ranking_accuracy: 1  mean_ap: 1
相关向量的排名分数:     0.5
非相关向量的排名分数: -0.5
```

4.3.3 Struct SVM 多分类器

通过使用 dlib 内置的 SVMRank 工具，可以实现 Struct SVM 多分类器。实例 4-16 演示了如何使用 Struct SVM 多分类器。本实例使用 dlib 的 Struct SVM 学习一个简单的多类分类器的参数。首先实现多类分类器模型，然后利用结构支持向量机工具进行遍历，找到该分类模型的参数。具体实现流程如下。

实例 4-16：使用 dlib 的 Struct SVM 学习一个简单的多类分类器的参数

源码路径：daima\4\svm_struct.py

(1) 在本例中创建三种类型的示例：类 0、类 1 和类 2。也就是说，我们的每个样本向量分为三类。为了使这个例子简单一些，除了一个地方外，每个样本向量在其他地方都是零。每个向量的非零维数决定了向量的类别。例如，samples 的第一个元素的类为 1，因为 samples[0][1]是 samples[0]中唯一的非零元素。代码如下：

```
def main():
    samples = [[0, 2, 0], [1, 0, 0], [0, 4, 0], [0, 0, 3]]
    # 因为我们想使用机器学习方法来学习 3 类分类器，所以我们需要记录样本的标签。这里的 samples[i]
    # 有一个 labels[i]的类标签
    labels = [1, 0, 1, 2]
    problem = ThreeClassClassifierProblem(samples, labels)
    weights = dlib.solve_structural_svm_problem(problem)
```

(2) 打印权重信息，然后对每个训练样本计算 predict_label()，请注意，每个样本都预测了正确的标签。代码如下：

```
    print(weights)
    for k, s in enumerate(samples):
        print("Predicted label for sample[{0}]: {1}".format(
            k, predict_label(weights, s)))
```

(3) 创建函数 predict_label(weights, sample)，设置 3 类分类器的 9 维权重向量，预测指定 3 维样本向量的类。因此，此函数的输出为 0、1 或 2(即 3 个可能的标签之一)。我们可以将 3 类分类器模型看作 3 个独立的线性分类器。因此，为了预测样本向量的类别，需要评估这 3 个分类器中的每一个。下面代码的目的是通过给定的权重向量 weights 对样本向量 sample 进行分类预测。其中，假设有 3 个类别，每个类别对应一个线性分类器。首先，代码计算每个分类器对样本的得分，然后选择得分最高的类别作为预测结果。因此，函数返回得分最高的类别的标签。代码如下：

```
def predict_label(weights, sample):
    w0 = weights[0:3]
    w1 = weights[3:6]
    w2 = weights[6:9]
    scores = [dot(w0, sample), dot(w1, sample), dot(w2, sample)]
    max_scoring_label = scores.index(max(scores))
    return max_scoring_label
```

(4) 编写函数 dot(a, b)，计算两个向量 a 和 b 之间的点积。代码如下：

```
def dot(a, b):
    return sum(i * j for i, j in zip(a, b))
```

(5) 定义类 ThreeClassClassifierProblem，使用 dlib.solve_structural_svm_problem()告诉 Struct SVM 多分类器如何处理我们的问题。Struct SVM 多分类器是一种有监督的机器学习方法，用于学习预测复杂的输出。这与只做简单的“是/否”预测的二元分类器形成了对比。另外，与简单的二元分类器不同，Struct SVM 多分类器可以学习预测复杂的输出，例如整个解析树或 DNA 序列比对。为此，它学习一个函数 F(x, y)，该函数测量特定数据样本 x 与标签 y 的匹配程度，其中标签可能是一个复杂的结构，比如解析树。为了使本实例程序尽量简单，我们只使用了 3 个类别的标签输出。在测试时，新 x 的最佳标签由最大化 F(x, y)的 y 给出，把它放到当前示例的上下文中，F(x, y)能够计算给定样本和类标签的分数。因此，在预测一个新的样本 x 的类别时，我们希望找到使得 F(x, y)最大的 y，其中 F(x, y)代表样本 x 与类别 y 的匹配程度的得分。而这正是 predict_label() 函数所做的。也就是说，它计算 F(x, 0)、F(x, 1)和 F(x, 2)，然后输出哪个标签的值最大。代码如下：

```
class ThreeClassClassifierProblem:
    def __init__(self, samples, labels):
```

```
        # dlib.solve_structural_svm_problem()要求类具有 num_samples 和 num_dimensions
        # 字段。这些字段应分别包含训练样本数和 PSI 特征向量的维数
        self.num_samples = len(samples)
        self.num_dimensions = len(samples[0])*3
        self.samples = samples
        self.labels = labels
```

(6) 编写函数 make_psi(self, x, label)计算 PSI(x,label)，在这里所做的就是取 x，PSI 表示特征向量。在本实例程序中是一个 3 维样本向量，把它放到一个 9 维 PSI 向量的 3 个位置之一，然后返回，所以函数 make_psi()返回 PSI(x, label)。要了解为什么这样设置 PSI，可回想一下 predict_u label()的工作原理，它接受一个 9 维的权重向量，并将向量分成 3 部分。然后每个片段定义一个不同的分类器，我们用一对一的方式使用它们来预测标签。因此现在在 Struct SVM 多分类器代码中，我们必须定义 PSI 向量来对应这个用法。也就是说，我们需要告诉结构支持向量机解算器要解决什么样的问题。代码如下：

```
    def make_psi(self, x, label):
        psi = dlib.vector()
        # 设置 9 个维度，向量元素初始化为 0
        psi.resize(self.num_dimensions)
        dims = len(x)
        if label == 0:
            for i in range(0, dims):
                psi[i] = x[i]
        elif label == 1:
            for i in range(dims, 2 * dims):
                psi[i] = x[i - dims]
        else:  # 标签必须为 2
            for i in range(2 * dims, 3 * dims):
                psi[i] = x[i - 2 * dims]
        return psi
```

(7) 编写 dlib 直接调用的两个成员函数 get_truth_joint_feature_vector(self, idx)和 separation_oracle(self, idx, current_solution)，在 get_truth_joint_feature_vector()中，当第 idx 个训练样本具有真实标签时，只需返回该样本的 PSI 向量，所以这里会返回 PSI(self.samples[idx], self.labels[idx])。代码如下：

```
    def get_truth_joint_feature_vector(self, idx):
        return self.make_psi(self.samples[idx], self.labels[idx])

    def separation_oracle(self, idx, current_solution):
        samp = self.samples[idx]
        dims = len(samp)
        scores = [0, 0, 0]
        # 计算 3 个分类器的得分
        scores[0] = dot(current_solution[0:dims], samp)
```

```
        scores[1] = dot(current_solution[dims:2*dims], samp)
        scores[2] = dot(current_solution[2*dims:3*dims], samp)
        if self.labels[idx] != 0:
            scores[0] += 1
        if self.labels[idx] != 1:
            scores[1] += 1
        if self.labels[idx] != 2:
            scores[2] += 1
        max_scoring_label = scores.index(max(scores))
        if max_scoring_label == self.labels[idx]:
            loss = 0
        else:
            loss = 1
        # 返回刚刚找到的标签对应的损失和 PSI 向量
        psi = self.make_psi(samp, max_scoring_label)
        return loss, psi
if __name__ == "__main__":
    main()
```

程序执行后会输出：

```
0.25
-0.166665
-0.111114
-0.125011
0.333332
-0.111111
-0.124989
-0.166667
0.222225
Predicted label for sample[0]: 1
Predicted label for sample[1]: 0
Predicted label for sample[2]: 1
Predicted label for sample[3]: 2
```

4.4 自训练模型

在本章前面的内容中，我们使用的都是从 dlib 官方网站下载的数据集模型。通过使用机器学习技术，我们可以开发自己的模型数据集，并使用 dlib 机器学习工具训练自己的模型，制作自己的对象检测器。

扫码看视频

4.4.1 训练自己的模型

通过使用 dlib 提供的机器学习工具，开发者可以训练自己的模型。实例 4-17 的功能是训练一个基于小数据集的人脸标记模型，然后对其进行评估。本实例使用了 dlib 论文 *One Millisecond Face Alignment with an Ensemble of Regression Trees* 中提到的算法。如果要在某些图像上可视化训练模型的输出，则可以运行实例文件 train_shape_predictor.py，并将文件 predictor.dat 作为输入模型。大家需要注意的是，此类模型虽然经常用于人脸标记领域，但是非常通用的，也可以用于各种形状的预测任务中。在本实例中，我们仅使用一个简单的面部标记应用来演示训练自己的模型。具体实现流程如下。

实例 4-17：训练一个小数据集的人脸标记模型并对其进行评估

源码路径：daima\4\train_shape_predictor.py

(1) 在本实例中将基于 examples/faces 目录中的 small faces 数据集训练一个人脸检测器，需要提供 faces 文件夹的路径作为命令行参数。代码如下：

```
if len(sys.argv) != 2:
    print(
        "Give the path to the examples/faces directory as the argument to this "
        "program. For example, if you are in the python_examples folder then "
        "execute this program by running:\n"
        "    ./train_shape_predictor.py ../examples/faces")
    exit()
faces_folder = sys.argv[1]
options = dlib.shape_predictor_training_options()
```

(2) 现在开始训练模型，在本算法中可以设置多个参数，在 shape_predictor_trainer 的文档中说明了这些参数的含义，在 Kazemi 的论文中也详细解释了各个参数。在本实例中，设置了其中 3 个参数的值，并没有使用这 3 个参数的默认值，因为本实例用到的只是一个非常小的数据集。其中将采样参数设置为较高的值 300，可以有效地提高训练集的大小。代码如下：

```
options.oversampling_amount = 300
#增加正则化(使 nu 变小)和使用深度更小的树来降低模型的容量
options.nu = 0.05
options.tree_depth = 2
options.be_verbose = True
```

(3) 使用函数 dlib.train_shape_predictor()做实际训练工作，将最终的预测器数据保存到文件 predictor.dat 中。输入的是一个 XML 文件，在其中列出了训练数据集中的图像，也包含了面部各个成员的位置。代码如下：

```
training_xml_path = os.path.join(faces_folder,
"training_with_face_landmarks.xml")
dlib.train_shape_predictor(training_xml_path, "predictor.dat", options)
```

(4) 测试数据模型。函数 test_shape_predictor()用于测量 shape_predictor 输出的人脸标记与根据真值数据应该位于的位置之间的平均距离。代码如下：

```
print("\n 训练精度: {}".format(
    dlib.test_shape_predictor(training_xml_path, "predictor.dat")))
```

(5) 在真正的测试工作中，要检查这个模型在未经过训练的数据集上的工作情况。因为我们在一个非常小的数据集上进行训练，所以精确度不是很高，但是效果还是很满意的。此外，如果在一个大的人脸标记数据集上训练它，可以获得更好的结果。代码如下：

```
testing_xml_path = os.path.join(faces_folder, "testing_with_face_landmarks.xml")
print("测试精度 {}".format(
    dlib.test_shape_predictor(testing_xml_path, "predictor.dat")))
```

(6) 使用预测数据 predictor.dat。首先从磁盘中加载预测数据文件 predictor.dat，然后加载人脸检测器来提供人脸位置的初始估计值。代码如下：

```
predictor = dlib.shape_predictor("predictor.dat")
detector = dlib.get_frontal_face_detector()
```

(7) 对 faces 文件夹中的图像运行 detector 和 shape_predictor 并显示结果。代码如下：

```
print("显示 faces 文件夹中图像的检测和预测...")
win = dlib.image_window()
for f in glob.glob(os.path.join(faces_folder, "*.jpg")):
    print("正在处理文件: {}".format(f))
    img = dlib.load_rgb_image(f)
    win.clear_overlay()
    win.set_image(img)
```

(8) 让探测器找到每个面部的边界框，其中第二个参数 1 表示应该将图像向上采样 1 次，这样我们能够发现更多的面孔。代码如下：

```
    dets = detector(img, 1)
    print("检测到的面部数量: {}".format(len(dets)))
    for k, d in enumerate(dets):
        print("检测 {}: Left: {} Top: {} Right: {} Bottom: {}".format(
            k, d.left(), d.top(), d.right(), d.bottom()))
        #在方框 d 中获取面部的 landmarks/parts
        shape = predictor(img, d)
        print("Part 0: {}, Part 1: {} ...".format(shape.part(0),shape.part(1)))
        #在屏幕中绘制出面部标志
        win.add_overlay(shape)
    win.add_overlay(dets)
    dlib.hit_enter_to_continue()
```

输入下面的命令运行本实例，运行后会创建自制的数据集文件 predictor.dat，并检测 examples/faces 目录中各张图片的人脸，如图 4-11 所示。每当按下 Enter 键时，可以逐一检测 examples/faces 目录中的图片。代码如下：

```
python train_shape_predictor.py faces
```

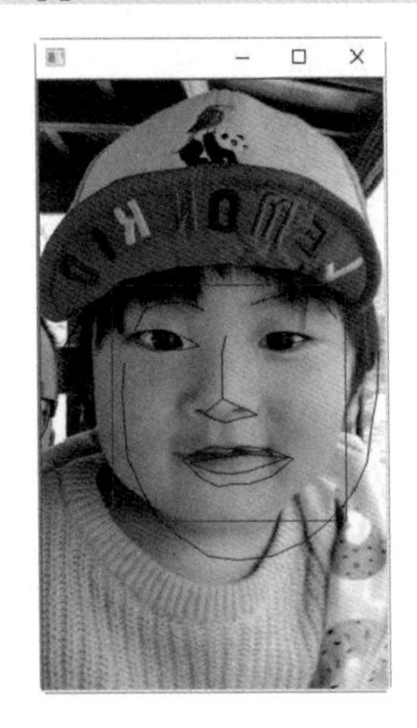

图 4-11　检测人脸并标记效果

4.4.2　自制对象检测器

通过使用 dlib 提供的机器学习工具，开发者可以制作自己的人脸对象检测器。实例 4-18 的功能是使用 dlib 为人脸、行人和任何其他半刚性对象制作基于 HOG 的对象检测器。本实例参考了 Dalal 和 Triggs 在 2005 年发表的《用于人体检测的方向梯度直方图》论文，论文中首次提出了滑动窗口目标检测器的训练步骤。具体实现流程如下。

实例 4-18：为人脸、行人和任何其他半刚性对象制作基于 HOG 的对象检测器

源码路径：daima\4\train_object_detector.py

(1) 基于 examples/faces 目录下的 small faces 数据集训练一个人脸检测器。代码如下：

```
if len(sys.argv) != 2:
    print(
        "Give the path to the examples/faces directory as the argument to this "
        "program. For example, if you are in the python_examples folder then "
        "execute this program by running:\n"
        "    ./train_object_detector.py ../examples/faces")
    exit()
faces_folder = sys.argv[1]
```

(2) 开始训练，函数 simple_object_detector_training_options()有一系列 options 选项，所有选项都有自带的默认值。常用 options 选项的具体说明如下。

- add_left_right_image_flips：因为人脸是左右对称的，所以可以设置此选项为 True，训练一个对称的检测器，这有助于从训练数据中获得最大的价值。
- C：因为训练器支持一种向量机，所以通常具有 SVM 分类器的正则化参数 C。一般来说，C 越大就越适合训练数据，但可能会导致过度拟合。必须检查经过训练的检测器在未经过训练的图像测试集上的工作情况，根据经验找到 C 的最佳值。
- num_threads：告诉代码当前计算机有多少个 CPU 来进行最快的训练。

代码如下：

```
options = dlib.simple_object_detector_training_options()
options.add_left_right_image_flips = True
options.C = 5
options.num_threads = 4
options.be_verbose = True
training_xml_path = os.path.join(faces_folder, "training.xml")
testing_xml_path = os.path.join(faces_folder, "testing.xml")
```

(3) 函数 train_simple_object_detector()用于实际训练工作，将最终探测器保存到文件 detector.svm 中。输入参数是一个 XML 文件，它列出了训练数据集中的图像，还包含了边界框的位置。如果开发者想要创建自己的 XML 文件，可以在 tools/imglab 文件夹中找到 imglab 工具，这是一个简单的图形工具，可以使用方框标记图像中的对象。要了解如何使用它，可阅读帮助文档 tools/imglab/README.txt。对于本实例来说，我们只使用 dlib 中包含的文件 training.xml。代码如下：

```
dlib.train_simple_object_detector(training_xml_path, "detector.svm", options)
```

(4) 现在已经有了人脸探测器，接下来就可以进行测试了，通过如下代码在训练数据上测试该人脸探测器，将打印输出平均精度信息。代码如下：

```
print("")                           #打印空行，以创建与上一输出之间的间隙
print("Training accuracy: {}".format(
    dlib.test_simple_object_detector(training_xml_path, "detector.svm")))
```

(5) 要想知道探测器是否真的在不过度拟合的情况下工作，需要通过如下代码在没有经过训练的图像上运行。事实证明，该探测器可以在测试图像上完美地工作。代码如下：

```
print("Testing accuracy: {}".format(
    dlib.test_simple_object_detector(testing_xml_path, "detector.svm")))
```

(6) 使用探测器。首先从磁盘中加载探测器文件 detector.svm，代码如下：

```
detector = dlib.simple_object_detector("detector.svm")

win_det = dlib.image_window()
win_det.set_image(detector)
```

(7) 使用探测器检测文件夹 faces 中的图像，并打印输出检测结果。代码如下：

```
print("Showing detections on the images in the faces folder...")
win = dlib.image_window()
for f in glob.glob(os.path.join(faces_folder, "*.jpg")):
    print("Processing file: {}".format(f))
    img = dlib.load_rgb_image(f)
    dets = detector(img)
    print("Number of faces detected: {}".format(len(dets)))
    for k, d in enumerate(dets):
        print("Detection {}: Left: {} Top: {} Right: {} Bottom: {}".format(
            k, d.left(), d.top(), d.right(), d.bottom()))

    win.clear_overlay()
    win.set_image(img)
    win.add_overlay(dets)
    dlib.hit_enter_to_continue()
```

(8) 假设已经训练了多个探测器，并且希望将它们作为一个组高效地运行，我们可以按照以下方式执行此操作。代码如下：

```
detector1 = dlib.fhog_object_detector("detector.svm")
```

(9) 再次加载探测器文件 detector.svm，代码如下：

```
detector2 = dlib.fhog_object_detector("detector.svm")
```

(10) 列出所有想运行的探测器，代码如下：

```
detectors = [detector1, detector2]
image = dlib.load_rgb_image(faces_folder + '/2008_002506.jpg')
[boxes, confidences, detector_idxs] = dlib.fhog_object_detector.run_multiple
(detectors, image, upsample_num_times=1, adjust_threshold=0.0)
for i in range(len(boxes)):
    print("detector {} found box {} with confidence {}.".format(detector_idxs[i],
boxes[i], confidences[i]))
```

(11) 请注意，不必使用基于 XML 的输入来训练函数 test_simple_object_detector()，如果已经加载了探测目标对象的训练图像和边界框，则可以通过如下代码调用，在调用时只需要把图片放到一个列表中即可。代码如下：

```
images = [dlib.load_rgb_image(faces_folder + '/2008_002506.jpg'),
        dlib.load_rgb_image(faces_folder + '/2009_004587.jpg')]
# 为每张图像制作一个矩形列表，给出框边的像素位置
boxes_img1 = ([dlib.rectangle(left=329, top=78, right=437, bottom=186),
            dlib.rectangle(left=224, top=95, right=314, bottom=185),
            dlib.rectangle(left=125, top=65, right=214, bottom=155)])
boxes_img2 = ([dlib.rectangle(left=154, top=46, right=228, bottom=121),
            dlib.rectangle(left=266, top=280, right=328, bottom=342)])
# 将这些框列表聚合为一个大列表，然后调用train_simple_object_detector()函数
boxes = [boxes_img1, boxes_img2]
detector2 = dlib.train_simple_object_detector(images, boxes, options)
# 可以通过取消注释以下内容将此探测器保存到磁盘
#detector2.save('detector2.svm')
win_det.set_image(detector2)
dlib.hit_enter_to_continue()

# 请注意，不必使用基于XML的输入来测试test_simple_object_detector()
# 如果已经加载了对象的训练图像和边界框，则可以通过如下代码调用
print("\nTraining accuracy: {}".format(
   dlib.test_simple_object_detector(images, boxes, detector2)))
```

输入下面的命令运行本实例，运行后会创建自制的探测器文件 detector.svm，测试效果如图 4-12 所示。同时检测 examples/faces 目录下各张图片的人脸，如图 4-13 所示。每当按下 Enter 键时，可以逐一检测 examples/faces 目录下的图片。

```
python train_object_detector.py faces
```

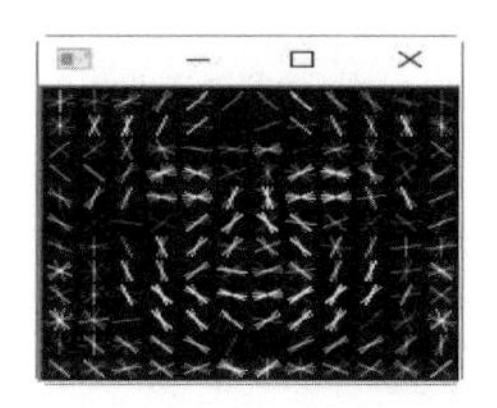

图 4-12　探测器测试效果

图 4-13　检测人脸效果

第5章

face_recognition 人脸识别

face_recognition 是一个基于深度学习的人脸识别库，它提供了简单易用的接口，用于在图像和视频中实现人脸检测、人脸对齐和人脸识别等任务。通过使用 face_recognition，可以在 Python 程序中实现人脸识别功能。在本章的内容中，将详细讲解使用 face_recognition 实现人脸识别的知识。

5.1 安装 face_recognition

扫码看视频

在安装 face_recongnition 之前，必须明白下面的依赖关系。

- 安装 face_recongnition 的必要条件是配置好库 dlib。
- 配置好库 dlib 的必要条件是：成功安装 dlib，并且已编译。
- 安装 dlib 的必要条件是： 配置好 boost 和 cmake。

通过如下命令即可安装 face_recognition：

```
pip install face_recognition
```

5.2 实现基本的人脸检测

扫码看视频

在本节的内容中，将通过具体实例详细讲解使用 face_recognition 实现基本人脸检测的知识。

5.2.1 输出显示指定人像人脸特征

库 face_recognition 通过 facial_features 来处理面部特征，包含了以下八个特征。

- chin：下巴。
- left_eyebrow：左眉。
- right_eyebrow：右眉。
- nose_bridge：鼻梁。
- nose_tip：鼻子尖。
- left_eye：左眼。
- right_eye：右眼。
- top_lip：上唇。
- bottom_lip：下唇。

实例 5-1 演示了如何输出显示指定人像人脸特征。

实例 5-1：输出显示指定人像人脸特征

源码路径：daima\5\shibie01.py

```
# 自动识别人脸特征
```

```
# 导入 PIL 模块
from PIL import Image, ImageDraw
# 导入 face_recogntion 模块，可用命令 pip install face_recognition 安装
import face_recognition

# 将 jpg 文件加载到 NumPy 数组中
image = face_recognition.load_image_file("111.jpg")

#查找图像中的所有面部特征
face_landmarks_list = face_recognition.face_landmarks(image)

print("I found {} face(s) in this photograph.".format(len(face_landmarks_list)))

for face_landmarks in face_landmarks_list:

   #打印此图像中每个面部特征的位置
    facial_features = [
        'chin',
        'left_eyebrow',
        'right_eyebrow',
        'nose_bridge',
        'nose_tip',
        'left_eye',
        'right_eye',
        'top_lip',
        'bottom_lip'
    ]

    for facial_feature in facial_features:
        print("The {} in this face has the following points: {}".format(facial_feature,
face_landmarks[facial_feature]))

   #在图像中描绘出每个面部特征
    pil_image = Image.fromarray(image)
    d = ImageDraw.Draw(pil_image)

    for facial_feature in facial_features:
        d.line(face_landmarks[facial_feature], width=5)

    pil_image.show()
```

程序执行后会输出显示图片 111.jpg 中人像的人脸特征数值：

```
I found 1 face(s) in this photograph.
The chin in this face has the following points: [(35, 303), (38, 331), (42, 359),
(47, 387), (59, 411), (78, 428), (100, 441), (123, 451), (146, 454), (168, 450),
(189, 439), (209, 425), (227, 407), (238, 384), (244, 358), (249, 331), (252, 304)]
```

```
The left_eyebrow in this face has the following points: [(53, 289), (66, 273), (87,
266), (109, 269), (131, 276)]
The right_eyebrow in this face has the following points: [(162, 277), (181, 269),
(203, 266), (224, 271), (236, 286)]
The nose_bridge in this face has the following points: [(144, 303), (144, 319), (144,
334), (143, 351)]
The nose_tip in this face has the following points: [(124, 364), (134, 366), (144,
368), (154, 366), (164, 364)]
The left_eye in this face has the following points: [(77, 304), (89, 299), (103,
300), (115, 310), (102, 313), (87, 311)]
The right_eye in this face has the following points: [(174, 310), (185, 301), (199,
301), (211, 305), (200, 312), (186, 313)]
The top_lip in this face has the following points: [(109, 395), (124, 391), (136,
387), (144, 389), (153, 386), (165, 390), (180, 393), (174, 393), (153, 394), (144,
395), (136, 394), (116, 396)]
The bottom_lip in this face has the following points: [(180, 393), (165, 402), (154,
405), (145, 406), (136, 406), (125, 404), (109, 395), (116, 396), (136, 396), (145,
396), (153, 395), (174, 393)]
```

使用 PIL 在人像中标记出人脸特征，如图 5-1 所示。

图 5-1　标记出人脸特征

5.2.2　在指定照片中识别标记出人脸

实例 5-2 演示了如何在指定照片中识别标记出人脸。

实例 5-2：在指定照片中识别标记出人脸

源码路径：daima\5\shibie02.py

```
# 检测人脸
import face_recognition
import cv2

# 读取图片并识别人脸
img = face_recognition.load_image_file("111.jpg")
face_locations = face_recognition.face_locations(img)
print(face_locations)

# 调用 OpenCV 函数显示图片
img = cv2.imread("111.jpg")
cv2.namedWindow("原图")
cv2.imshow("原图", img)

# 遍历每个人脸并进行标注
faceNum = len(face_locations)
for i in range(0, faceNum):
    top =  face_locations[i][0]
    right =  face_locations[i][1]
    bottom = face_locations[i][2]
    left = face_locations[i][3]

    start = (left, top)
    end = (right, bottom)

    color = (55,255,155)
    thickness = 3
    cv2.rectangle(img, start, end, color, thickness)

# 显示识别结果
cv2.namedWindow("识别")
cv2.imshow("识别", img)
cv2.waitKey(0)
cv2.destroyAllWindows()
```

程序执行后将分别显示原始照片 111.jpg 效果和识别标记出的人脸效果，如图 5-2 所示。

图 5-2　原始照片效果和识别标记出的人脸效果

5.2.3　识别出照片中的所有人脸

现在有一张照片 888.jpg，如图 5-3 所示。

图 5-3　照片 888.jpg

这是一张 3 人合影照，我们应该如何识别并提取出这张照片中的人脸呢？实例 5-3 演示了如何识别并提取出照片 888.jpg 中的所有人脸。

实例 5-3：识别并提取出指定照片中的人脸

源码路径：daima\5\shibie03.py

```
#  识别图片中的所有人脸并提取出来
# filename : shibie02.py
# 导入 PIL 模块
from PIL import Image
# 导入 face_recogntion 模块，可用命令 pip install face_recognition 安装
import face_recognition

# 将 jpg 文件加载到 NumPy 数组中
image = face_recognition.load_image_file("888.jpg")

# 使用默认的 HOG 模型查找图像中的所有人脸
# 这个方法已经相当准确了，但还是不如 CNN 模型准确，因为没有使用 GPU 加速
# 另请参见：find_faces_in_picture_cnn.py
face_locations = face_recognition.face_locations(image)

# 使用 CNN 模型
# face_locations = face_recognition.face_locations(image, number_of_times_to_
# upsample=0, model="cnn")

# 打印：我从图片中找到了多少个人脸
print("I found {} face(s) in this photograph.".format(len(face_locations)))

# 循环遍历找到的所有人脸
for face_location in face_locations:

        # 打印每个人脸的位置信息
        top, right, bottom, left = face_location
        print("Top: {}, Left: {}, Bottom: {}, Right: {}".format(top, left, bottom,
right))
        # 指定人脸的位置信息，然后显示人脸图片
        face_image = image[top:bottom, left:right]
        pil_image = Image.fromarray(face_image)
        pil_image.show()
```

程序执行后首先会输出照片 888.jpg 中人脸的位置信息：

```
I found 3 face(s) in this photograph.
Top: 163, Left: 79, Bottom: 271, Right: 187
Top: 125, Left: 182, Bottom: 254, Right: 311
Top: 329, Left: 104, Bottom: 403, Right: 179
```

然后输出显示识别的 3 个人脸，如图 5-4 所示。

  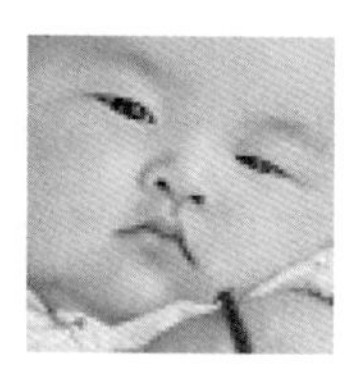

图 5-4　提取出的 3 个人脸

在这张 3 人合影照中，我们应该如何识别并标注出这张照片中的人脸呢？实例 5-4 演示了如何识别并标注出照片 888.jpg 中的所有人脸。

实例 5-4：识别并标注出多人照片中的人脸

源码路径：daima\5\shibie04.py

```
# 读取图片并识别人脸
img = face_recognition.load_image_file("888.jpg")
face_locations = face_recognition.face_locations(img)
print(face_locations)

# 调用 OpenCV 函数显示图片
img = cv2.imread("888.jpg")
cv2.namedWindow("原图")
cv2.imshow("原图", img)

# 遍历每个人脸并进行标注
faceNum = len(face_locations)
for i in range(0, faceNum):
    top = face_locations[i][0]
    right = face_locations[i][1]
    bottom = face_locations[i][2]
    left = face_locations[i][3]

    start = (left, top)
    end = (right, bottom)

    color = (55, 255, 155)
    thickness = 3
    cv2.rectangle(img, start, end, color, thickness)

# 显示识别结果
cv2.namedWindow("识别")
cv2.imshow("识别", img)

cv2.waitKey(0)
cv2.destroyAllWindows()
```

程序执行后会输出显示照片 888.jpg 中的所有人脸信息，如图 5-5 所示。

图 5-5 识别并标注出的 3 个人脸

5.2.4 判断照片中是否包含某个人

现在有一张照片 201.jpg，如图 5-6 所示。

图 5-6 照片 201.jpg

这是一张单人照片，假设照片中的人叫小毛毛，我们应该如何识别出照片 888.jpg 中有小毛毛呢？实例 5-5 演示了如何识别判断照片 888.jpg 中是否包含小毛毛。

实例 5-5：识别判断照片 888.jpg 中是否包含小毛毛

源码路径：daima\5\shibie05.py

```
# 识别人脸判断是哪个人
import face_recognition
#将 jpg 文件加载到 NumPy 数组中
chen_image = face_recognition.load_image_file("201.jpg")
#要识别的图片
unknown_image = face_recognition.load_image_file("888.jpg")
#获取每个图像文件中每个面部的面部编码
#因为每个图像中可能有多个面部，所以返回一个编码列表
#由于我们知道每个图像中只有一个人脸，我们只关心每个图像中的第一个面部编码，所以取索引 0
chen_face_encoding = face_recognition.face_encodings(chen_image)[0]
print("chen_face_encoding:{}".format(chen_face_encoding))
unknown_face_encoding = face_recognition.face_encodings(unknown_image)[0]
print("unknown_face_encoding :{}".format(unknown_face_encoding))

known_faces = [
    chen_face_encoding
]
#结果是 True/False 的数组，未知面孔 known_faces 与阵列中的任何人相匹配的结果
results = face_recognition.compare_faces(known_faces, unknown_face_encoding)

print("result :{}".format(results))
print("这个未知面孔是 小毛毛 吗? {}".format(results[0]))
print("这个未知面孔是 我们从未见过的新面孔吗? {}".format(not True in results))
```

程序执行后会输出如下识别结果，说明在照片 888.jpg 中存在照片 201.jpg 的这个人。

```
result :[True]
这个未知面孔是 小毛毛 吗? True
这个未知面孔是 我们从未见过的新面孔吗? False
```

5.2.5 识别出照片中的人是谁

假设分别存在 3 张图片 laoguan.jpg(老管的单人照)、maomao.jpg(毛毛的单人照)和 unknown.jpg(未知某人的单人照，肯定是老管或毛毛这两人之一)，如图 5-7 所示。

我们应该如何识别出照片 unknown.jpg 中的人是谁呢？实例 5-6 演示了如何识别判断照片 unknown.jpg 中的人是谁。

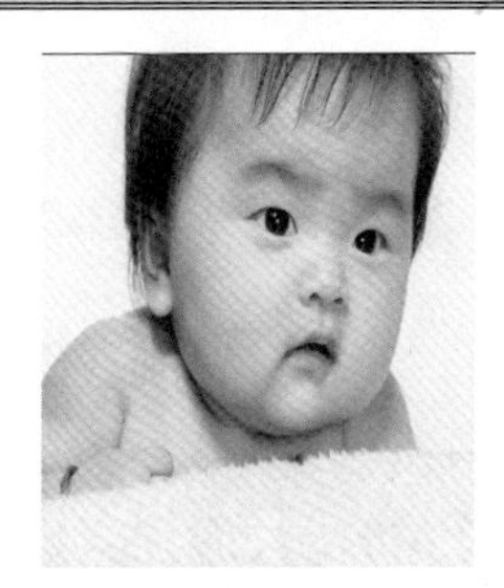

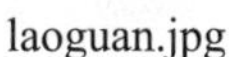
laoguan.jpg　　maomao.jpg　　unknown.jpg

图 5-7　3 张素材图片

实例 5-6：识别判断照片 unknown.jpg 中的人是谁

源码路径：daima\5\shibie06.py

```
# 识别图片中的人脸
import face_recognition
jobs_image = face_recognition.load_image_file("laoguan.jpg");
obama_image = face_recognition.load_image_file("maomao.jpg");
unknown_image = face_recognition.load_image_file("unknown.jpg");

laoguan_encoding = face_recognition.face_encodings(jobs_image)[0]
maomao_encoding = face_recognition.face_encodings(obama_image)[0]
unknown_encoding = face_recognition.face_encodings(unknown_image)[0]

results = face_recognition.compare_faces([laoguan_encoding, maomao_encoding],
unknown_encoding )
labels = ['老管', '毛毛']

print('结果:'+str(results))

for i in range(0, len(results)):
   if results[i] == True:
      print('这个人是:'+labels[i])
```

程序执行后会成功输出识别结果：

```
结果:[False, True]
这个人是:毛毛
```

5.2.6　摄像头实时识别

假设我们保存一张小毛毛的照片 xiaomaomao.jpg，然后用摄像头识别不同的照片，如果识别出是小毛毛本人的照片，摄像区域自动显示“小毛毛”；如果摄像头识别出不是小毛

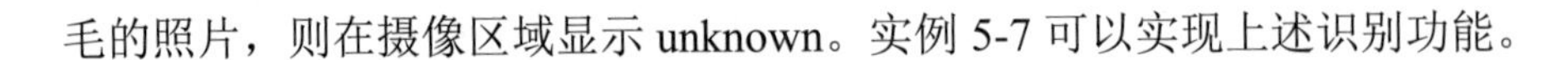

毛的照片，则在摄像区域显示 unknown。实例 5-7 可以实现上述识别功能。

实例 5-7：用摄像头识别不同的照片

源码路径：daima\5\shibie07.py

```
import face_recognition
import cv2

video_capture = cv2.VideoCapture(0)    #笔记本摄像头是 0，外接摄像头设备是 1

obama_img = face_recognition.load_image_file("xiaomaomao.jpg")
obama_face_encoding = face_recognition.face_encodings(obama_img)[0]

face_locations = []
face_encodings = []
face_names = []
process_this_frame = True

while True:
    ret, frame = video_capture.read()

    small_frame = cv2.resize(frame, (0, 0), fx=0.25, fy=0.25)
    if process_this_frame:
        face_locations = face_recognition.face_locations(small_frame)
        face_encodings = face_recognition.face_encodings(small_frame, face_locations)
        face_names = []
        for face_encoding in face_encodings:
            match = face_recognition.compare_faces([obama_face_encoding], face_encoding)
            if match[0]:
                name = "小毛毛"
            else:
                name = "unknown"
            face_names.append(name)
    process_this_frame = not process_this_frame

    for (top, right, bottom, left), name in zip(face_locations, face_names):
        top *= 4
        right *= 4
        bottom *= 4
        left *= 4
        cv2.rectangle(frame, (left, top), (right, bottom), (0, 0, 255),  2)
        cv2.rectangle(frame, (left, bottom - 35), (right, bottom), (0, 0, 255), 2)
        font = cv2.FONT_HERSHEY_DUPLEX
        cv2.putText(frame, name, (left+6, bottom-6), font, 1.0, (255, 255, 255), 1)
    cv2.imshow('Video', frame)
    if cv2.waitKey(1) & 0xFF == ord('q'):
```

```
        break
video_capture.release()
cv2.destroyAllWindows()
```

实例 5-8 的功能是实时识别摄像头中的人脸。本实例使用库 OpenCV 从摄像头读取视频。首先准备两张素材图片 obama.jpg 和 biden.jpg，然后识别摄像头中的人脸。如果摄像头中的人脸是两张素材图片 obama.jpg 和 biden.jpg 中的人脸，就在摄像头视频中用矩形标签注明识别结果。如果摄像头中的人脸不是两张素材图片 obama.jpg 和 biden.jpg 中的人脸，则在摄像头视频中用矩形标签注明 Unknown。

实例 5-8：实时识别摄像头中的人脸

源码路径：daima\5\facerec_from_webcam.py

```
video_capture = cv2.VideoCapture(0)

#加载实例图片并学习如何识别它
obama_image = face_recognition.load_image_file("obama.jpg")
obama_face_encoding = face_recognition.face_encodings(obama_image)[0]

#加载第二个实例图片并学习如何识别它
biden_image = face_recognition.load_image_file("biden.jpg")
biden_face_encoding = face_recognition.face_encodings(biden_image)[0]

#创建已知面部编码及其名称的数组
known_face_encodings = [
    obama_face_encoding,
    biden_face_encoding
]
known_face_names = [
    "Barack Obama",
    "Joe Biden"
]

while True:
    #抓取一帧视频
    ret, frame = video_capture.read()

    #将图像从 BGR 颜色(OpenCV 使用)转换为 RGB 颜色(人脸识别可以使用的颜色)
    rgb_frame = frame[:, :, ::-1]

    #找到视频帧中的所有人脸及其面部编码
    face_locations = face_recognition.face_locations(rgb_frame)
    face_encodings = face_recognition.face_encodings(rgb_frame, face_locations)

    #在这一帧视频中遍历每个人脸
```

```
    for (top, right, bottom, left), face_encoding in zip(face_locations, face_encodings):
        #查看该人脸是否与已知人脸匹配
        matches = face_recognition.compare_faces(known_face_encodings, face_encoding)

        name = "Unknown"


        #或者使用与新人脸最相似的已知人脸
        face_distances = face_recognition.face_distance(known_face_encodings,
face_encoding)
        best_match_index = np.argmin(face_distances)
        if matches[best_match_index]:
            name = known_face_names[best_match_index]

        # 在人脸上画一个方框
        cv2.rectangle(frame, (left, top), (right, bottom), (0, 0, 255), 2)

        # 在人脸下方绘制一个带有名称的标签
        cv2.rectangle(frame, (left, bottom - 35), (right, bottom), (0, 0, 255),
cv2.FILLED)
        font = cv2.FONT_HERSHEY_DUPLEX
        cv2.putText(frame, name, (left + 6, bottom - 6), font, 1.0, (255, 255, 255), 1)

    #显示结果图像
    cv2.imshow('Video', frame)

    #按下键盘中的Q键退出
    if cv2.waitKey(1) & 0xFF == ord('q'):
        break

#释放资源
video_capture.release()
cv2.destroyAllWindows()
```

程序执行后的效果如图 5-8 所示。

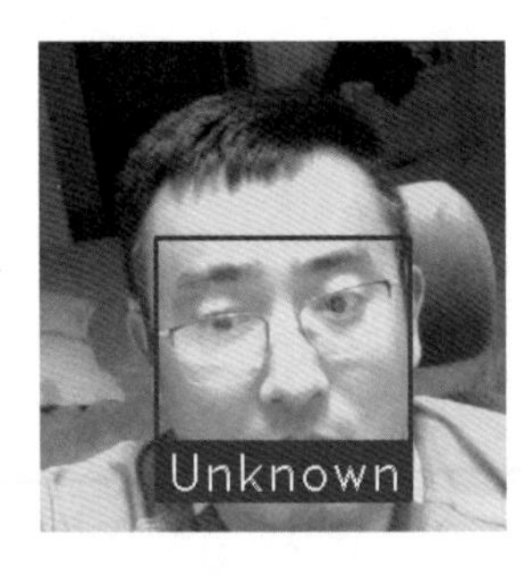

图 5-8　摄像头识别照片效果

上述实例的运行效率一般，比较消耗计算机内存资源。在实例 5-9 中，我们对基本的识别功能进行了调整，使得识别速度更快。

(1) 以 1/4 分辨率处理每个视频帧，但仍以全分辨率显示。

(2) 每隔一帧视频检测人脸。

实例 5-9：实时识别摄像头中的人脸(高效版)

源码路径：daima\5\facerec_from_webcam_faster.py

```
video_capture = cv2.VideoCapture(0)
#加载实例图片并学习如何识别它
obama_image = face_recognition.load_image_file("obama.jpg")
obama_face_encoding = face_recognition.face_encodings(obama_image)[0]

#加载第二个实例图片并学习如何识别它
biden_image = face_recognition.load_image_file("biden.jpg")
biden_face_encoding = face_recognition.face_encodings(biden_image)[0]

#创建已知面部编码及其名称的数组
known_face_encodings = [
    obama_face_encoding,
    biden_face_encoding
]
known_face_names = [
    "Barack Obama",
    "Joe Biden"
]

#初始化一些变量
face_locations = []
face_encodings = []
face_names = []
process_this_frame = True

while True:
    #抓取一帧视频
    ret, frame = video_capture.read()
    #将视频帧调整为 1/4 大小，以快速实现人脸识别
    small_frame = cv2.resize(frame, (0, 0), fx=0.25, fy=0.25)
    #将图像从 BGR 颜色(OpenCV 使用)转换为 RGB 颜色(人脸识别使用)
    rgb_small_frame = small_frame[:, :, ::-1]
    #每隔一帧处理视频以节省时间
    if process_this_frame:
        #查找当前视频帧中的所有人脸及其面部编码
        face_locations = face_recognition.face_locations(rgb_small_frame)
        face_encodings = face_recognition.face_encodings(rgb_small_frame, face_locations)
```

```
        face_names = []
        for face_encoding in face_encodings:
            # 查看该人脸是否与已知人脸匹配
            matches = face_recognition.compare_faces(known_face_encodings, face_encoding)
            name = "Unknown"
            face_distances = face_recognition.face_distance(known_face_encodings,
face_encoding)
            best_match_index = np.argmin(face_distances)
            if matches[best_match_index]:
                name = known_face_names[best_match_index]
            face_names.append(name)

    process_this_frame = not process_this_frame

    #显示结果
    for (top, right, bottom, left), name in zip(face_locations, face_names):
        #缩放脸部位置，因为我们在视频中检测到的帧已缩放为1/4大小
        top *= 4
        right *= 4
        bottom *= 4
        left *= 4

        # 在脸上画一个方框
        cv2.rectangle(frame, (left, top), (right, bottom), (0, 0, 255), 2)

        #在脸部下方绘制一个带有名称的标签
        cv2.rectangle(frame, (left, bottom - 35), (right, bottom), (0, 0, 255), cv2.FILLED)
        font = cv2.FONT_HERSHEY_DUPLEX
        cv2.putText(frame, name, (left + 6, bottom - 6), font, 1.0, (255, 255, 255), 1)

    #显示结果图像
    cv2.imshow('Video', frame)

    #按下键盘中的Q键退出
    if cv2.waitKey(1) & 0xFF == ord('q'):
        break

video_capture.release()
cv2.destroyAllWindows()
```

5.3 深入 face_recognition 人脸检测

在本章前面的内容中，已经讲解了使用 face_recognition 实现基本人脸检测的知识。在本节的内容中，将进一步深入讲解使用 face_recognition 实现人脸检测的知识。

扫码看视频

5.3.1 检测用户眼睛的状态

请看实例 5-10，可以从摄像头中检测眼睛的状态。如果用户的眼睛闭上几秒，系统将打印输出“眼睛闭上”，直到用户按下空格键确认此状态为止。注意，本实例需要在 Linux 系统中运行，并且必须以 sudo 权限运行键盘模块。

实例 5-10：实时检测摄像头中用户眼睛的状态

源码路径：daima\5\blink_detection.py

```
EYES_CLOSED_SECONDS = 5

def main():
    closed_count = 0
    video_capture = cv2.VideoCapture(0)

    ret, frame = video_capture.read(0)
    small_frame = cv2.resize(frame, (0, 0), fx=0.25, fy=0.25)
    rgb_small_frame = small_frame[:, :, ::-1]

    face_landmarks_list = face_recognition.face_landmarks(rgb_small_frame)
    process = True

    while True:
        ret, frame = video_capture.read(0)

        # 转换成正确的格式
        small_frame = cv2.resize(frame, (0, 0), fx=0.25, fy=0.25)
        rgb_small_frame = small_frame[:, :, ::-1]
        # 获得正确的面部标志

        if process:
            face_landmarks_list = face_recognition.face_landmarks(rgb_small_frame)
            #捕捉眼睛
            for face_landmark in face_landmarks_list:
                left_eye = face_landmark['left_eye']
                right_eye = face_landmark['right_eye']
                color = (255,0,0)
                thickness = 2
                cv2.rectangle(small_frame, left_eye[0], right_eye[-1], color, thickness)
                cv2.imshow('Video', small_frame)

                ear_left = get_ear(left_eye)
                ear_right = get_ear(right_eye)
                closed = ear_left < 0.2 and ear_right < 0.2
```

```
            if (closed):
                closed_count += 1

            else:
                closed_count = 0
            if (closed_count >= EYES_CLOSED_SECONDS):
                asleep = True
                while (asleep): #继续此循环，直到用户按下空格键
                    print("眼睛闭上")

                    if cv2.waitKey(1) == 32: #等待空格键
                        asleep = False
                        print("眼睛打开")
                closed_count = 0
        process = not process
        key = cv2.waitKey(1) & 0xFF
        if key == ord("q"):
            break

def get_ear(eye):

    #计算两个坐标(x, y)之间的欧氏距离
    A = dist.euclidean(eye[1], eye[5])
    B = dist.euclidean(eye[2], eye[4])
    # 计算(x, y)坐标之间的水平欧氏距离
    C = dist.euclidean(eye[0], eye[3])
    #计算眼睛纵横比
    ear = (A + B) / (2.0 * C)
    # 返回眼睛纵横比
    return ear
if __name__ == "__main__":
    main()
```

程序执行后的效果如图 5-9 所示。

图 5-9　检测用户眼睛的状态效果

5.3.2 模糊处理人脸

在现实应用中，有时候需要保护个人的隐私，即将人脸进行马赛克处理。实例 5-11 的功能是使用 OpenCV 读取摄像头中的人脸数据，然后将检测到的人脸实现模糊处理。

实例 5-11：读取摄像头中的人脸数据并实现模糊处理

源码路径：daima\5\blur_faces_on_webcam.py

```
#获取对摄像头 0 的引用(0 是默认值)
video_capture = cv2.VideoCapture(0)

# 初始化一些变量
face_locations = []

while True:
    #抓取一帧视频
    ret, frame = video_capture.read()
    # 将视频帧的大小调整为 1/4，以便更快地进行人脸检测处理
    small_frame = cv2.resize(frame, (0, 0), fx=0.25, fy=0.25)
    #查找当前视频帧中的所有人脸及其面部编码
    face_locations = face_recognition.face_locations(small_frame, model="cnn")

    #显示结果
    for top, right, bottom, left in face_locations:
        # 缩放面部位置，检测到的帧已缩放为 1/4 大小
        top *= 4
        right *= 4
        bottom *= 4
        left *= 4
        # 提取包含人脸的图像区域
        face_image = frame[top:bottom, left:right]
        # 模糊面部图像
        face_image = cv2.GaussianBlur(face_image, (99, 99), 30)
        # 将模糊的人脸区域放回帧图像中
        frame[top:bottom, left:right] = face_image
    #显示结果图像
    cv2.imshow('Video', frame)

    # 按下键盘中的 Q 键退出
    if cv2.waitKey(1) & 0xFF == ord('q'):
        break

#释放摄像头资源
video_capture.release()
cv2.destroyAllWindows()
```

程序执行后会模糊处理摄像头中的人脸，效果如图 5-10 所示。

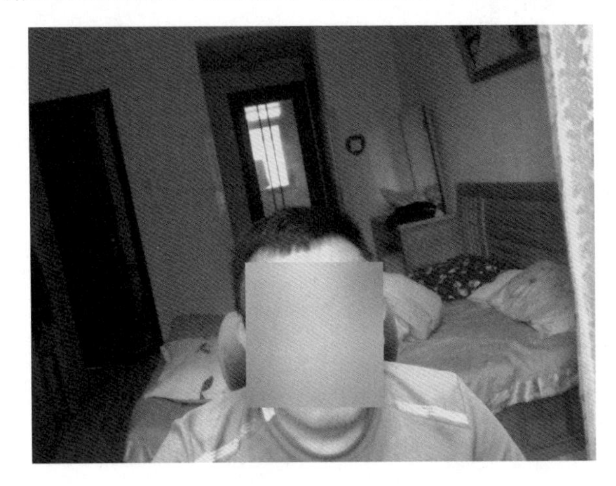

图 5-10　模糊人脸处理效果

5.3.3　检测两个人脸是否匹配

在现实应用中检测两个人脸是否匹配(真或假)时，通常是通过验证相似度实现的。在库 face_recognition 中，通过内置函数 face_distance()来比较两个人脸的相似度。函数 face_distance()通过提供一组面部编码，将它们与已知的面部编码进行比较，得到欧氏距离。对于每一对作比较的人脸来说，欧氏距离代表了它们有多相似。函数 face_distance()的语法格式如下。

```
face_distance(face_encodings, face_to_compare)
```

对上述代码的说明如下。

- face_encodings：要比较的人脸面部编码列表。
- face_to_compare：待进行对比的单张人脸面部编码数据。
- 返回值：一个 NumPy 数组，数组中的欧氏距离与 face_encodings 数组的顺序一一对应。

实例 5-12 的功能是使用函数 face_distance()检测两个人脸是否匹配。本实例模型的训练方式是，欧氏距离小于或等于 0.6 的人脸是匹配的。但是如果读者想更加严格，可以设置一个较小的欧氏距离。例如，使用数值 0.55 会减少假阳性匹配，但是同时会有更多假阴性的风险。

实例 5-12：检测两个人脸是否匹配

源码路径：daima\5\face_distance.py

```
#加载两张图像进行比较
known_obama_image = face_recognition.load_image_file("obama.jpg")
known_biden_image = face_recognition.load_image_file("biden.jpg")

#获取已知图像的面部编码
obama_face_encoding = face_recognition.face_encodings(known_obama_image)[0]
biden_face_encoding = face_recognition.face_encodings(known_biden_image)[0]

known_encodings = [
    obama_face_encoding,
    biden_face_encoding
]

#加载一张测试图像并获取它的面部编码
image_to_test = face_recognition.load_image_file("obama2.jpg")
image_to_test_encoding = face_recognition.face_encodings(image_to_test)[0]

# 查看测试图像与已知面部之间的欧氏距离
face_distances = face_recognition.face_distance(known_encodings,
image_to_test_encoding)

for i, face_distance in enumerate(face_distances):
    print("The test image has a distance of {:.2} from known image
#{}".format(face_distance, i))
    print("- With a normal cutoff of 0.6, would the test image match the known image?
{}".format(face_distance < 0.6))
    print("- With a very strict cutoff of 0.5, would the test image match the known
image? {}".format(face_distance < 0.5))
    print()
```

程序执行后会比较两张照片 obama.jpg 和 biden.jpg 中人脸的相似度，输出结果如下：

```
The test image has a distance of 0.35 from known image #0
- With a normal cutoff of 0.6, would the test image match the known image? True
- With a very strict cutoff of 0.5, would the test image match the known image? True

The test image has a distance of 0.82 from known image #1
- With a normal cutoff of 0.6, would the test image match the known image? False
- With a very strict cutoff of 0.5, would the test image match the known image? False
```

5.3.4 识别视频中的人脸

实例 5-13 的功能是识别某个视频文件中的人脸，然后将结果保存到新的视频文件中。

实例 5-13：识别某个视频文件中的人脸后将结果保存到新的视频文件中

源码路径：daima\5\facerec_from_video_file.py

```
#打开要识别的视频文件
input_movie = cv2.VideoCapture("hamilton_clip.mp4")
length = int(input_movie.get(cv2.CAP_PROP_FRAME_COUNT))

#创建输出视频文件(确保分辨率/帧速率与输入视频匹配)
fourcc = cv2.VideoWriter_fourcc(*'XVID')
output_movie = cv2.VideoWriter('output.avi', fourcc, 29.97, (640, 360))

#加载实例图片，并学习如何识别它们
lmm_image = face_recognition.load_image_file("lin-manuel-miranda.png")
lmm_face_encoding = face_recognition.face_encodings(lmm_image)[0]

al_image = face_recognition.load_image_file("alex-lacamoire.png")
al_face_encoding = face_recognition.face_encodings(al_image)[0]

known_faces = [
    lmm_face_encoding,
    al_face_encoding
]

# 初始化一些变量
face_locations = []
face_encodings = []
face_names = []
frame_number = 0

while True:
    #抓取一帧视频
    ret, frame = input_movie.read()
    frame_number += 1

    #输入视频文件结束时退出
    if not ret:
        break

    # 将图像从 BGR 颜色(OpenCV 使用的颜色)转换为 RGB 颜色(人脸识别使用的颜色)
    rgb_frame = frame[:, :, ::-1]

    #查找当前视频帧中的所有面部和面部编码
    face_locations = face_recognition.face_locations(rgb_frame)
    face_encodings = face_recognition.face_encodings(rgb_frame, face_locations)
```

```
    face_names = []
    for face_encoding in face_encodings:
        #查看该面部是否与已知面部匹配
        match = face_recognition.compare_faces(known_faces, face_encoding, tolerance=0.50)

        name = None
        if match[0]:
            name = "Lin-Manuel Miranda"
        elif match[1]:
            name = "Alex Lacamoire"

        face_names.append(name)

    #标记结果
    for (top, right, bottom, left), name in zip(face_locations, face_names):
        if not name:
            continue

        #在脸上画一个方框
        cv2.rectangle(frame, (left, top), (right, bottom), (0, 0, 255), 2)

        #在脸的下方绘制一个带有名称的标签
        cv2.rectangle(frame, (left, bottom - 25), (right, bottom), (0, 0, 255),
cv2.FILLED)
        font = cv2.FONT_HERSHEY_DUPLEX
        cv2.putText(frame, name, (left + 6, bottom - 6), font, 0.5, (255, 255, 255), 1)

    #将识别结果图像写入输出视频文件中
    print("Writing frame {} / {}".format(frame_number, length))
    output_movie.write(frame)

input_movie.release()
cv2.destroyAllWindows()
```

对上述代码的具体说明如下。

(1) 准备视频文件 hamilton_clip.mp4 作为输入文件，然后设置输出文件名为 output.avi。

(2) 准备素材图片文件 lin-manuel-miranda.png，此文件是一张人脸照片。

(3) 处理输入视频文件 hamilton_clip.mp4，在视频中标记出图片文件 lin-manuel-miranda.png 中的人脸，并将检测结果保存为输出视频文件 output.avi。

程序执行后会检测输入视频文件 hamilton_clip.mp4 中的每一帧，并标记出图片文件 lin-manuel-miranda.png 中的人脸。打开识别结果视频文件 output.avi ，如图 5-11 所示。

图 5-11 识别结果视频文件

5.3.5 网页版人脸识别器

实例 5-14 基于 Flask 框架开发了一个在线 Web 程序。在 Web 网页中可以上传图片到服务器，然后识别这张图片中的人物是不是奥巴马，并使用 json 键值对输出显示识别结果。

实例 5-14：识别图片中的人物是不是奥巴马

源码路径：daima\5\web_service_example.py

```
#我们可以将其更改为系统上的任何文件夹
ALLOWED_EXTENSIONS = {'png', 'jpg', 'jpeg', 'gif'}

app = Flask(__name__)
def allowed_file(filename):
    return '.' in filename and \
           filename.rsplit('.', 1)[1].lower() in ALLOWED_EXTENSIONS

@app.route('/', methods=['GET', 'POST'])
def upload_image():
    # 检测图片是否上传成功
    if request.method == 'POST':
        if 'file' not in request.files:
            return redirect(request.url)
        file = request.files['file']
        if file.filename == '':
            return redirect(request.url)
        if file and allowed_file(file.filename):
            # 图片上传成功，检测图片中的人脸
            return detect_faces_in_image(file)
    # 图片上传失败，输出以下 html 代码
    return '''
    <!doctype html>
    <title>Is this a picture of Obama?</title>
```

```
    <h1>Upload a picture and see if it's a picture of Obama!</h1>
    <form method="POST" enctype="multipart/form-data">
      <input type="file" name="file">
      <input type="submit" value="Upload">
    </form>
    '''

def detect_faces_in_image(file_stream):
    # 用 face_recognition.face_encodings(img)接口提前把奥巴马人脸的面部编码录入
    known_face_encoding = [-0.09634063,  0.12095481, -0.00436332, -0.07643753,
                            0.0080383, 0.01902981, -0.07184699, -0.09383309,
                            0.18518871, -0.09588896, 0.23951106,  0.0986533 ,
                           -0.22114635, -0.1363683 ,  0.04405268,
######省略部分录入
    # 载入用户上传的图片
    img = face_recognition.load_image_file(file_stream)
    # 将用户上传的图片中的人脸进行编码
    unknown_face_encodings = face_recognition.face_encodings(img)

    face_found = False
    is_obama = False

    if len(unknown_face_encodings) > 0:
        face_found = True
        # 看看图片中的第一个人脸是不是奥巴马
        match_results = face_recognition.compare_faces([known_face_encoding],
unknown_face_encodings[0])
        if match_results[0]:
            is_obama = True

    # 将识别结果以 json 键值对的数据结构输出
    result = {
        "face_found_in_image": face_found,
        "is_picture_of_obama": is_obama
    }
    return jsonify(result)


if __name__ == "__main__":
    app.run(debug=True)
```

运行上述 Flask 程序，然后在浏览器中输入 URL 地址：http://127.0.0.1:5000/，如图 5-12 所示。

单击“选择文件”按钮，选择一张照片，单击 Upload 按钮，上传选择的照片。然后调用 face_recognition 识别上传照片中的人物是不是奥巴马。例如，上传一张照片后会输出显示如图 5-13 所示的识别结果。

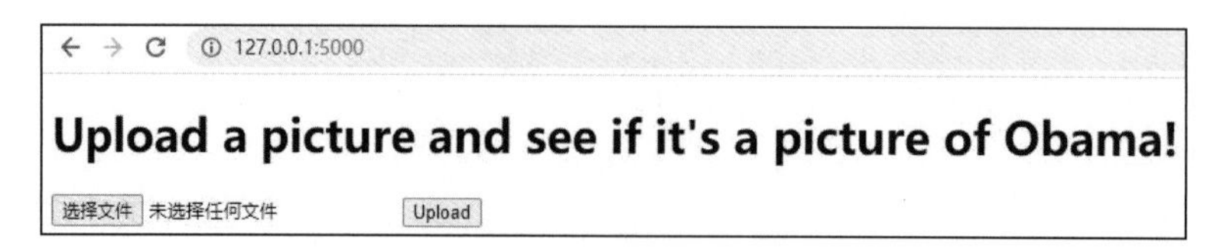

图 5-12　Flask 主页

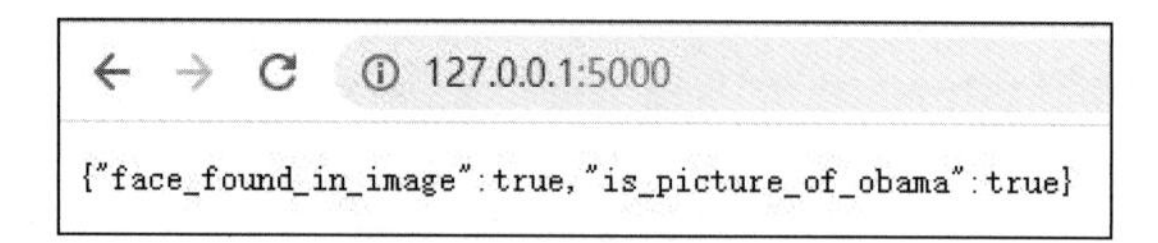

图 5-13　识别结果

第6章

采样、变换和卷积处理

在图像处理和计算机视觉领域，采样、变换和卷积处理是常用的图像处理操作，它们在不同的任务中均起着重要的作用。在本章的内容中，将详细讲解使用 Python 语言实现采样、变换和卷积处理的知识。

6.1 采样

采样是指从原始图像中选择一部分像素来表示图像的过程，常见的采样方法包括降采样和上采样。

扫码看视频

- 降采样(Downsampling)：降采样是减少图像分辨率的过程，从原始图像中选择部分像素来构建低分辨率图像。降采样可以用于图像压缩、图像缩小等应用中。
- 上采样(Upsampling)：上采样是增加图像分辨率的过程，通过插值等方法在原始图像的像素之间插入新的像素来构建高分辨率图像。上采样可以用于图像放大、图像重建等应用中。

6.1.1 最近邻插值采样

最近邻插值(Nearest Neighbor Interpolation)是一种简单的采样方法，它将目标像素的值设置为最接近它的原始像素的值。在 Python 程序中，有多种实现最近邻插值采样的方法，下面是几种常见的方法。

1) 使用库 PIL

PIL(Python Imaging Library)库是一种常用的图像处理库，通过其内置函数 resize()的 Image.NEAREST 参数来指定最近邻插值方法进行图像采样。实例 6-1 演示了如何使用库 PIL 实现最近邻插值采样。

实例 6-1：使用库 PIL 实现最近邻插值采样

源码路径：daima\6\jin.py

```
# 打开图像
image = Image.open('111.jpg')
# 定义目标尺寸
target_size = (800, 600)
# 进行最近邻插值采样
resized_image = image.resize(target_size, Image.NEAREST)
# 显示采样后的图像
resized_image.show()
```

2) 使用库 scikit-image

库 scikit-image 也提供了指定最近邻插值的函数，可以方便地进行图像采样操作。我们可以使用函数 skimage.transform.resize()进行采样，将参数 order 设置为 0 来指定最近邻插值。实例 6-2 演示了如何使用库 scikit-image 实现最近邻插值采样。

实例 6-2：使用库 scikit-image 实现最近邻插值采样

源码路径：daima\6\sjin.py

```
# 读取图像
image = io.imread('111.jpg')
# 定义目标尺寸
target_size = (800, 600)
# 使用库 scikit-image 进行最近邻插值采样
resized_image = transform.resize(image, target_size, order=0)
# 显示采样后的图像
io.imshow(resized_image)
io.show()
```

3) 使用库 NumPy

我们也可以使用库 NumPy 实现最近邻插值采样功能，通过索引操作和取整操作来实现。这种方法比较基础，需要手动计算目标像素在原始图像中的位置，并取最近的像素值。实例 6-3 演示了如何使用库 NumPy 实现最近邻插值采样。

实例 6-3：使用库 NumPy 实现最近邻插值采样

源码路径：daima\6\njin.py

```
# 读取图像
image = io.imread('input.jpg')
# 定义目标尺寸
target_size = (800, 600)
# 计算采样比例
scale_x = image.shape[0] / target_size[0]
scale_y = image.shape[1] / target_size[1]
# 构建目标图像
resized_image = np.zeros((target_size[0], target_size[1], image.shape[2]),
dtype=np.uint8)
# 遍历目标图像的每像素
for i in range(target_size[0]):
    for j in range(target_size[1]):
        # 计算原始图像中的位置
        x = int(i * scale_x)
        y = int(j * scale_y)

        # 最近邻插值
        resized_image[i, j, :] = image[x, y, :]
```

```
# 显示采样后的图像
io.imshow(resized_image)
io.show()
```

对上述代码的具体说明如下。

(1) 使用函数 io.imread()读取输入图像，并将其存储在 image 变量中。然后，定义目标尺寸 target_size。

(2) 计算采样比例 scale_x 和 scale_y，通过将原始图像的维度除以目标尺寸的对应维度来计算得到。

(3) 使用函数 np.zeros()创建一个与目标尺寸和原始图像通道数相匹配的空白图像。

(4) 使用双层循环遍历目标图像的每个像素，并根据最近邻插值的原理从原始图像中选择最接近的像素值赋给目标图像的对应位置。最后，使用函数 io.imshow()显示采样后的图像。

6.1.2 双线性插值

双线性插值(Bilinear Interpolation)是一种基于四个最近邻像素的插值方法，它使用线性加权平均来计算目标像素的值。在 Python 程序中，实现双线性插值采样的方法有以下几种。

(1) 使用库 OpenCV。

在库 OpenCV 中提供了内置函数 cv2.resize()，通过此函数设置插值方法为 cv2.INTER_LINEAR，可以实现双线性插值采样功能。实例 6-4 演示了如何使用库 OpenCV 实现双线性插值采样。

实例 6-4：使用库 OpenCV 实现双线性插值采样

源码路径：daima\6\cvshuang.py

```
# 读取图像
image = io.imread('input.jpg')
# 定义目标尺寸
target_size = (800, 600)
# 使用 OpenCV 进行双线性插值采样
resized_image = cv2.resize(image, target_size, interpolation=cv2.INTER_LINEAR)
# 显示采样后的图像
io.imshow(resized_image)
io.show()
```

在上述代码中，使用函数 cv2.resize()，通过指定目标尺寸和插值方法 cv2.INTER_LINEAR，对图像进行双线性插值采样。然后将采样后的图像存储在 resized_image 变量中。

最后，使用函数 io.imshow()显示采样后的图像。

(2) 使用库 SciPy。

库 SciPy 中的函数 ndimage.zoom()，通过指定参数 order=1 可以实现双线性插值采样。实例 6-5 的功能是使用函数 ndimage.zoom()进行双线性插值采样，将一张图像放大两倍。

实例 6-5：使用库 SciPy 实现双线性插值采样

源码路径：daima\6\scshuang.py

```
# 生成一张简单的图像
image = np.zeros((5, 5))
image[2, 2] = 1

# 双线性插值采样，放大两倍
zoomed_image = ndimage.zoom(image, 2, order=1)

# 绘制原始图像和采样后的图像
plt.subplot(1, 2, 1)
plt.title('Original Image')
plt.imshow(image, cmap='gray')

plt.subplot(1, 2, 2)
plt.title('Zoomed Image')
plt.imshow(zoomed_image, cmap='gray')

plt.show()
```

在上述代码中，首先生成一张简单的图像，其中心像素的值为 1，其余像素的值为 0。然后，使用 ndimage.zoom()函数将图像放大两倍，通过指定放大倍数为 2 来实现。使用 order=1 参数来指定双线性插值方法。最后，使用 Matplotlib 库绘制原始图像和采样后的图像。运行上述代码，将看到原始图像和双线性插值采样后的图像。双线性插值采样通过对原始像素周围的四像素进行加权平均来计算新像素的值，从而实现了放大效果。程序执行效果如图 6-1 所示。

注意，在实际应用中，可以将 image 替换为自己的图像数据，通过调整放大倍数和其他参数来满足自己的需求。

(3) 使用库 NumPy。

虽然在库 NumPy 中没有直接提供双线性插值采样的函数，但是可以通过自定义编程方法实现。实例 6-6 的功能是使用 NumPy 库实现双线性插值采样，将一张图像放大两倍。

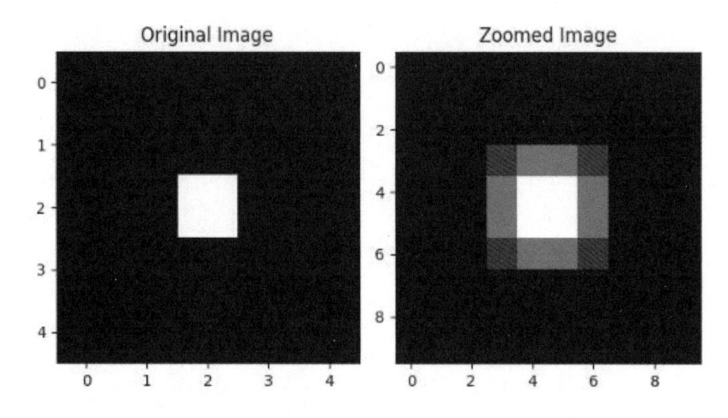

图 6-1　使用库 SciPy 实现双线性插值采样效果

实例 6-6：使用库 NumPy 实现双线性插值采样

源码路径：daima\6\nshuang.py

```
def bilinear_interpolation(image, zoom_factor):
    # 原始图像尺寸
    height, width = image.shape

    # 目标图像尺寸
    new_height = int(height * zoom_factor)
    new_width = int(width * zoom_factor)

    # 生成目标图像
    zoomed_image = np.zeros((new_height, new_width))

    # 计算插值权重
    y_ratio = height / new_height
    x_ratio = width / new_width

    for i in range(new_height):
        for j in range(new_width):
            # 计算在原始图像中的坐标
            y = i * y_ratio
            x = j * x_ratio

            # 计算相邻四像素的索引
            x1 = int(np.floor(x))
            x2 = min(x1 + 1, width - 1)
            y1 = int(np.floor(y))
            y2 = min(y1 + 1, height - 1)

            # 计算插值权重
```

```
            dx = x - x1
            dy = y - y1

            # 双线性插值
            interpolated_value = (1 - dx) * (1 - dy) * image[y1, x1] + \
                                 dx * (1 - dy) * image[y1, x2] + \
                                 (1 - dx) * dy * image[y2, x1] + \
                                 dx * dy * image[y2, x2]

            # 将插值结果放入目标图像
            zoomed_image[i, j] = interpolated_value

    return zoomed_image

# 生成一个简单的图像
image = np.zeros((5, 5))
image[2, 2] = 1

# 双线性插值采样，放大两倍
zoomed_image = bilinear_interpolation(image, 2)

# 绘制原始图像和采样后的图像
plt.subplot(1, 2, 1)
plt.title('Original Image')
plt.imshow(image, cmap='gray')

plt.subplot(1, 2, 2)
plt.title('Zoomed Image')
plt.imshow(zoomed_image, cmap='gray')

plt.show()
```

在上述代码中，定义了 bilinear_interpolation()函数来实现双线性插值采样。函数中首先计算目标图像的尺寸，并生成一个空白的目标图像。然后，通过嵌套循环遍历目标图像的每像素，并计算在原始图像中的坐标。接下来，通过计算相邻四像素的索引和插值权重，使用双线性插值公式计算新像素的值，并将其放入目标图像中。最后，使用 Matplotlib 库绘制原始图像和采样后的图像。

运行上述代码，将看到原始图像和双线性插值采样后的图像。双线性插值采样通过对原始像素周围的四像素进行加权平均来计算新像素的值，从而实现了放大效果。程序执行效果如图 6-2 所示。

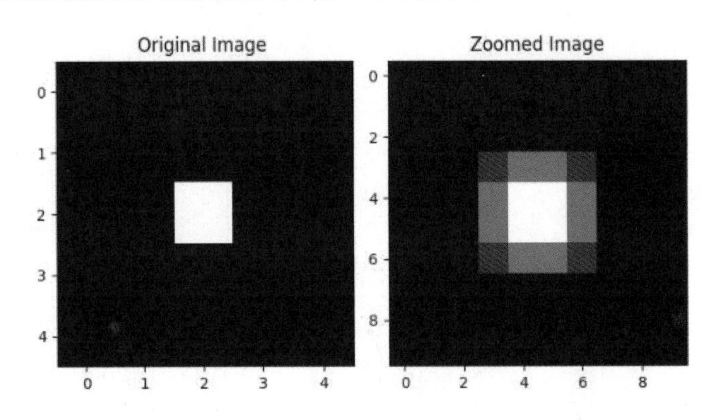

图 6-2 使用库 NumPy 实现双线性插值采样效果

6.1.3 双立方插值

双立方插值(Bicubic Interpolation)是一种更精确的插值方法，它使用 16 个最近邻像素进行计算。在 Python 程序中，可以使用以下方法实现双立方插值采样操作。

(1) 使用库 OpenCV。

在库 OpenCV 中提供了函数 cv2.resize()，通过指定插值方法为 cv2.INTER_CUBIC 可以实现双立方插值采样。实例 6-7 演示了如何使用库 OpenCV 实现双立方插值采样。

实例 6-7：使用库 OpenCV 实现双立方插值采样

源码路径：daima\6\cvli.py

```
# 读取图像
image = io.imread('input.jpg')
# 定义目标尺寸
target_size = (800, 600)
# 使用 OpenCV 进行双立方插值采样
resized_image = cv2.resize(image, target_size, interpolation=cv2.INTER_CUBIC)
# 显示采样后的图像
io.imshow(resized_image)
io.show()
```

在上述代码中，使用 cv2.resize()函数，通过指定目标尺寸和插值方法 cv2.INTER_CUBIC，对图像进行双立方插值采样。接着将采样后的图像存储在 resized_image 变量中。最后，使用 io.imshow()函数显示采样后的图像。

(2) 使用库 SciPy。

库 SciPy 中的函数 ndimage.zoom()，通过指定参数 order=3 可以实现使用双立方插值方法。实例 6-8 演示了如何使用库 SciPy 实现双立方插值采样。

实例 6-8：使用库 SciPy 实现双立方插值采样

源码路径：daima\6\scli.py

```
# 读取图像
image = io.imread('111.jpg')

# 定义目标尺寸
target_size = (800, 600)

# 使用 SciPy 进行双立方插值采样
resized_image = ndimage.zoom(image, (target_size[0]/image.shape[0],
target_size[1]/image.shape[1], 1), order=3)

# 显示采样后的图像
io.imshow(resized_image)
io.show()
```

在上述代码中，使用函数 ndimage.zoom()对图像进行双立方插值采样。通过计算目标尺寸与原始图像尺寸的比例，并传入函数 ndimage.zoom()进行采样。使用参数 order=3 指定双立方插值方法。

(3) 使用库 PIL。

在库 PIL 中提供了函数 Image.resize()，通过指定参数 resample=Image.BICUBIC 可以实现双立方插值采样。实例 6-9 演示了如何使用库 PIL 实现双立方插值采样。

实例 6-9：使用库 PIL 实现双立方插值采样

源码路径：daima\6\plli.py

```
# 读取图像
image = Image.open('input.jpg')

# 定义目标尺寸
target_size = (800, 600)

# 使用 PIL 进行双立方插值采样
resized_image = image.resize(target_size, resample=Image.BICUBIC)

# 显示采样后的图像
io.imshow(resized_image)
io.show()
```

在上述代码中，使用 image.resize()函数，通过指定目标尺寸和参数 resample=Image.BICUBIC，可以实现双立方插值采样。

注意： 双立方插值是一种计算量较大的插值方法，因此在实际应用中需要权衡计算速度和插值效果。在某些情况下，可能需要使用更高级的算法或专门的图像处理库来实现双立方插值采样。

6.1.4 Lanczos 插值

Lanczos 插值(Lanczos Interpolation)是一种使用窗口函数的插值方法，它在保持图像细节的同时进行平滑。在 Python 程序中，可以通过以下方法实现 Lanczos 插值采样。

1) 使用库 PIL

在库 PIL 中提供了函数 image.resize()，通过指定参数 resample=Image.LANCZOS 可以实现 Lanczos 插值采样功能。实例 6-10 演示了如何使用库 PIL 实现 Lanczos 插值采样。

实例 6-10：使用库 PIL 实现 Lanczos 插值采样

源码路径：daima\6\picha.py

```
# 读取图像
image = Image.open('111.jpg')

# 定义目标尺寸
target_size = (800, 600)

# 使用 PIL 进行 Lanczos 插值采样
resized_image = image.resize(target_size, resample=Image.LANCZOS)

# 显示采样后的图像
io.imshow(resized_image)
io.show()
```

在上述代码中，使用 image.resize()函数并设置目标尺寸和参数 resample=Image.LANCZOS，实现 Lanczos 插值采样。值得注意的是，Lanczos 插值是一种计算量较大的插值方法，适用于放大图像的情况。在实际应用中，需要权衡计算速度和插值效果，选择合适的插值方法来满足需求。

2) 使用库 SciPy

在库 SciPy 中提供了函数 ndimage.zoom()，通过指定 order=3 可以实现使用 Lanczos 插值方法。实例 6-11 演示了如何使用库 SciPy 实现 Lanczos 插值采样。

实例 6-11：使用库 SciPy 实现 Lanczos 插值采样

源码路径：daima\6\sccha.py

```
# 读取图像
image = data.camera()

# 定义放大倍数
scale_factor = 2

# 计算目标尺寸
target_shape = (image.shape[0] * scale_factor, image.shape[1] * scale_factor)

# 使用 SciPy 进行插值采样
resized_image = ndimage.zoom(image, scale_factor, order=3)

# 显示采样后的图像
io.imshow(resized_image, cmap='gray')
io.show()
```

对上述代码的具体说明如下。

(1) 使用 data.camera()函数生成一张示例图像。然后，定义放大倍数 scale_factor，这里设置为 2。通过计算目标尺寸 target_shape，即原始图像尺寸乘以放大倍数，确定采样后的图像大小。

(2) 使用 ndimage.zoom()函数对图像进行插值采样。在本例中，设置参数 order=3 表示使用双立方插值方法。

(3) 使用函数 io.imshow()显示采样后的图像，并通过设置 cmap='gray'来指定灰度色彩映射。

6.2 离散傅里叶变换

离散傅里叶变换(Discrete Fourier Transform，DFT)是一种将离散信号转换为频域表示的数学技术，它通过将信号分解为一系列正弦和余弦函数的和来表示信号的频谱特征。

扫码看视频

6.2.1 为什么使用 DFT

离散傅里叶变换将输入信号从时域转换到频域，得到信号在不同频率上的幅度和相位信息。通过进行频域分析，我们可以提取信号的频谱特征，例如频率成分、频率强度、相位关系等。

离散傅里叶变换在信号处理和频域分析中具有广泛的应用，主要表现在以下几方面。

- 频域表示：频域表示可以帮助我们理解信号的频率特性、频率成分之间的相互关系以及信号中存在的噪声或干扰。
- 频谱分析：离散傅里叶变换可以用于频谱分析，通过分析信号的频谱可以提取信号的频率成分、频率强度以及频域特征。
- 信号滤波：在频域中，可以对信号进行滤波操作。通过将频域中的特定频率成分滤除或增强，可以实现信号的频域滤波。
- 压缩和编码：通过在频域中对信号进行表示，可以利用信号的频率特性进行数据压缩和信息编码，以实现更高效的数据存储和传输。
- 信号重构：离散傅里叶逆变换(IDFT)可以将频域信号转换回时域，这对于从频域信号中恢复原始时域信号或合成新的信号非常有用。

总之，离散傅里叶变换是一种强大的数学工具，可以帮助我们理解信号的频率特性、频域成分和频谱信息。它在信号处理、频谱分析、滤波、压缩编码以及信号重构等方面发挥着重要的作用，并在许多领域中得到广泛应用。

6.2.2 用库 NumPy 实现 DFT

在库 NumPy 中，函数 numpy.fft.fft()用于计算一维和多维离散傅里叶变换，该函数接受一个输入信号，并返回对应的频域表示。实例 6-12 演示了如何使用 NumPy 实现 DFT，将一个正弦波信号进行离散傅里叶变换。

实例 6-12：将一个正弦波信号进行离散傅里叶变换

源码路径：daima\6\ndft.py

```
# 定义正弦波信号
t = np.linspace(0, 1, 1000)
x = np.sin(2 * np.pi * 10 * t)

# 进行离散傅里叶变换
X = np.fft.fft(x)

# 计算频率轴
freq = np.fft.fftfreq(len(x))

# 绘制频域表示
plt.plot(freq, np.abs(X))
```

```
plt.xlabel('Frequency')
plt.ylabel('Amplitude')
plt.title('Discrete Fourier Transform')
plt.show()
```

在上述代码中生成了一个频率为 10Hz 的正弦波信号，并使用函数 np.fft.fft()进行离散傅里叶变换。然后，通过计算频率轴 freq，绘制出信号的频域表示。程序执行效果如图 6-3 所示。

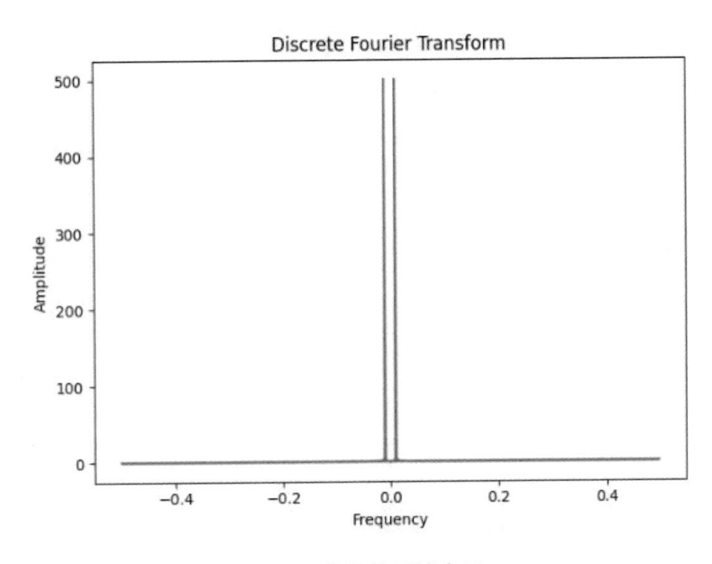

图 6-3　信号的频域表示

6.2.3　用库 SciPy 实现 DFT

在库 SciPy 中提供了一个独立的 fft 模块，用于计算离散傅里叶变换。模块 fft 提供了多个关于傅里叶变换的功能和选项，实例 6-13 演示了如何使用 SciPy 将一个信号进行离散傅里叶变换并绘制频谱图。

实例 6-13：将一个信号进行离散傅里叶变换并绘制频谱图

源码路径：daima\6\scdft.py

```
# 定义输入信号
x = np.random.rand(100)

# 进行离散傅里叶变换
X = fft(x)
```

```
# 计算频率轴
freq = np.fft.fftfreq(len(x))

# 绘制频谱图
plt.plot(freq, np.abs(X))
plt.xlabel('Frequency')
plt.ylabel('Amplitude')
plt.title('Discrete Fourier Transform using SciPy')
plt.show()
```

在上述代码中生成了一个随机信号，并使用 fft()函数进行离散傅里叶变换。然后，通过计算频率轴 freq 绘制出信号的频谱图。程序执行效果如图 6-4 所示。

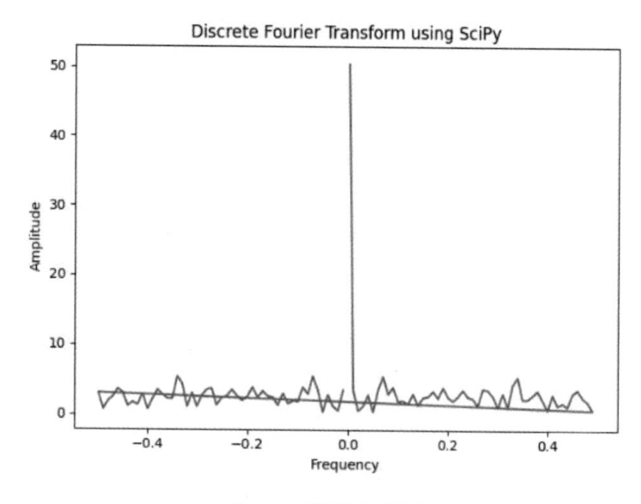

图 6-4　信号频谱图

6.2.4　用快速傅里叶变换算法计算 DFT

快速傅里叶变换(Fast Fourier Transform，FFT)是一种高效计算离散傅里叶变换的算法。FFT 和 DFT 都是用于计算信号频域表示的方法，但它们在计算效率和算法实现上有所不同。

1) 计算效率

- DFT 是通过直接计算定义式来获得频域表示，其计算复杂度为 $O(N^2)$，其中，N 是信号的长度。
- FFT 是一种基于分治思想的快速算法，可以将 DFT 的计算复杂度从 $O(N^2)$降低到 $O(N\log N)$。FFT 算法利用了信号的对称性和周期性，将 DFT 的计算任务分解为一系列较小的 DFT 计算。

2) 算法实现

- DFT 是一种直接的计算方法，按照定义式进行求和运算，需要遍历信号的所有时间点和频率点，计算量较大。
- FFT 算法是一种基于蝶形运算的迭代算法，通过递归和迭代的方式对信号进行分解和合成，减少了计算量。

总之，FFT 是一种通过巧妙的算法设计和优化实现的快速计算 DFT 的方法。相对于 DFT，FFT 算法具有更高的效率，特别适用于处理大规模数据和实时信号处理任务。

在 Python 程序中，可以使用库 NumPy 中的函数 numpy.fft.fft()或库 SciPy 中的函数 scipy.fft.fft()实现 FFT 计算。例如，下面是使用库 NumPy 计算 DFT 的快速傅里叶变换的例子。

```
import numpy as np

# 定义输入信号
x = np.random.rand(8)

# 使用 FFT 计算 DFT
X = np.fft.fft(x)

# 打印 DFT 结果
print("DFT 结果: ", X)
```

在上述代码中生成了一个长度为 8 的随机信号 x，然后使用 np.fft.fft()函数进行快速傅里叶变换计算，得到信号的 DFT 结果 X。最后，打印输出 DFT 结果。

下面是使用库 SciPy 计算 DFT 的快速傅里叶变换的例子。

```
# 定义输入信号
x = np.random.rand(8)

# 使用 FFT 计算 DFT
X = fft(x)

# 打印 DFT 结果
print("DFT 结果: ", X)
```

上述代码与前面使用库 NumPy 的代码非常相似，只是导入的函数名字有所不同。无论是使用 NumPy 还是 SciPy，它们都提供了高效的 FFT 算法，可以快速计算离散傅里叶变换，对于频域分析和信号处理任务非常有用。

注意：在实际应用中，通常使用 FFT 而不是直接使用 DFT 来计算信号的频域表示，因为 FFT 能够以更短的计算时间提供相同的结果。不过需要注意的是，FFT 在计算过程中会对信号进行周期延拓，因此在应用中需要注意信号的边界处理和频谱的解释。

6.3 卷积

卷积是一种数学运算，用于信号处理、图像处理和其他领域中。在信号和图像处理中，卷积常用于信号的滤波、特征提取和图像处理等任务。

扫码看视频

6.3.1 为什么需要卷积图像

卷积在图像处理中起着重要的作用，可以用于多种图像处理任务。卷积在图像处理中的常见功能如下。

- 模糊和平滑：通过应用卷积核，可以对图像进行模糊和平滑处理。常见的卷积核包括均值滤波器和高斯滤波器，可以降低图像中的噪声，并使图像变得更加平滑。
- 锐化和边缘检测：卷积核可以用于提取图像中的边缘和细节信息。通过应用特定的卷积核，如 Sobel、Prewitt 和 Laplacian，可以增强图像的边缘，使其更加清晰和突出。
- 图像增强：卷积可以用于增强图像的特定特征。例如，可以使用卷积核来增强图像的纹理、对比度或颜色饱和度，以改善图像的视觉效果。
- 特征提取：卷积在图像识别和计算机视觉中被广泛用于特征提取任务中。通过将图像与一组预定义的卷积核进行卷积运算，可以提取出图像中的各种特征，如边缘、角点、纹理等。这些特征可以用于对象检测、图像分类和图像分割等任务。
- 图像重建和去噪：通过卷积运算，可以将模糊、噪声或低分辨率图像恢复为更清晰、更高质量的图像。例如，可以使用反卷积技术对模糊图像进行逆滤波，或使用卷积核进行图像超分辨率重建。

上述功能仅是卷积在图像处理中的一些常见应用，卷积还有很多其他的用途，具体取决于所使用的卷积核和处理目标。通过调整卷积核的参数和选择不同的卷积核，可以实现不同的图像处理效果。

6.3.2 使用库 SciPy 中的函数 convolve2d()进行卷积

在 Python 程序中，可以使用库 SciPy 中的函数 convolve2d()对二维图像进行卷积操作。函数 convolve2d()的语法格式如下：

```
scipy.signal.convolve2d(in1, in2, mode='full', boundary='fill', fillvalue=0)
```

上述代码的说明如下。

- in1：输入数组，表示要进行卷积操作的第一个输入。
- in2：卷积核，表示要进行卷积操作的第二个输入。
- mode：卷积模式，默认为 full，表示输出数组的大小与输入数组的大小相同。其他可选值为 valid 和 same，分别表示输出数组大小将根据输入数组和卷积核的大小进行调整。
- boundary：边界处理方式，默认为 fill，表示使用填充值进行边界处理。其他可选值为 wrap 和 symm，分别表示使用循环填充和对称填充进行边界处理。
- fillvalue：填充值，在 boundary='fill'时使用，用于指定边界填充的数值。
- 返回值：返回卷积操作的结果数组。

在使用函数 convolve2d()时，in1 和 in2 可以是二维数组、二维图像或多通道图像。在进行卷积操作时，输入数组和卷积核进行逐元素相乘，并将乘积结果求和得到卷积结果。卷积操作可以用于信号处理、图像处理、卷积神经网络等领域。实例 6-14 演示了如何使用函数 convolve2d()对库 skimage 中的内置素材图像 camera 进行卷积操作。

实例 6-14：对库 skimage 中的内置素材图像 camera 进行卷积操作

源码路径：daima\6\con1.py

```
# 读取图像
image = data.camera()
kernel = np.array([[0, -1, 0],
                   [-1, 5, -1],
                   [0, -1, 0]])

# 执行卷积操作
result = signal.convolve2d(image, kernel, mode='same')

# 可视化输入图像和卷积结果
fig, axes = plt.subplots(1, 2, figsize=(10, 5))
axes[0].imshow(image, cmap='gray')
axes[0].set_title('输入图像')

axes[1].imshow(result, cmap='gray')
axes[1].set_title('卷积结果')

plt.tight_layout()
plt.show()
```

在本实例中，卷积核采用了一个简单的边缘检测算子。执行卷积操作后，通过 Matplotlib 库将输入图像和卷积结果进行可视化展示。程序执行效果如图 6-5 所示。

图 6-5　对内置素材图像进行卷积操作前后效果对比

6.3.3　使用库 SciPy 中的函数 ndimage.convolve()进行卷积

在 Python 程序中，还可以使用库 SciPy 中的函数 ndimage.convolve()进行卷积。函数 ndimage.convolve()的语法格式如下：

```
scipy.ndimage.convolve(input, weights, output=None, mode='reflect', cval=0.0,
origin=0)
```

上述代码说明如下。

- input：输入数组，表示要进行卷积操作的数组。
- weights：卷积核，表示要进行卷积操作的权重数组。
- output：输出数组，可选参数，用于存储卷积结果。如果未提供，则会创建一个新的数组来存储结果。
- mode：边界处理模式，默认为 reflect，表示使用镜像反射模式进行边界处理。其他可选值包括 constant、nearest、mirror 和 wrap，分别表示常数扩展、最近邻扩展、镜像反射扩展和循环扩展。
- cval：当 mode='constant'时，用于指定常数扩展模式下的填充值。
- origin：卷积核的原点位置，默认为(0, 0)，表示卷积核的中心位置。
- 返回值：返回卷积操作的结果数组。

函数 ndimage.convolve()可以用于对任意维度的数组进行卷积操作，主要应用于图像处理、信号处理等领域。实例 6-15 演示了如何使用函数 ndimage.convolve()对图像进行卷积操作。本实例中使用了一张具体的图像 111.jpg 作为输入，并采用边界模式为 mirror。

实例 6-15：对指定的图像进行卷积操作

源码路径：daima\6\ndi.py

```
# 读取图像
image = plt.imread('111.jpg')

# 将图像转换为灰度图
image_gray = np.mean(image, axis=2)

# 定义卷积核
kernel = np.array([[0, -1, 0],
                   [-1, 5, -1],
                   [0, -1, 0]])

# 执行卷积操作
result = ndimage.convolve(image_gray, kernel, mode='mirror')

# 显示原始图像和卷积结果
plt.subplot(1, 2, 1)
plt.imshow(image_gray, cmap='gray')
plt.title('Original Image')

plt.subplot(1, 2, 2)
plt.imshow(result, cmap='gray')
plt.title('Convolved Image')

plt.show()
```

在上述代码中，首先使用函数 np.mean()将彩色图像转换为灰度图像，以便与定义的卷积核进行匹配。然后，使用函数 ndimage.convolve()对灰度图像进行卷积操作，并将结果存储在 result 变量中。最后，使用函数 plt.imshow()显示原始图像和卷积结果。程序执行效果如图 6-6 所示。

图 6-6 对指定图像进行卷积操作前后效果对比

6.4 频域滤波

频域滤波是一种基于信号的频谱处理的滤波方法。它通过将信号转换到频域，应用滤波操作，然后再将信号转换回时域，以实现滤波效果。

扫码看视频

6.4.1 什么是滤波器

滤波器是信号处理中常用的工具，用于选择信号中的频率或去除干扰。它通过对输入信号进行加权求和或乘积运算，改变信号的频谱特性或时间域特性，从而达到对信号进行调整、增强或去除干扰等目的。

在图像处理中，滤波器通常用于平滑图像、增强图像细节、边缘检测、去噪等任务中。滤波器可以基于不同的原理和方法进行设计，常见的滤波器类型包括低通滤波器、高通滤波器、带通滤波器、带阻滤波器等。

滤波器可以在时域或频域中操作。在时域中，滤波器通过对输入信号的每个采样点应用滤波算法来改变信号的特性。常见的时域滤波器包括移动平均滤波器、中值滤波器和高斯滤波器等。在频域中，滤波器通过对输入信号进行傅里叶变换来改变信号的频谱特性。常见的频域滤波器包括傅里叶变换滤波器和小波变换滤波器等。

滤波器的设计和选择取决于应用的需求和目标。不同类型的滤波器可以对信号进行不同的处理和调整，从而实现不同的信号处理目标。滤波器的设计涉及信号处理理论和技术，需要考虑信号的特性、噪声、滤波器的频率响应等因素。

在 Python 程序中，常用的库(如 SciPy 和 OpenCV)均提供了丰富的滤波器函数和工具，可以方便地进行滤波操作。这些库提供了各种类型的滤波器，用户可以根据具体需求选择适合的滤波器进行信号处理。

6.4.2 高通滤波器

高通滤波器是一种用于增强图像中高频信息或减弱低频信息的滤波器。它可以帮助我们突出图像中的细节、边缘和纹理等高频特征，同时抑制图像中的低频部分，例如平坦区域和背景等。

在频域中，高通滤波器可以通过在频谱中去除低频分量来实现。常见的高通滤波器包括布特沃斯高通滤波器、高斯高通滤波器和锐化滤波器等。实例 6-16 演示了如何使用库 SciPy 中的函数 ndimage.gaussian_filter()对图像进行高斯滤波。本实例指定了一个特定的

sigma 值，将平滑后的图像从原始图像中减去，从而得到高通滤波后的图像。

实例 6-16：对图像应用高斯滤波器并得到高通滤波后的图像

源码路径：daima\6\gaolv.py

```
# 加载图像
image = plt.imread('111.jpg')

# 如果需要，将图像转换为灰度图像
if len(image.shape) > 2:
    image = np.mean(image, axis=2)

# 对图像应用高斯滤波器以平滑图像
smoothed_image = ndimage.gaussian_filter(image, sigma=5)

# 将平滑后的图像从原始图像中减去实现高通滤波效果
high_pass_image = image - smoothed_image

# 显示原始图像和高通滤波后的图像
fig, axes = plt.subplots(1, 2, figsize=(10, 5))
axes[0].imshow(image, cmap='gray')
axes[0].set_title('原始图像')
axes[0].axis('off')
axes[1].imshow(high_pass_image, cmap='gray')
axes[1].set_title('高通滤波后的图像')
axes[1].axis('off')
plt.show()
```

在上述代码中，首先加载一张图像，并将其转换为灰度图像(如果图像是彩色的)。然后，应用高斯滤波器(高斯模糊)来平滑图像，这是通过 ndimage.gaussian_filter()函数实现的，其中 sigma 参数控制了高斯核的标准差。接下来，通过从原始图像中减去平滑后的图像来实现高通滤波器。这一步产生了高频部分(即图像中的细节)。最后，展示了原始图像和高通滤波后的图像，用于比较两者的效果。程序执行效果如图 6-7 所示。

图 6-7　原始图像和高通滤波后的图像效果对比

6.4.3 低通滤波器

低通滤波器是一种用于图像处理的滤波器，它允许通过较低频率的信号而抑制高频信号。低通滤波器在图像处理中常用于平滑图像、去噪和模糊化等任务中。在 Python 程序中，可以使用库 SciPy 中的模块 ndimage 来实现低通滤波。其中，函数 gaussian_filter()可以用于高斯模糊操作，从而实现低通滤波的效果。实例 6-17 演示了如何使用模块 ndimage 的函数 gaussian_filter()实现低通滤波效果。

实例 6-17：使用函数 gaussian_filter()实现低通滤波效果

源码路径：daima\6\dilv.py

```
# 加载图像
image = plt.imread('888.jpg')

# 如果需要，将图像转换为灰度图像
if len(image.shape) > 2:
    image = np.mean(image, axis=2)

# 应用高斯模糊操作实现低通滤波效果
blurred_image = ndimage.gaussian_filter(image, sigma=3)

# 显示原始图像和低通滤波后的图像
fig, axes = plt.subplots(1, 2, figsize=(10, 5))
axes[0].imshow(image, cmap='gray')
axes[0].set_title('原始图像')
axes[0].axis('off')
axes[1].imshow(blurred_image, cmap='gray')
axes[1].set_title('低通滤波后的图像')
axes[1].axis('off')
plt.show()
```

在上述代码中，使用函数 ndimage.gaussian_filter()将一个具有特定 sigma 值的高斯模糊应用于图像。通过调整 sigma 值，可以控制模糊程度，从而实现不同程度的低通滤波效果。程序执行效果如图 6-8 所示。

6.4.4 DoG 带通滤波器

DoG(Difference of Gaussians)是一种带通滤波器，它是通过对不同尺度的高斯滤波器之间的差异进行计算而得到的。DoG 带通滤波器可以用于图像处理中的边缘检测、特征提取和纹理分析等任务。

图 6-8 原始图像和低通滤波后的图像效果对比

在 Python 程序中，可以使用库 SciPy 中的模块 ndimage 实现 DoG 带通滤波效果。其中，函数 gaussian_filter()用于高斯模糊操作，函数 difference()用于计算两个高斯模糊图像之间的差异。实例 6-18 演示了如何使用模块 ndimage 实现 DoG 带通滤波效果。

实例 6-18：使用模块 ndimage 实现 DoG 带通滤波效果

源码路径：daima\6\dailv.py

```
# 加载图像
image = plt.imread('888.jpg')

# 如果需要，将图像转换为灰度图像
if len(image.shape) > 2:
    image = np.mean(image, axis=2)

# 定义两个不同尺度的高斯模糊参数
sigma1 = 2.0
sigma2 = 5.0

# 应用高斯模糊操作获取两张模糊图像
blurred1 = ndimage.gaussian_filter(image, sigma1)
blurred2 = ndimage.gaussian_filter(image, sigma2)

# 计算 DoG 带通滤波后的输出图像
dog = blurred1 - blurred2

# 显示原始图像和 DoG 带通滤波后的图像
```

```
fig, axes = plt.subplots(1, 2, figsize=(10, 5))
axes[0].imshow(image, cmap='gray')
axes[0].set_title('原始图像')
axes[0].axis('off')
axes[1].imshow(dog, cmap='gray')
axes[1].set_title('DoG 带通滤波器输出')
axes[1].axis('off')
plt.show()
```

在上述代码中，首先使用两个不同尺度的高斯模糊参数对图像进行高斯模糊操作，得到两张模糊图像。然后，通过计算两张模糊图像的差异，得到 DoG 带通滤波后的图像。程序执行效果如图 6-9 所示。

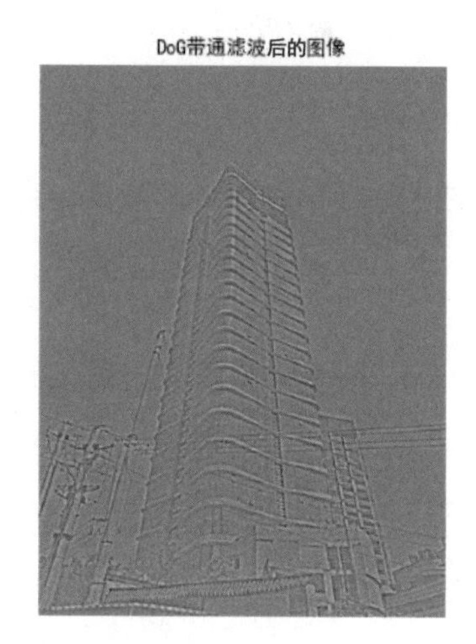

图 6-9　原始图像和 DoG 带通滤波后的图像效果对比

6.4.5　带阻滤波器

带阻滤波器(也称为陷波滤波器)是一种用于信号处理的滤波器，它可以抑制指定频率范围内的信号。与低通滤波器和高通滤波器不同，带阻滤波器允许某个频率范围之外的信号通过，而对指定范围内的信号进行抑制。

在 Python 程序中，可以使用库 SciPy 中的模块 signal 实现带阻滤波效果。具体而言，就是使用函数 iirnotch()来设计和应用带阻滤波器，该函数可以指定需要抑制的中心频率和带宽，从而创建一个带阻滤波器。实例 6-19 演示了如何使用模块 signal 实现带阻滤波效果。

实例 6-19：使用模块 signal 实现带阻滤波效果

源码路径：daima\6\dlv.py

```
# 生成示例信号
t = np.linspace(0, 1, 1000)
signal1 = np.sin(2 * np.pi * 10 * t)  # 10Hz 正弦信号
signal2 = np.sin(2 * np.pi * 60 * t)  # 60Hz 正弦信号
signal_noise = signal1 + signal2      # 合成的含噪声信号

# 设计带阻滤波器参数
fs = 1000  # 采样频率
f0 = 60    # 需要抑制的中心频率
Q = 30     # 带宽因子

# 创建带阻滤波器
b, a = signal.iirnotch(f0, Q, fs)

# 应用带阻滤波器
filtered_signal = signal.lfilter(b, a, signal_noise)

# 绘制原始信号和滤波后的信号
plt.figure(figsize=(10, 6))
plt.subplot(2, 1, 1)
plt.plot(t, signal_noise)
plt.title('原始信号')
plt.xlabel('时间')
plt.ylabel('幅值')

plt.subplot(2, 1, 2)
plt.plot(t, filtered_signal)
plt.title('滤波后的信号')
plt.xlabel('时间')
plt.ylabel('幅值')

plt.tight_layout()
plt.show()
```

在上述代码中，首先，生成了一个含有 10Hz 和 60Hz 正弦信号的合成信号，并加入一些噪声。然后，使用函数 iirnotch()创建了一个带阻滤波器，指定了需要抑制的中心频率(60Hz)和带宽因子(30)。最后，使用函数 lfilter()将带阻滤波器应用于信号，得到滤波后的结果。程序执行效果如图 6-10 所示。

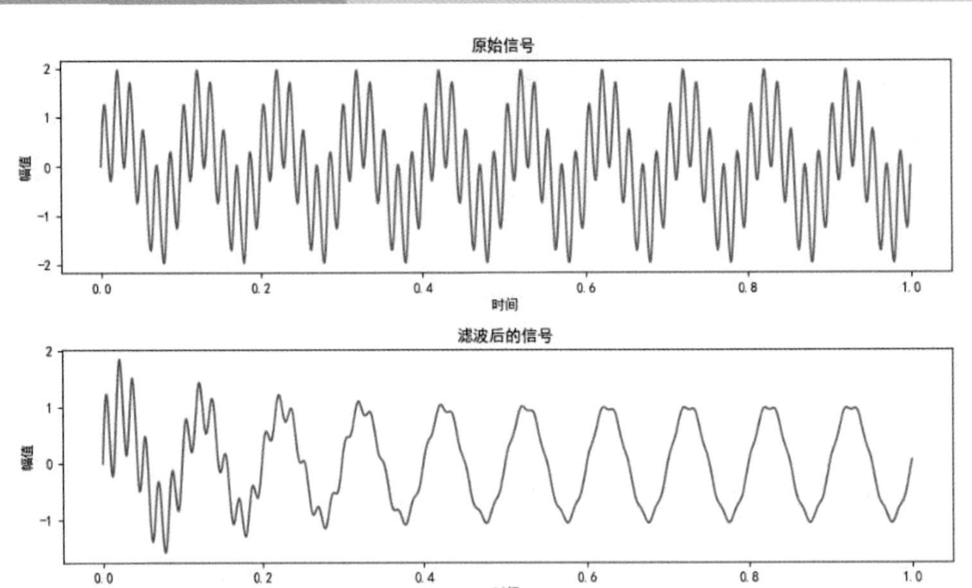

图 6-10　原始信号和带阻滤波后的信号对比

第7章

图像增强

图像增强是一种数字图像处理技术，旨在改善或增强图像的视觉质量、清晰度和可识别性。图像增强涉及图像处理的多种技术和方法，主要用于提高图像的对比度、亮度、色彩鲜艳度、细节清晰度和减少噪声等。在本章的内容中，将详细讲解使用 Python 语言实现图像增强的知识。

7.1 对比度增强

扫码看视频

对比度增强是图像增强中常用的技术之一，旨在增强图像中不同物体和区域之间的差异，使其更具视觉效果和可识别性。通过调整图像的亮度范围，增加对比度，可以使图像中的暗部更暗，亮部更亮，从而提高图像的动态范围和视觉效果。

在实际应用中，可以根据图像的特点和需求选择合适的对比度增强方法。对比度增强可以应用于各种领域，如图像处理、计算机视觉、医学影像等，以提高图像的可视化效果、目标检测和图像分析的准确性。

7.1.1 直方图均衡化

直方图均衡化是一种常用的图像增强技术，通过重新分配图像的像素值来扩展图像的亮度范围，从而增强图像的对比度。下面是实现直方图均衡化的基本步骤。

(1) 灰度化：如果原始图像是彩色图像，首先需要将其转换为灰度图像。这可以通过将彩色图像的 RGB 值转换为相应的灰度值来实现，常见的方法是取 RGB 值的平均值。

(2) 计算直方图：对灰度图像进行直方图统计，即计算每个灰度级别(0 到 255)的像素数量。直方图是一种对数据分布情况的图形表示，是一个二维统计图表，横轴表示灰度级别，纵轴表示对应灰度级别的像素数量。

(3) 计算累积直方图：通过对直方图进行累积求和，计算每个灰度级别的像素累积数量。这样可以得到一个新的直方图，其横轴表示灰度级别，纵轴表示对应灰度级别及以下的像素数量之和。

(4) 灰度级别映射：将累积直方图进行线性映射，将原始图像中的每个像素值映射到新的灰度级别。映射公式为

新像素值 = [累积直方图(原像素值) − 累积直方图最小值] / (像素总数 − 1) × 灰度级别最大值

其中，累积直方图最小值是累积直方图中的最小值，像素总数是图像的总像素数，灰度级别最大值是 255(8 位灰度图像的最大灰度级别)。

(5) 应用灰度级别映射：用映射后的新像素值替换原始图像中的像素值。

(6) 对于图像的每个像素，重复步骤(2)到(5)，直到处理完整个图像。

在 Python 程序中，可以通过以下两种方法实现直方图均衡化。

(1) 使用库 OpenCV。

使用库 OpenCV 中的函数 cv2.equalizeHist()对灰度图像进行直方图均衡化处理，它会自动计算直方图并进行均衡化，然后返回均衡化后的图像。实例 7-1 演示了如何使用库 OpenCV 实现直方图均衡化处理。

实例 7-1：使用库 OpenCV 实现直方图均衡化处理

源码路径：daima\7\ozhi.py

```
# 读取图像
image = cv2.imread('888.jpg', cv2.IMREAD_GRAYSCALE)
# 使用 OpenCV 的直方图均衡化函数
equalized_image = cv2.equalizeHist(image)
# 显示原始图像和均衡化后的图像
cv2.imshow("Original Image", image)
cv2.imshow("Equalized Image", equalized_image)
cv2.waitKey(0)
cv2.destroyAllWindows()
```

在上述代码中，使用函数 cv2.equalizeHist()对灰度图像进行直方图均衡化处理，它会自动计算直方图并进行均衡化处理，然后返回均衡化后的图像。最后，使用 cv2.imshow()函数显示原始图像和均衡化后的图像。程序执行效果如图 7-1 所示。

图 7-1 原始图像和直方图均衡化后的图像对比

(2) 使用库 PIL。

使用库 PIL 中的函数 ImageOps.equalize()对灰度图像进行直方图均衡化处理，它会计算直方图并进行均衡化，然后返回均衡化后的图像。实例 7-2 演示了如何使用库 PIL 实现直方图均衡化。

实例 7-2：使用库 PIL 实现直方图均衡化

源码路径：daima\7\pzhi.py

```
# 读取图像
image = Image.open('888.jpg').convert('L')
# 使用 PIL 的直方图均衡化函数
equalized_image = ImageOps.equalize(image)
# 显示原始图像和均衡化后的图像
image.show()
equalized_image.show()
```

注意： 通过直方图均衡化，原始图像的像素值将根据其在直方图中的分布重新映射，使图像中的亮度范围得到充分利用，增强了图像的对比度和视觉效果。这对于改善图像的可视化、目标检测和图像分析非常有用。然而，直方图均衡化也可能导致图像的局部细节损失，特别是当图像中的亮度变化较大时。在这种情况下，可以考虑应用自适应直方图均衡化等改进技术来保留更多的图像细节。

7.1.2 自适应直方图均衡化

自适应直方图均衡化(Adaptive Histogram Equalization，AHE)是直方图均衡化的一种改进方法，它通过对图像的局部区域进行均衡化，以避免在全局均衡化中引入过度增强和噪声放大。在 Python 程序中，可以通过以下方法实现自适应直方图均衡化。

(1) 使用库 OpenCV。

使用库 OpenCV 中的函数 cv2.createCLAHE()可以实现自适应直方图均衡化，实例 7-3 演示了这一用法。

实例 7-3：使用库 OpenCV 实现自适应直方图均衡化

源码路径：daima\7\zi.py

```
# 读取图像
image = cv2.imread('888.jpg', cv2.IMREAD_GRAYSCALE)
# 使用 CLAHE 算法
clahe = cv2.createCLAHE(clipLimit=2.0, tileGridSize=(8, 8))
equalized_image = clahe.apply(image)
# 显示原始图像和均衡化后的图像
cv2.imshow("Original Image", image)
```

```
cv2.imshow("Equalized Image", equalized_image)
cv2.waitKey(0)
cv2.destroyAllWindows()
```

在上述代码中，首先使用库 OpenCV 中的函数 cv2.createCLAHE()创建一个 CLAHE 对象，通过调整 clipLimit 参数来控制对比度增强的程度，参数 tileGridSize 定义了局部块的大小。然后，应用 CLAHE 对象到图像上，得到均衡化后的图像。程序执行效果如图 7-2 所示。

图 7-2　使用库 OpenCV 实现自适应直方图均衡化效果

(2) 使用库 scikit-image。

使用库 scikit-image 中的函数 exposure.equalize_adapthist()可以实现自适应直方图均衡化。实例 7-4 演示了这一用法。

实例 7-4：使用库 scikit-image 实现自适应直方图均衡化

源码路径：daima\7\szi.py

```
# 读取图像
image = cv2.imread('888.jpg', cv2.IMREAD_GRAYSCALE)
# 使用自适应直方图均衡化算法
equalized_image = exposure.equalize_adapthist(image, clip_limit=0.03)
# 显示原始图像和均衡化后的图像
cv2.imshow("Original Image", image)
cv2.imshow("Equalized Image", equalized_image)
cv2.waitKey(0)
cv2.destroyAllWindows()
```

在上述代码中，首先使用库 scikit-image 中的 exposure.equalize_adapthist()函数进行自适应直方图均衡化处理，通过调整参数 clip_limit 来控制对比度增强的程度。然后，应用该函数到图像上，得到均衡化后的图像。程序执行效果如图 7-3 所示。

图 7-3　使用库 scikit-image 实现自适应直方图均衡化效果

注意：上面方法中的 CLAHE 对象和函数 equalize_adapthist()都使用了自适应均衡化算法，在局部区域上进行直方图均衡化，从而避免了全局均衡化中的过度增强和噪声放大。这些方法对于提高图像的对比度和视觉效果非常有用，可以应用于各种图像处理任务。

7.1.3　对比度拉伸

对比度拉伸(Contrast Stretching)是一种简单而常用的图像增强技术，通过线性映射来增强图像的对比度。它将图像的最小灰度值映射到较低的输出灰度级别，将最大灰度值映射到较高的输出灰度级别，从而扩展了图像的亮度范围，增强了图像的视觉效果。在 Python 程序中，可以通过以下方法实现对比度拉伸。

(1) 使用库 NumPy 和库 OpenCV。

实例 7-5 使用 NumPy 和 OpenCV 实现了对比度拉伸。

实例 7-5：使用 NumPy 和 OpenCV 实现对比度拉伸

源码路径：daima\7\dui.py

```
# 读取图像
image = cv2.imread('888.jpg', cv2.IMREAD_GRAYSCALE)
# 计算原始图像的最小和最大灰度值
min_value = np.min(image)
max_value = np.max(image)
# 执行对比度拉伸
stretched_image = (image - min_value) * (255.0 / (max_value - min_value))
# 将图像灰度值限制在 0 到 255 范围内
stretched_image = np.clip(stretched_image, 0, 255).astype(np.uint8)
# 显示原始图像和对比度拉伸后的图像
cv2.imshow("Original Image", image)
cv2.imshow("Stretched Image", stretched_image)
cv2.waitKey(0)
cv2.destroyAllWindows()
```

在上述代码中，首先读取一张灰度图像，通过 np.min()和 np.max()函数计算图像的最小和最大像素值。接下来执行对比度拉伸操作，通过线性映射将图像的像素值从最小到最大范围映射到 0 到 255 的范围。最后，通过 np.clip()函数将图像的像素值限制在 0 到 255 之间，并将其转换为无符号 8 位整数类型(np.uint8)。最后，展示了原始图像和对比度拉伸后的图像。程序执行效果如图 7-4 所示。

图 7-4　使用 NumPy 和 OpenCV 实现对比度拉伸效果

(2) 使用库 PIL。

实例 7-6 演示了如何使用库 PIL 实现对比度拉伸。

实例 7-6：使用库 PIL 实现对比度拉伸

源码路径：daima\7\pla.py

```
# 读取图像
image = Image.open('888.jpg').convert('L')
# 执行对比度拉伸
min_value = np.min(image)
max_value = np.max(image)
stretched_image = (image - min_value) * (255.0 / (max_value - min_value))
# 将图像灰度值限制在 0 到 255 范围内
stretched_image = np.clip(stretched_image, 0, 255).astype(np.uint8)
# 显示原始图像和对比度拉伸后的图像
image.show()
Image.fromarray(stretched_image).show()
```

在上述代码中，首先使用函数 np.min()和函数 np.max()计算图像的最小和最大灰度值。然后，对图像进行线性映射，将像素值从最小到最大范围映射到 0 到 255 的范围。最后，使用函数 np.clip()将图像灰度值限制在 0 到 255 之间，并将其转换为无符号 8 位整数类型。

7.1.4 非线性对比度增强

非线性对比度增强(Nonlinear Contrast Enhancement)是一种图像增强技术，通过非线性的变换函数来调整图像的对比度，以增强图像的细节和视觉效果。与线性对比度增强方法不同，非线性对比度增强能够更好地处理图像的局部对比度变化。在 Python 程序中，可通过以下几种方法实现非线性对比度增强。

(1) 直方图均衡化和直方图匹配的组合。

这种方法结合了直方图均衡化和直方图匹配的技术。首先，对图像进行直方图均衡化以增强全局对比度。然后，使用直方图匹配来进一步调整图像的对比度，使其更好地适应特定场景的对比度要求。实例 7-7 演示了这一方法的实现过程。

实例 7-7：直方图均衡化和直方图匹配组合实现非线性对比度增强

源码路径：daima\7\zhifei.py

```
# 读取图像
image = cv2.imread('888.jpg', cv2.IMREAD_GRAYSCALE)
# 直方图均衡化
equalized_image = cv2.equalizeHist(image)
```

```
# 直方图匹配
target_histogram = cv2.calcHist([image], [0], None, [256], [0, 256])
target_histogram /= target_histogram.sum()
equalized_histogram = cv2.calcHist([equalized_image], [0], None, [256], [0, 256])
equalized_histogram /= equalized_histogram.sum()
mapping_function = np.cumsum(target_histogram) * 255
matched_image = np.interp(equalized_image.flatten(), np.arange(256),
mapping_function).reshape(equalized_image.shape)
# 显示原始图像、直方图均衡化后的图像和非线性对比度增强后的图像
cv2.imshow("Original Image", image)
cv2.imshow("Equalized Image", equalized_image)
cv2.imshow("Enhanced Image", matched_image.astype(np.uint8))
cv2.waitKey(0)
cv2.destroyAllWindows()
```

在上述代码中，首先对图像进行直方图均衡化。然后计算原始图像和均衡化后图像的直方图，并将其归一化。接下来，根据均衡化后图像的直方图和目标直方图计算映射函数。最后，使用函数 np.interp()将均衡化后图像中的像素值映射到目标直方图的范围内，得到非线性对比度增强后的图像。程序执行效果如图 7-5 所示。

图 7-5　直方图均衡化和直方图匹配组合实现非线性对比度增强效果

(2) 对数变换。

对数变换是一种常用的非线性对比度增强方法，它通过对像素值取对数的方式来调整图像的对比度。对数变换可以扩展低灰度级的细节，并压缩高灰度级的细节。实例 7-8 演示了这一方法的实现过程。

实例 7-8：对数变换实现非线性对比度增强

源码路径：daima\7\duifei.py

```
# 读取图像
image = cv2.imread('888.jpg', cv2.IMREAD_GRAYSCALE)
# 对数变换
log_transformed_image = np.log1p(image)
# 将像素值归一化到 0 到 255 的范围内
log_transformed_image = (255 * (log_transformed_image -
np.min(log_transformed_image)) / (np.max(log_transformed_image) -
np.min(log_transformed_image))).astype(np.uint8)
# 显示原始图像和非线性对比度增强后的图像
cv2.imshow("Original Image", image)
cv2.imshow("Enhanced Image", log_transformed_image)
cv2.waitKey(0)
cv2.destroyAllWindows()
```

在上述代码中，使用 np.log1p()函数对图像进行对数变换。然后，使用线性映射将像素值归一化到 0 到 255 的范围内。最后，得到非线性对比度增强后的图像。

7.2 锐化

图像锐化(Image Sharpening)是一种图像处理技术，通过增加图像的高频分量来突出边缘和细节，使图像看起来更加清晰和鲜明。图像锐化的主要目的是增强图像中的边缘信息。边缘是图像中灰度值变化较大的区域，通常表示物体的边界或纹理。

扫码看视频

在现实应用中，有以下几种常见的图像锐化方法。

- 锐化滤波：锐化滤波是一种常用的图像锐化技术，通过增强高频分量来提高图像的清晰度。常见的锐化滤波器包括拉普拉斯滤波器和高通滤波器(如 Sobel 滤波器和 Prewitt 滤波器)。这些滤波器通过在图像上应用卷积操作来增强边缘。
- 高频强调滤波：高频强调滤波是一种通过增强图像的高频成分来实现图像锐化的技术。它基于图像锐化的原理，将原始图像与其低通滤波结果进行相减，从而突出高频细节。常用的高频强调滤波器包括 Unsharp Masking 和细节增强。
- 基于梯度的锐化：基于梯度的锐化方法利用图像的梯度信息来增强边缘。梯度是图像灰度变化最大的区域，通常与边缘相对应。通过计算图像的梯度，可以突出图像中的边缘信息。常见的基于梯度的锐化方法包括 Sobel 算子和 Canny 边缘检测算法。

Python 中有多种库可以实现图像锐化，例如 OpenCV 和 PIL。使用这些库，可以方便地应用各种图像锐化技术来增强图像的清晰度和细节。具体使用哪种方法实现图像锐化，取决于所选择的库和方法。

7.2.1 锐化滤波

锐化滤波(Sharpening Filter)是一种常用的图像处理技术，用于增强图像的边缘和细节，以提高图像的清晰度和视觉效果。锐化滤波器通过增强图像中的高频分量来突出边缘，从而使图像看起来更加清晰和鲜明。在图像处理中，常见的锐化滤波器包括拉普拉斯滤波器和高通滤波器，如 Sobel 滤波器和 Prewitt 滤波器。

- 拉普拉斯滤波器：一种常用的锐化滤波器，用于增强图像的边缘信息。它通过对图像进行二阶微分来检测边缘，然后将检测到的边缘添加回原始图像以增强边缘。在实现时，常用的拉普拉斯滤波器有 3×3 和 5×5 两种核。
- Sobel 滤波器：一种常用的高通滤波器，用于检测图像中的边缘。通过计算图像的梯度来确定像素值的变化情况，并突出边缘。Sobel 滤波器分为水平和垂直两个方向，可以分别检测图像中的水平和垂直边缘。通过对这两个方向的边缘信息进行组合，可以得到更全面的边缘检测结果。

在 Python 中，可以使用库 OpenCV 来实现锐化滤波。

(1) 使用拉普拉斯滤波器实现图像锐化。

实例 7-9 演示了如何使用拉普拉斯滤波器实现图像锐化。

实例 7-9：使用拉普拉斯滤波器实现图像锐化

源码路径：daima\7\purui.py

```
# 读取图像
image = cv2.imread('888.jpg', cv2.IMREAD_GRAYSCALE)
# 定义拉普拉斯滤波器
laplacian_kernel = np.array([[0, 1, 0],
                             [1, -4, 1],
                             [0, 1, 0]], dtype=np.float32)
# 对图像应用拉普拉斯滤波器
sharpened_image = cv2.filter2D(image, -1, laplacian_kernel)
# 将像素值归一化到 0 到 255 的范围内
sharpened_image = (255 * (sharpened_image - np.min(sharpened_image)) /
(np.max(sharpened_image) - np.min(sharpened_image))).astype(np.uint8)
# 显示原始图像和锐化后的图像
cv2.imshow("Original Image", image)
cv2.imshow("Sharpened Image", sharpened_image)
```

```
cv2.waitKey(0)
cv2.destroyAllWindows()
```

在上述代码中，首先使用函数 cv2.imread()读取图像，并将其转换为灰度图像。然后定义一个 3×3 的拉普拉斯滤波器作为卷积核。通过函数 cv2.filter2D()对图像应用拉普拉斯滤波器，可以得到锐化后的图像。最后，将锐化后的图像像素值归一化到 0 到 255 的范围内，并显示原始图像和锐化后的图像。注意，在本实例中将锐化后的图像的像素值归一化到 0 到 255 的范围内，并将其转换为无符号 8 位整数类型。但是，如果原始图像的像素值范围本身已经是 0 到 255 之间，那么进行归一化可能会导致所有的像素值都变为 0，从而得到一张黑色的图像。此时可以尝试去掉像素值归一化的步骤，直接使用滤波后的图像进行显示。以下是修改后的代码：

```
# 读取图像
image = cv2.imread('888.jpg', cv2.IMREAD_GRAYSCALE)
# 定义拉普拉斯滤波器
laplacian_kernel = np.array([[0, 1, 0],
                    [1, -4, 1],
                    [0, 1, 0]], dtype=np.float32)
# 对图像应用拉普拉斯滤波器
sharpened_image = cv2.filter2D(image, -1, laplacian_kernel)
# 显示原始图像和锐化后的图像
cv2.imshow("Original Image", image)
cv2.imshow("Sharpened Image", sharpened_image)
cv2.waitKey(0)
cv2.destroyAllWindows()
```

程序执行效果如图 7-6 所示。

图 7-6　使用拉普拉斯滤波器实现图像锐化效果

(2) 使用 Sobel 滤波器实现图像锐化。

实例 7-10 使用 Sobel 滤波器计算图像的梯度，并通过加权合并水平和垂直梯度来实现图像的锐化效果。我们可以尝试在代码中修改参数，如调整权重值、修改滤波器的大小等，以获得不同的锐化效果。

实例 7-10：使用 Sobel 滤波器实现图像锐化

源码路径：daima\7\srui.py

```
# 读取图像
image = cv2.imread('image.jpg', cv2.IMREAD_GRAYSCALE)
# 计算水平方向和垂直方向的梯度
gradient_x = cv2.Sobel(image, cv2.CV_64F, 1, 0, ksize=3)
gradient_y = cv2.Sobel(image, cv2.CV_64F, 0, 1, ksize=3)
# 合并梯度
sharpened_image = cv2.addWeighted(gradient_x, 0.5, gradient_y, 0.5, 0)
# 显示原始图像和锐化后的图像
cv2.imshow("Original Image", image)
cv2.imshow("Sharpened Image", sharpened_image)
cv2.waitKey(0)
cv2.destroyAllWindows()
```

对上述代码的具体说明如下。

- 导入库：导入 OpenCV 库，该库提供了图像处理和计算机视觉相关的功能。
- 读取图像：使用 cv2.imread()函数读取名为 image.jpg 的图像，并通过 cv2.IMREAD_GRAYSCALE 参数将其转换为灰度图像。
- 计算梯度：通过使用 Sobel 滤波器计算图像水平和垂直方向的梯度。cv2.Sobel()函数接受如下几个参数：第一个参数是输入图像，第二个参数是输出图像的数据类型(这里使用 cv2.CV_64F 表示 64 位浮点数)，第三个和第四个参数分别是水平和垂直方向的导数阶数，最后一个参数是滤波器的大小(这里使用 3×3 的滤波器)。
- 合并梯度：通过使用 cv2.addWeighted()函数将水平和垂直方向的梯度进行加权合并。这里将两个梯度图像按照相等的权重(0.5)进行加权合并，并将结果存储在 sharpened_image 变量中。
- 显示图像：使用 cv2.imshow()函数显示原始图像和锐化后的图像。cv2.waitKey(0)函数等待用户按下任意键来关闭显示窗口。最后，使用 cv2.destroyAllWindows()函数关闭所有的显示窗口。

7.2.2 高频强调滤波

高频强调滤波(High-Frequency Emphasis Filtering)是一种图像增强技术，用于增强图像中的高频细节和边缘。高频强调滤波通过突出图像的高频分量，使细节更加清晰和明显。Python 语言实现高频强调滤波的方法主要包括以下几种。

1) 理想高通滤波器

(1) 使用傅里叶变换将图像转换到频域。

(2) 在频域中，使用理想高通滤波器将低频分量设置为零，保留高频分量。

(3) 将频域图像通过逆傅里叶变换转换回空域图像。

实例 7-11 演示了如何使用理想高通滤波器实现高频强调滤波。

实例 7-11：使用理想高通滤波器实现高频强调滤波

源码路径：daima\7\gaotong.py

```
def ideal_highpass_filter(image, cutoff):
    # 将图像转换到频域
    dft = cv2.dft(np.float32(image), flags=cv2.DFT_COMPLEX_OUTPUT)
    dft_shift = np.fft.fftshift(dft)

    # 构建理想高通滤波器
    rows, cols = image.shape
    center_row, center_col = rows // 2, cols // 2
    distance = np.sqrt((np.arange(rows)[:, np.newaxis] - center_row) ** 2 +
                       (np.arange(cols) - center_col) ** 2)
    highpass = np.ones_like(image)
    highpass[distance <= cutoff] = 0
    # 应用滤波器
    dft_shift_filtered = dft_shift * highpass[:, :, np.newaxis]
    # 将频域图像转换回空域
    dft_filtered_shifted = np.fft.ifftshift(dft_shift_filtered)
    filtered_image = cv2.idft(dft_filtered_shifted)
    filtered_image = cv2.magnitude(filtered_image[:, :, 0], filtered_image[:, :, 1])
    # 保持原始图像的亮度范围
    filtered_image = filtered_image * 255 / np.max(filtered_image)
    return filtered_image.astype(np.uint8)
# 读取图像
image = cv2.imread('888.jpg', cv2.IMREAD_GRAYSCALE)
# 应用理想高通滤波器
enhanced_image = ideal_highpass_filter(image, cutoff=50)
# 显示原始图像和增强后的图像
cv2.imshow("Original Image", image)
cv2.imshow("Enhanced Image", enhanced_image)
```

```
cv2.waitKey(0)
cv2.destroyAllWindows()
```

在上述代码中，首先将图像转换到频域，然后构建理想高通滤波器，将低频分量设为零。接下来，将滤波器应用于频域图像，并将结果转换回空域图像。然后，使用函数cv2.imread()读取图像，并将其转换为灰度图像。调用函数ideal_highpass_filter()，传入图像和截止频率cutoff进行理想高通滤波处理。最后，使用函数cv2.imshow()显示原始图像和增强后的图像。我们也可以尝试调整截止频率cutoff的值，以获得不同的高频强调滤波效果。较低的截止频率会保留更多的低频分量，而较高的截止频率会突出高频细节。程序执行效果如图7-7所示。

图7-7　使用理想高通滤波器实现高频强调滤波效果

2) 巴特沃斯高通滤波器

与理想高通滤波器类似，但它提供了平滑的过渡区域，避免了理想滤波器的陡峭截止问题。实例7-12演示了如何使用巴特沃斯高通滤波器实现高频强调滤波。

实例7-12：使用巴特沃斯高通滤波器实现高频强调滤波

源码路径：daima\7\bate.py

```
def high_frequency_emphasis(image, alpha, cutoff):
    # 将图像转换到频域
    dft = cv2.dft(np.float32(image), flags=cv2.DFT_COMPLEX_OUTPUT)
    dft_shift = np.fft.fftshift(dft)
    # 构建巴特沃斯高通滤波器
    rows, cols = image.shape
    center_row, center_col = rows // 2, cols // 2
    distance = np.sqrt((np.arange(rows)[:, np.newaxis] - center_row) ** 2 +
```

```
                (np.arange(cols) - center_col) ** 2)
    highpass = 1 / (1 + (cutoff / distance) ** (2 * alpha))
    # 应用滤波器
    dft_shift_filtered = dft_shift * highpass[:, :, np.newaxis]
    # 将频域图像转换回空域
    dft_filtered_shifted = np.fft.ifftshift(dft_shift_filtered)
    filtered_image = cv2.idft(dft_filtered_shifted)
    filtered_image = cv2.magnitude(filtered_image[:, :, 0], filtered_image[:, :, 1])
    # 保持原始图像的亮度范围
    filtered_image = filtered_image * 255 / np.max(filtered_image)
    return filtered_image.astype(np.uint8)
# 读取图像
image = cv2.imread('888.jpg', cv2.IMREAD_GRAYSCALE)
# 应用高频强调滤波器
enhanced_image = high_frequency_emphasis(image, alpha=2, cutoff=50)
# 显示原始图像和增强后的图像
cv2.imshow("Original Image", image)
cv2.imshow("Enhanced Image", enhanced_image)
cv2.waitKey(0)
cv2.destroyAllWindows()
```

在上述代码中，首先定义了一个名为 high_frequency_emphasis()的函数，它接受输入图像、强调参数 alpha 和截止频率 cutoff 作为输入。该函数实现了使用巴特沃斯高通滤波器进行高频强调滤波的过程，包括傅里叶变换、滤波器构建、滤波和逆傅里叶变换等步骤。然后，使用函数 cv2.imread()读取图像，并将其转换为灰度图像。接下来，调用函数 high_frequency_emphasis()，传入图像和参数进行高频强调滤波处理。最后，使用函数 cv2.imshow()显示原始图像和增强后的图像。也可以尝试调整参数 alpha 和参数 cutoff 的值，以获得不同的高频强调滤波效果。程序执行效果如图 7-8 所示。

图 7-8　使用巴特沃斯高通滤波器实现高频强调滤波效果

3) 带通滤波器

带通滤波器通过将低频和高频分量同时保留，滤掉中间频率的分量，从而突出高频细节。实例 7-13 演示了如何使用带通滤波器实现高频强调滤波。

实例 7-13：使用带通滤波器实现高频强调滤波

源码路径：daima\7\dai.py

```
def bandpass_filter(image, low_cutoff, high_cutoff):
    # 将图像转换到频域
    dft = cv2.dft(np.float32(image), flags=cv2.DFT_COMPLEX_OUTPUT)
    dft_shift = np.fft.fftshift(dft)
    # 构建带通滤波器
    rows, cols = image.shape
    center_row, center_col = rows // 2, cols // 2
    distance = np.sqrt((np.arange(rows)[:, np.newaxis] - center_row) ** 2 +
                       (np.arange(cols) - center_col) ** 2)
    bandpass = np.zeros_like(image)
    bandpass[(distance >= low_cutoff) & (distance <= high_cutoff)] = 1
    # 应用滤波器
    dft_shift_filtered = dft_shift * bandpass[:, :, np.newaxis]
    # 将频域图像转换回空域
    dft_filtered_shifted = np.fft.ifftshift(dft_shift_filtered)
    filtered_image = cv2.idft(dft_filtered_shifted)
    filtered_image = cv2.magnitude(filtered_image[:, :, 0], filtered_image[:, :, 1])
    # 保持原始图像的亮度范围
    filtered_image = filtered_image * 255 / np.max(filtered_image)
    return filtered_image.astype(np.uint8)
# 读取图像
image = cv2.imread('image.jpg', cv2.IMREAD_GRAYSCALE)
# 应用带通滤波器
enhanced_image = bandpass_filter(image, low_cutoff=20, high_cutoff=80)
# 显示原始图像和增强后的图像
cv2.imshow("Original Image", image)
cv2.imshow("Enhanced Image", enhanced_image)
cv2.waitKey(0)
cv2.destroyAllWindows()
```

对上述代码的具体说明如下。

(1) 函数 bandpass_filter()实现了使用带通滤波器进行高频强调滤波的过程。首先将图像转换到频域，然后构建一个二值滤波器，其中在低截止频率和高截止频率之间的频率范围内取值为 1，其他地方为 0。接下来，将滤波器应用于频域图像，并将结果转换回空域图像。

(2) 使用函数 cv2.imread()读取图像，并将其转换为灰度图像。调用函数 bandpass_filter()，传入图像和截止频率范围进行带通滤波。

(3) 使用函数 cv2.imshow()显示原始图像和增强后的图像。可以尝试调整低截止频率和高截止频率的值，以获得不同的高频强调滤波效果。

7.2.3 基于梯度的锐化

基于梯度的锐化是一种图像增强技术，通过突出图像中的边缘和细节来增强图像的清晰度和锐度。该方法基于图像的梯度信息，利用梯度的变化来增强图像的边缘。

在基于梯度的锐化方法中，常用的操作包括边缘检测和梯度增强。边缘检测算法可用于提取图像中的边缘信息，如 Sobel、Prewitt 和 Canny 等。梯度增强算法可增强图像中的边缘，如拉普拉斯(Laplacian)算子、高频增强滤波器等。

1) Sobel 算子

Sobel 算子是一种常用的边缘检测算子，用于在图像中寻找边缘的位置和方向。它是基于图像中的灰度变化率来进行边缘检测的。Sobel 算子分别计算了图像在水平和垂直方向上的一阶导数。通过计算这两个方向上的梯度，可以获取图像中的边缘信息。Sobel 算子是基于离散卷积的操作，它在图像的每个像素上应用一个 3×3 的卷积核。Sobel 算子的卷积核如下所示。

```
       | -1  0  1 |
Sx =   | -2  0  2 |
       | -1  0  1 |

       | -1 -2 -1 |
Sy =   |  0  0  0 |
       |  1  2  1 |
```

其中，Sx 代表水平方向的 Sobel 算子，Sy 代表垂直方向的 Sobel 算子。

Sobel 算子的运算过程如下。

(1) 对图像进行灰度转换(如果图像不是灰度图像)。

(2) 分别使用 Sx 和 Sy 卷积核对图像进行卷积操作，得到水平和垂直方向上的梯度值。

(3) 计算每个像素的梯度幅值和方向。梯度幅值：sqrt(Sx^2 + Sy^2)；梯度方向：atan2(Sy, Sx)。

(4) 对梯度幅值进行阈值处理，以提取边缘信息。

(5) 根据需要，可将提取的边缘信息绘制在图像上或进行其他后续处理。

Sobel 算子可用于边缘检测、图像锐化、特征提取等图像处理任务。它的优点是简单高效，并且对噪声具有一定的抑制作用。实例 7-14 演示了如何使用 Sobel 算子实现基于梯度的锐化。

实例 7-14：使用 Sobel 算子实现基于梯度的锐化

源码路径：daima\7\sobel.py

```
def sobel_sharpen(image):
    # 计算水平和垂直方向的梯度
    gradient_x = cv2.Sobel(image, cv2.CV_64F, 1, 0, ksize=3)
    gradient_y = cv2.Sobel(image, cv2.CV_64F, 0, 1, ksize=3)
    # 取绝对值并合并梯度
    gradient_x = cv2.convertScaleAbs(gradient_x)
    gradient_y = cv2.convertScaleAbs(gradient_y)
    gradient = cv2.addWeighted(gradient_x, 0.5, gradient_y, 0.5, 0)
    # 对原始图像和梯度图像进行加权叠加
    sharpened_image = cv2.addWeighted(image, 0.5, gradient, 0.5, 0)
    return sharpened_image
# 读取图像
image = cv2.imread('888.jpg', cv2.IMREAD_GRAYSCALE)
# 应用 Sobel 算子进行锐化
sharpened_image = sobel_sharpen(image)
# 显示原始图像和锐化后的图像
cv2.imshow("Original Image", image)
cv2.imshow("Sharpened Image (Sobel)", sharpened_image)
cv2.waitKey(0)
cv2.destroyAllWindows()
```

对上述代码的具体说明如下。

(1) 定义函数 sobel_sharpen()，该函数接受一个灰度图像作为输入，并返回锐化后的图像。

(2) 在函数 sobel_sharpen()内部，使用函数 cv2.Sobel()计算图像在水平和垂直方向上的梯度。其中，gradient_x 表示水平方向的梯度，gradient_y 表示垂直方向的梯度。使用参数 cv2.CV_64F 指定输出图像的数据类型为 64 位浮点数。

(3) 使用 cv2.convertScaleAbs()函数对梯度图像进行绝对值转换，并将结果存储在 gradient_x 和 gradient_y 中。这一步是为了保证梯度图像的数值范围在 0 到 255 之间。

(4) 使用 cv2.addWeighted()函数将水平和垂直方向上的梯度图像进行加权叠加，得到合并后的梯度图像。这里设置了相同的权重(0.5)，表示对两个梯度图像进行平均。

(5) 使用 cv2.addWeighted()函数将原始图像和合并后的梯度图像进行加权叠加，得到最终的锐化图像。这里也设置了相同的权重(0.5)，表示对两个图像进行平均。

(6) 在主程序中，使用 cv2.imread()函数读取一张灰度图像(假设文件名为 888.jpg)。

(7) 调用 sobel_sharpen()函数对图像进行锐化，得到锐化后的图像 sharpened_image。

(8) 使用 cv2.imshow()函数显示原始图像和锐化后的图像。

(9) 使用 cv2.waitKey(0)等待用户按下任意键后关闭显示窗口。

(10) 使用 cv2.destroyAllWindows()函数关闭所有显示窗口。

总体来说，上述代码通过计算图像的梯度，并将梯度图像与原始图像进行加权叠加，实现了对图像的锐化处理。

2) 拉普拉斯算子

拉普拉斯算子是一种常用的边缘检测算子，用于在图像中寻找边缘的位置和方向。它基于图像中的二阶导数，可以更好地捕捉到图像中的高频变化。拉普拉斯算子对图像进行了二次微分运算，从而可以检测出图像中的局部变化和突变。它在图像的每个像素点上应用了一个拉普拉斯模板(通常是 3×3 的模板)，计算图像中的像素值与其周围像素值之间的差异。

拉普拉斯算子的卷积核如下所示。

```
      | 0  1  0 |
L =   | 1 -4  1 |
      | 0  1  0 |
```

其中，L 代表拉普拉斯算子。实例 7-15 演示了如何使用拉普拉斯算子实现基于梯度的锐化。

实例 7-15：使用拉普拉斯算子实现基于梯度的锐化

源码路径：daima\7\lap.py

```
def laplacian_sharpen(image):
    # 应用拉普拉斯算子进行锐化
    laplacian = cv2.Laplacian(image, cv2.CV_64F)
    sharpened_image = cv2.convertScaleAbs(image - laplacian)
    return sharpened_image

# 读取图像
image = cv2.imread('888.jpg', cv2.IMREAD_GRAYSCALE)
# 应用拉普拉斯算子进行锐化
sharpened_image = laplacian_sharpen(image)
# 显示原始图像和锐化后的图像
cv2.imshow("Original Image", image)
cv2.imshow("Sharpened Image (Laplacian)", sharpened_image)
cv2.waitKey(0)
cv2.destroyAllWindows()
```

对上述代码的具体说明如下。

(1) 定义 laplacian_sharpen()函数，该函数接受一个灰度图像作为输入，并返回锐化后的图像。

(2) 在 laplacian_sharpen()函数内部，使用 cv2.Laplacian()函数对图像应用拉普拉斯算子。其中，参数 cv2.CV_64F 指定了输出图像的数据类型为 64 位浮点数。

(3) 使用 cv2.convertScaleAbs()函数将拉普拉斯算子的结果取绝对值并转换为无符号 8 位整数，得到锐化后的图像 sharpened_image。

(4) 在主程序中，使用 cv2.imread()函数读取一张灰度图像(假设文件名为 888.jpg)。

(5) 调用 laplacian_sharpen()函数对图像进行锐化，得到锐化后的图像 sharpened_image。

(6) 使用 cv2.imshow()函数显示原始图像和锐化后的图像。

(7) 使用 cv2.waitKey(0)等待用户按下任意键后关闭显示窗口。

(8) 使用 cv2.destroyAllWindows()函数关闭所有显示窗口。

总的来说，上述代码使用拉普拉斯算子对图像进行了二次微分操作，通过计算图像的二阶导数来实现图像的锐化处理。

3) 高频增强滤波器

高频增强滤波器是一种用于增强图像高频信息的滤波器。在图像处理中，高频成分通常对应着图像的细节和边缘信息。通过增强高频成分，可以使图像的细节更加清晰和突出。高频增强滤波器的原理是减小图像中的低频成分，从而增强高频成分。

在 Python 中，可以使用 NumPy 和 OpenCV 等库来实现高频增强滤波。具体的实现方法会根据所选择的滤波器类型而有所不同，如使用巴特沃斯滤波器、高斯滤波器或理想滤波器等。这些滤波器通常需要通过设置参数(如截止频率、阶数或滤波器大小等)来调整滤波器的性能。实例 7-16 演示了如何使用高斯滤波器实现高频增强滤波。

实例 7-16：使用高斯滤波器实现高频增强滤波

源码路径：daima\7\gao.py

```
def high_frequency_enhancement(image, sigma):
    # 将图像转换为灰度图像
    gray_image = cv2.cvtColor(image, cv2.COLOR_BGR2GRAY)
    # 使用高斯滤波器平滑图像
    blurred_image = cv2.GaussianBlur(gray_image, (0, 0), sigma)
    # 计算图像的细节部分
    detail_image = gray_image - blurred_image

    # 对细节部分进行增强
    enhanced_image = gray_image + detail_image
    return enhanced_image

# 读取图像
image = cv2.imread('888.jpg')
```

```
# 设置高斯滤波器的标准差
sigma = 3.0
# 应用高频增强滤波器
enhanced_image = high_frequency_enhancement(image, sigma)
# 显示原始图像和增强后的图像
cv2.imshow('Original Image', image)
cv2.imshow('Enhanced Image', enhanced_image)
cv2.waitKey(0)
cv2.destroyAllWindows()
```

在上述代码中，使用高斯滤波器对图像进行平滑处理，并计算出图像的细节部分。然后，将细节部分加回到原始图像中，得到增强高频信息后的图像。通过调整高斯滤波器的标准差参数，可以控制平滑的程度和高频增强的效果。程序执行效果如图 7-9 所示。

图 7-9　使用高斯滤波器实现高频增强滤波效果

7.3　减少噪声

在图像处理领域，通过降低图像中的噪声可以改善图像的视觉质量。在现实中，常用的减少噪声的方法包括平滑滤波和去噪算法。

扫码看视频

7.3.1　均值滤波器

均值滤波器是一种简单又常用的用于减少噪声的滤波器。它的原理是在图像中每个像素周围取一个固定大小的窗口，计算窗口中所有像素的平均值，并将该平均值赋给中心像素。这种方法对于高斯噪声和均匀噪声的去除效果较好，但可能会导致图像模糊。实例 7-17 演示了如何使用均值滤波器减少图像噪声的过程。

实例 7-17：使用均值滤波器减少图像噪声

源码路径：daima\7\junjian.py

```
# 读取图像
image = cv2.imread('888.jpg', cv2.IMREAD_COLOR)
# 将图像转换为灰度图像
gray_image = cv2.cvtColor(image, cv2.COLOR_BGR2GRAY)
# 定义均值滤波器的窗口大小
kernel_size = 5
# 使用均值滤波器进行滤波
filtered_image = cv2.blur(gray_image, (kernel_size, kernel_size))
# 显示原始图像和滤波后的图像
cv2.imshow('Original Image', gray_image)
cv2.imshow('Filtered Image', filtered_image)
cv2.waitKey(0)
cv2.destroyAllWindows()
```

在上述代码中，首先使用 OpenCV 库读取一张彩色图像，并将其转换为灰度图像。然后，定义均值滤波器的窗口大小(在这里是 5×5)。最后，使用 cv2.blur()函数应用均值滤波器进行滤波，并将滤波后的图像显示出来。通过调整 kernel_size 的值，可以控制滤波器的窗口大小，从而影响滤波效果。较大的窗口可以更有效地平滑图像，但可能会导致细节丢失。程序执行效果如图 7-10 所示。

图 7-10　使用均值滤波器减少图像噪声的效果

7.3.2 中值滤波器

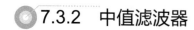

中值滤波器是一种非线性滤波器，对于椒盐噪声等脉冲性噪声的去除效果较好。它的原理是在窗口中取所有像素的中值，并将中值赋给中心像素。中值滤波器能够有效地去除离群值，但可能会导致图像损失细节。实例 7-18 演示了如何使用中值滤波器减少图像噪声。

实例 7-18：使用中值滤波器减少图像噪声

源码路径：daima\7\zhong.py

```
# 读取图像
image = cv2.imread('image.jpg', cv2.IMREAD_COLOR)
# 将图像转换为灰度图像
gray_image = cv2.cvtColor(image, cv2.COLOR_BGR2GRAY)
# 定义中值滤波器的窗口大小
kernel_size = 5
# 使用中值滤波器进行滤波
filtered_image = cv2.medianBlur(gray_image, kernel_size)
# 显示原始图像和滤波后的图像
cv2.imshow('Original Image', gray_image)
cv2.imshow('Filtered Image', filtered_image)
cv2.waitKey(0)
cv2.destroyAllWindows()
```

在上述代码中，首先，使用 OpenCV 库读取一张彩色图像，并将其转换为灰度图像。然后，定义中值滤波器的窗口大小(在这里是 5×5)。最后，使用 cv2.medianBlur()函数应用中值滤波器进行滤波，并将滤波后的图像显示出来。通过调整 kernel_size 的值，可以控制滤波器的窗口大小，从而影响滤波效果。较大的窗口可以更有效地去除椒盐噪声等脉冲性噪声，但可能会导致细节损失。

7.3.3 高斯滤波器

高斯滤波器是一种线性滤波器，它基于高斯函数对像素进行加权平均。它能够在滤波过程中保留边缘信息，并对高斯噪声有较好的去除效果。调整高斯滤波器的滤波窗口大小和标准差可以在去除噪声的同时尽可能保留图像细节，以达到权衡效果。实例 7-19 演示了如何使用高斯滤波器减少图像噪声。

实例 7-19：使用高斯滤波器减少图像噪声

源码路径：daima\7\gaolv.py

```
# 读取图像
image = cv2.imread('image.jpg', cv2.IMREAD_COLOR)
# 将图像转换为灰度图像
gray_image = cv2.cvtColor(image, cv2.COLOR_BGR2GRAY)
# 定义高斯滤波器的窗口大小和标准差
kernel_size = 5
sigma = 1.5
# 使用高斯滤波器进行滤波
filtered_image = cv2.GaussianBlur(gray_image, (kernel_size, kernel_size), sigma)
# 显示原始图像和滤波后的图像
cv2.imshow('Original Image', gray_image)
cv2.imshow('Filtered Image', filtered_image)
cv2.waitKey(0)
cv2.destroyAllWindows()
```

在上述代码中，首先，使用 OpenCV 库读取一张彩色图像，并将其转换为灰度图像。然后，定义高斯滤波器的窗口大小(在这里是 5×5)和标准差(sigma，控制滤波器的平滑程度)。最后，使用 cv2.GaussianBlur()函数应用高斯滤波器进行滤波，并将滤波后的图像显示出来。通过调整 kernel_size 和 sigma 的值，可以控制滤波器的窗口大小和平滑程度，从而影响滤波效果。较大的窗口和标准差可以更有效地平滑图像，但可能会导致细节损失。

7.3.4 双边滤波器

双边滤波器是一种非线性滤波器，其结合了空间域和像素值域的相似性。它通过考虑像素之间的空间距离和灰度值差异来进行滤波。双边滤波器能够保留边缘细节，并对噪声进行有效的抑制。实例 7-20 演示了如何使用双边滤波器实现图像噪声减少的过程。

实例 7-20：使用双边滤波器实现图像噪声减少

源码路径：daima\7\shuang.py

```
# 读取图像
image = cv2.imread('image.jpg', cv2.IMREAD_COLOR)
# 定义双边滤波器的参数
d = 15  # 邻域直径
sigma_color = 75  # 颜色空间标准差
sigma_space = 75  # 坐标空间标准差
# 使用双边滤波器进行滤波
filtered_image = cv2.bilateralFilter(image, d, sigma_color, sigma_space)
```

```
# 显示原始图像和滤波后的图像
cv2.imshow('Original Image', image)
cv2.imshow('Filtered Image', filtered_image)
cv2.waitKey(0)
cv2.destroyAllWindows()
```

在上述代码中，首先使用 OpenCV 库读取一张彩色图像。然后，定义双边滤波器的参数，包括邻域直径 d、颜色空间标准差 sigma_color 和坐标空间标准差 sigma_space。最后，使用 cv2.bilateralFilter()函数应用双边滤波器进行滤波，并将滤波后的图像显示出来。双边滤波器在滤波时考虑了像素之间的空间距离和灰度值差异，因此能够保留边缘细节，并对噪声进行有效的抑制。

7.3.5 小波降噪

小波降噪是一种基于小波变换的噪声减少技术。小波变换可以将信号分解成不同尺度的频带，噪声通常集中在高频带中。通过对小波系数进行阈值处理，可以将噪声系数设置为零或减小其幅值，然后再进行小波逆变换，恢复图像。小波降噪能够在去噪的同时保留图像的细节和边缘信息。实例 7-21 演示了如何使用小波降噪实现图像噪声减少的过程。

实例 7-21：使用小波降噪实现图像噪声减少

源码路径：daima\7\xiao.py

```
# 读取图像
image = cv2.imread('image.jpg', cv2.IMREAD_GRAYSCALE)
# 设置小波降噪参数
wavelet = 'db1'  # 选取小波函数
level = 3        # 分解的层数
# 对图像进行小波分解
coeffs = pywt.wavedec2(image, wavelet, level=level)
# 降噪处理
coeffs_threshold = list(coeffs)
threshold = 10   # 设定阈值
for i in range(1, len(coeffs_threshold)):
    coeffs_threshold[i] = tuple(
        pywt.threshold(c, threshold) for c in coeffs_threshold[i]
    )
# 对图像进行小波重构
image_denoised = pywt.waverec2(coeffs_threshold, wavelet)
# 将像素值限制在 0 到 255 之间
image_denoised = np.clip(image_denoised, 0, 255)
# 将图像转换为 uint8 类型
image_denoised = image_denoised.astype(np.uint8)
# 显示原始图像和降噪后的图像
```

```
cv2.imshow('Original Image', image)
cv2.imshow('Denoised Image', image_denoised)
cv2.waitKey(0)
cv2.destroyAllWindows()
```

在上述代码中，首先使用 OpenCV 库读取一张灰度图像。然后，选择小波函数(这里选择了 Daubechies 1 小波函数)和设置分解的层数(这里设置为 3 级)。然后，使用 pywt.wavedec2()函数对图像进行小波分解，得到系数数组。接下来，对系数进行阈值处理，将小于阈值的系数置为零。最后，使用 pywt.waverec2()函数对处理后的系数进行小波重构，得到降噪后的图像。通过调整参数 wavelet 和参数 level 可以选择不同的小波函数和分解层数，从而影响降噪效果。调整参数 threshold 可以控制阈值的大小，进一步调节降噪效果。

7.4 色彩平衡

色彩平衡是指调整图像的色调、饱和度和亮度，以获得更准确的颜色表示或实现特定的视觉效果。要通过色彩平衡来实现图像增强，可以使用直方图均衡化技术。直方图均衡化可以增强图像的对比度和动态范围，使图像的颜色分布更加均衡。

扫码看视频

7.4.1 白平衡

白平衡是一种色彩平衡技术，用于校正图像中的色温偏移，以使白色物体在不同光照条件下呈现出相似的色彩。它的目的是消除图像中的色偏，使白色物体看起来真实且中性。白平衡校正可以根据光源的颜色温度来调整图像的色调，从而使图像的整体色彩看起来更加平衡和自然。

一种常用的白平衡算法是基于灰度世界假设(Gray World Assumption)的。该假设认为在自然光照条件下，整个场景的平均反射率在 RGB 颜色通道上是相等的。因此，通过计算每个颜色通道的平均值，并将其视为灰度世界中的中性灰色，然后根据这个中性灰色来调整图像的颜色，从而达到色彩平衡的效果。实例 7-22 演示了如何基于灰度世界假设的白平衡算法实现色彩平衡。

实例 7-22：基于灰度世界假设的白平衡算法实现色彩平衡

源码路径：daima\7\bai.py

```
def white_balance(image):
    # 将图像转换为浮点数表示
```

```
    image = image.astype(float)
    # 计算每个颜色通道的平均值
    avg_R = np.mean(image[:, :, 2])
    avg_G = np.mean(image[:, :, 1])
    avg_B = np.mean(image[:, :, 0])
    # 计算平均灰度值
    avg_gray = (avg_R + avg_G + avg_B) / 3.0
    # 计算每个颜色通道的增益
    gain_R = avg_gray / avg_R
    gain_G = avg_gray / avg_G
    gain_B = avg_gray / avg_B
    # 对每个像素点进行颜色增益校正
    corrected_image = np.copy(image)
    corrected_image[:, :, 2] *= gain_R
    corrected_image[:, :, 1] *= gain_G
    corrected_image[:, :, 0] *= gain_B
    # 将像素值限制在 0 到 255 之间
    corrected_image = np.clip(corrected_image, 0, 255)
    # 将图像转换为 uint8 类型
    corrected_image = corrected_image.astype(np.uint8)
    return corrected_image

# 读取图像
image = cv2.imread('image.jpg', cv2.IMREAD_COLOR)

# 进行白平衡校正
balanced_image = white_balance(image)

# 显示原始图像和校正后的图像
cv2.imshow('Original Image', image)
cv2.imshow('Balanced Image', balanced_image)
cv2.waitKey(0)
cv2.destroyAllWindows()
```

本实例展示了一种简单又实用的白平衡算法，通过校正图像的颜色偏移，使图像看起来更加平衡和自然。在上述代码中，首先定义了 white_balance()函数来实现基于灰度世界假设的白平衡算法。该函数将图像转换为浮点数表示，并计算每个颜色通道的平均值。然后，根据平均灰度值和每个颜色通道的平均值之间的比例关系，计算出颜色增益。最后，根据颜色增益对每个像素点进行校正，得到色彩平衡的图像。程序执行效果如图 7-11 所示。

图 7-11 使用白平衡算法实现色彩平衡效果

7.4.2 颜色校正

颜色校正(Color Correction)是一种通过调整图像的颜色分布来实现色彩平衡的方法。它可以用于校正图像中的色偏、色彩失真或颜色不一致的问题。颜色校正的目标是使图像的颜色看起来更加真实、自然和一致。

颜色校正的方法有很多种，其中一种常用的方法是直方图匹配(Histogram Matching)。直方图匹配是通过将图像的颜色分布映射到目标颜色分布上来实现颜色校正，这可以通过比较和匹配原始图像的颜色直方图与目标颜色直方图来实现。实例 7-23 演示了如何通过直方图匹配实现颜色校正。

实例 7-23：通过直方图匹配实现颜色校正

源码路径：daima\7\yan.py

```
def color_correction(image, target_hist):
    # 将图像转换为 Lab 颜色空间
    lab_image = cv2.cvtColor(image, cv2.COLOR_BGR2LAB)
    # 计算原始图像的颜色直方图
    original_hist, _ = np.histogram(lab_image[:, :, 1], bins=256, range=(0, 256))
    # 计算原始图像和目标直方图的累积分布函数
    original_cdf = original_hist.cumsum()
    original_cdf_normalized = original_cdf / original_cdf[-1]
    target_cdf_normalized = target_hist.cumsum() / target_hist.sum()
    # 通过直方图匹配进行颜色校正
```

```
    lut = np.interp(original_cdf_normalized, target_cdf_normalized, np.arange(256))
    lab_image[:, :, 1] = np.interp(lab_image[:, :, 1], np.arange(256), lut)
    # 将图像转换回 BGR 颜色空间
    corrected_image = cv2.cvtColor(lab_image, cv2.COLOR_LAB2BGR)
    return corrected_image

# 读取原始图像和目标图像
original_image = cv2.imread('original_image.jpg', cv2.IMREAD_COLOR)
target_image = cv2.imread('target_image.jpg', cv2.IMREAD_COLOR)
# 将目标图像转换为 Lab 颜色空间，并计算其色度通道(b 通道)的颜色直方图
target_lab = cv2.cvtColor(target_image, cv2.COLOR_BGR2LAB)
target_hist, _ = np.histogram(target_lab[:, :, 1], bins=256, range=(0, 256))
# 进行颜色校正
corrected_image = color_correction(original_image, target_hist)
# 显示原始图像、目标图像和校正后的图像
cv2.imshow('Original Image', original_image)
cv2.imshow('Target Image', target_image)
cv2.imshow('Corrected Image', corrected_image)
cv2.waitKey(0)
cv2.destroyAllWindows()
```

在上述代码中，首先定义了 color_correction()函数来实现直方图匹配的颜色校正算法。该函数将图像转换为 Lab 颜色空间，计算原始图像的颜色直方图，并计算原始图像和目标图像直方图的累积分布函数。然后，使用 np.interp()函数将原始图像的颜色通道值映射到目标图像的颜色分布上，从而实现颜色校正。最后，将图像转换回 BGR 颜色空间，并得到校正后的图像。

通过直方图匹配进行颜色校正，可以使图像的颜色分布与目标图像的颜色分布相匹配，从而实现色彩平衡的效果。本实例展示了一种较复杂的颜色校正方法，通过调整图像的颜色分布，使图像看起来更加真实、自然。

7.4.3 调整色调和饱和度

调整色调和饱和度(Hue and Saturation Adjustment)是一种常见的图像处理技术，用于改变图像的颜色外观。通过调整色调参数，可以改变图像的整体色调，使其呈现不同的色彩效果。校正图像的颜色偏移，以消除图像中的色温问题。常见的白平衡算法包括灰度世界假设、白点算法和基于颜色温度的算法。实例 7-24 演示了如何通过调整色调和饱和度实现色彩平衡。

实例 7-24：通过调整色调和饱和度实现色彩平衡

源码路径：daima\7\tiao.py

```
def color_balance(image, hue_shift, saturation_factor):
    # 将图像转换为HSV颜色空间
    hsv_image = cv2.cvtColor(image, cv2.COLOR_BGR2HSV)
    # 调整色调
    hsv_image[:, :, 0] = (hsv_image[:, :, 0] + hue_shift) % 180
    # 调整饱和度
    hsv_image[:, :, 1] = np.clip(hsv_image[:, :, 1] * saturation_factor, 0, 255)
    # 将图像转换回BGR颜色空间
    balanced_image = cv2.cvtColor(hsv_image, cv2.COLOR_HSV2BGR)
    return balanced_image

# 读取图像
image = cv2.imread('image.jpg', cv2.IMREAD_COLOR)
# 进行色彩平衡调整
hue_shift = 20  # 色调偏移量
saturation_factor = 1.5  # 饱和度因子
balanced_image = color_balance(image, hue_shift, saturation_factor)
# 显示原始图像和平衡后的图像
cv2.imshow('Original Image', image)
cv2.imshow('Balanced Image', balanced_image)
cv2.waitKey(0)
cv2.destroyAllWindows()
```

在上述代码中，首先定义了 color_balance()函数来实现调整色调和饱和度的色彩平衡方法。该函数首先将图像转换为 HSV 颜色空间，然后根据给定的色调偏移量和饱和度因子调整图像的色调和饱和度参数。最后，将图像转换回 BGR 颜色空间，并得到色彩平衡后的图像。

通过调整色调和饱和度，可以改变图像的整体色相和鲜艳程度，从而实现色彩平衡的效果。本实例展示了一种稍微复杂的色彩平衡方法，通过调整色调和饱和度参数，使图像的颜色看起来更加平衡、鲜艳和自然。

7.5 超分辨率

超分辨率是一种图像处理技术，旨在通过增加图像的空间分辨率来实现图像增强。它可以从低分辨率图像中恢复出高分辨率的细节，从而提高图像的清晰度和细节可见性。超分辨率的实现方法有很多种，其中常用的方法是基于插值和图像重建的技术。下面是实现超分辨率的简要步骤。

扫码看视频

(1) 图像插值：使用插值算法(如双线性插值、双三次插值等)将低分辨率图像放大，以获得初始的高分辨率图像估计。

(2) 图像重建：基于插值后的初始估计，使用图像重建算法(如基于边缘的重建、基于学习的重建等)来提高图像的细节和清晰度。这些算法通常通过利用图像的纹理特征和统计模型来进行重建。

(3) 细节增强：对重建后的图像进行细节增强处理，以增强图像的细节和锐度。常用的方法包括锐化滤波、边缘增强等。

(4) 后处理：对增强后的图像进行一些后处理操作，例如去噪处理、色彩校正等，以进一步提升图像质量和视觉效果。

这是一个简要的超分辨率实现流程，具体的方法和算法可以根据应用需求选择。超分辨率技术在图像增强、图像重建、视频增强等领域都有广泛的应用。实例 7-25 演示了如何使用基于深度学习的超分辨率模型实现图像增强，本实例将使用 SRGAN(Super- Resolution Generative Adversarial Network)模型来实现超分辨率。

实例 7-25：使用 SRGAN 模型实现超分辨率

源码路径：daima\7\fenbian.py

```
# 加载预训练的 SRGAN 模型
srgan_model = load_model('srgan_model.h5')
# 读取低分辨率图像
image = cv2.imread('low_resolution_image.jpg', cv2.IMREAD_COLOR)
# 将图像归一化到范围[0, 1]
image = image / 255.0
# 将图像转换为 Tensor 形式
image = tf.expand_dims(image, axis=0)
# 使用 SRGAN 模型进行超分辨率重建
reconstructed_image = srgan_model.predict(image)
# 将重建后的图像转换为 NumPy 数组形式
reconstructed_image = np.squeeze(reconstructed_image) * 255.0
# 转换图像类型为 uint8
reconstructed_image = reconstructed_image.astype(np.uint8)
# 显示低分辨率图像和重建后的图像
cv2.imshow('Low Resolution Image', image)
cv2.imshow('Enhanced Image', reconstructed_image)
cv2.waitKey(0)
cv2.destroyAllWindows()
```

在上述代码中，首先加载了预训练的 SRGAN 模型(可通过训练过程得到)。然后，读取低分辨率图像，并将其归一化到范围[0, 1]。接下来，使用 SRGAN 模型对低分辨率图像进行超分辨率重建，得到增强后的图像。最后，将增强后的图像转换为无符号 8 位整数类型，并显示低分辨率图像和重建后的图像。

本实例展示了一种使用基于深度学习的超分辨率模型实现图像增强的方法。通过使用训练有素的模型，可以从低分辨率图像中恢复出更多的细节，提高图像的清晰度和质量。请注意，此实例仅为概念演示，实际使用时需要适应自己的数据集和模型训练过程。

注意： 超分辨率的结果受到原始低分辨率图像的限制，因此，超分辨率并不能从低分辨率图像中恢复出所有丢失的细节，但可以在一定程度上提高图像的清晰度和细节可见性。

7.6 去除运动模糊

运动模糊是由于相机或拍摄对象的运动而导致的图像模糊效果。为了实现图像增强，可以采用去除运动模糊的方法，恢复图像的清晰度和细节。

扫码看视频

7.6.1 边缘

图像边缘是图像的重要特征。使用基于边缘的方法(Edge-based Methods)可以恢复清晰的图像。基于边缘的方法利用边缘检测和边缘保持算法来恢复边缘，从而提高图像的清晰度和细节可见性。使用基于边缘的方法的基本思想是：利用图像中的边缘信息，对模糊图像进行分析和处理，以恢复原始图像的细节和清晰度。以下是使用基于边缘的方法去除运动模糊的简要介绍。

(1) 边缘检测：使用边缘检测算法(如 Sobel、Canny 等)对模糊图像进行边缘检测，提取图像中的边缘信息。

(2) 边缘增强：增强提取的边缘信息，突出边缘的细节和清晰度。这可以通过增加边缘的对比度、锐化边缘等方法来实现。

(3) 逆运算：根据增强后的边缘信息，对模糊图像进行逆滤波或反卷积操作，以恢复原始图像的细节和清晰度。

请注意，基于边缘的方法的具体实现和算法可能因应用场景和要求而有所差异，因此需要根据具体情况进行调整和改进。实例 7-26 演示了如何使用基于边缘的方法去除运动模糊。

实例 7-26：使用基于边缘的方法去除运动模糊

源码路径：daima\7\bian.py

```
def motion_deblur(image, kernel_size, motion_angle):
    # 生成运动模糊核
```

```
    kernel = np.zeros((kernel_size, kernel_size))
    center = kernel_size // 2
    kernel[center, :] = 1.0 / kernel_size
    # 对模糊核进行旋转
    M = cv2.getRotationMatrix2D((center, center), -motion_angle, 1.0)
    kernel = cv2.warpAffine(kernel, M, (kernel_size, kernel_size))
    # 进行逆滤波
    restored_image = cv2.filter2D(image, -1, np.linalg.pinv(kernel))
    return restored_image

# 读取模糊图像
image = cv2.imread('blurred_image.jpg', cv2.IMREAD_COLOR)
# 转换为灰度图像
gray_image = cv2.cvtColor(image, cv2.COLOR_BGR2GRAY)
# 进行边缘检测
edges = cv2.Canny(gray_image, 100, 200)
# 增强边缘信息
enhanced_edges = cv2.GaussianBlur(edges, (5, 5), 0)
# 进行逆运算恢复
restored_image = motion_deblur(enhanced_edges, 15, 45)
# 显示模糊图像、边缘图像和恢复后的图像
cv2.imshow('Blurred Image', gray_image)
cv2.imshow('Enhanced Edges', enhanced_edges)
cv2.imshow('Restored Image', restored_image)
cv2.waitKey(0)
cv2.destroyAllWindows()
```

在上述代码中，需要读者根据需要调整参数值。本实例演示了使用基于边缘的方法去除运动模糊的基本步骤。在实际应用中，可能需要根据具体情况对边缘信息进行更复杂的处理，以获得更好的结果。程序执行效果如图 7-12 所示。

图 7-12　使用基于边缘的方法去除运动模糊效果

7.6.2 逆滤波

逆滤波(Inverse Filtering)是一种基本的去模糊方法，它通过计算模糊图像与逆滤波核的卷积来恢复清晰图像。逆滤波的效果受到噪声和伪影的影响，因此在实际应用中可能需要结合其他方法来改善结果。然而，逆滤波方法在实际应用中可能会面临一些挑战，例如噪声的增加和图像估计的不稳定性。因此，通常需要结合其他方法(如正则化技术或约束优化方法)来提高逆滤波的效果。实例 7-27 演示了如何使用逆滤波方法去除运动模糊。

实例 7-27：使用逆滤波方法去除运动模糊

源码路径：daima\7\ni.py

```
def motion_deblur(image, kernel_size, motion_angle):
    # 生成运动模糊核
    kernel = np.zeros((kernel_size, kernel_size))
    center = kernel_size // 2
    kernel[center, :] = 1.0 / kernel_size
    # 对模糊核进行旋转
    M = cv2.getRotationMatrix2D((center, center), -motion_angle, 1.0)
    kernel = cv2.warpAffine(kernel, M, (kernel_size, kernel_size))
    # 进行逆滤波
    restored_image = cv2.filter2D(image, -1, np.linalg.pinv(kernel))
    return restored_image

# 读取模糊图像
image = cv2.imread('blurred_image.jpg', cv2.IMREAD_COLOR)
# 转换为灰度图像
gray_image = cv2.cvtColor(image, cv2.COLOR_BGR2GRAY)
# 进行逆滤波恢复
kernel_size = 15  # 模糊核大小
motion_angle = 45  # 运动方向(逆时针旋转角度)
restored_image = motion_deblur(gray_image, kernel_size, motion_angle)
# 显示模糊图像和恢复后的图像
cv2.imshow('Blurred Image', gray_image)
cv2.imshow('Restored Image', restored_image)
cv2.waitKey(0)
cv2.destroyAllWindows()
```

在上述代码中，首先读取模糊图像，并将其转换为灰度图像。然后，通过指定模糊核的大小和运动方向，使用逆滤波方法对图像进行恢复。最后，显示模糊图像和恢复后的图像。可根据需要调整 kernel_size 和 motion_angle 的值。需要注意的是，逆滤波方法在处理真实世界的复杂模糊情况时可能效果不理想，因此，需要结合其他技术或算法来进一步改进结果。

7.6.3 统计方法

统计方法(Statistical Methods)利用多个模糊图像或先验知识进行建模和估计，以恢复清晰图像。这些方法基于图像的统计特性和概率模型(例如最大似然估计、最小二乘法等)来实现。方法的基本思想是通过对模糊图像中的像素值进行统计分析，推断出运动模糊的参数，并进行逆运算来恢复原始图像。以下是使用统计方法去除运动模糊的简要介绍。

(1) 统计分析：对模糊图像中的像素值进行统计分析，例如利用图像中的边缘信息或图像梯度信息来推断运动模糊的方向和程度。

(2) 参数估计：基于统计分析的结果，估计运动模糊的参数，如模糊核的大小和方向。

(3) 逆运算：应用逆运算来恢复原始图像。根据估计的运动模糊参数，对模糊图像进行逆滤波或反卷积操作，尽可能还原原始图像的细节。

请注意，统计方法的具体实现和算法可能因应用场景和要求而有差异，因此需要根据具体情况进行调整和改进。实例 7-28 演示了如何使用统计方法去除运动模糊。

实例 7-28：使用统计方法去除运动模糊

源码路径：daima\7\jin.py

```
def motion_deblur(image, kernel_size, motion_angle):
    # 生成运动模糊核
    kernel = np.zeros((kernel_size, kernel_size))
    center = kernel_size // 2
    kernel[center, :] = 1.0 / kernel_size
    # 对模糊核进行旋转
    M = cv2.getRotationMatrix2D((center, center), -motion_angle, 1.0)
    kernel = cv2.warpAffine(kernel, M, (kernel_size, kernel_size))
    # 进行逆滤波
    restored_image = cv2.filter2D(image, -1, np.linalg.pinv(kernel))
    return restored_image

# 读取模糊图像
image = cv2.imread('blurred_image.jpg', cv2.IMREAD_COLOR)
# 转换为灰度图像
gray_image = cv2.cvtColor(image, cv2.COLOR_BGR2GRAY)
# 进行统计分析和参数估计
kernel_size = 15   # 模糊核大小
motion_angle = 45  # 运动方向(逆时针旋转角度)
# 进行逆运算恢复
restored_image = motion_deblur(gray_image, kernel_size, motion_angle)
```

```
# 显示模糊图像和恢复后的图像
cv2.imshow('Blurred Image', gray_image)
cv2.imshow('Restored Image', restored_image)
cv2.waitKey(0)
cv2.destroyAllWindows()
```

在上述代码中，读者可以根据需要调整 kernel_size 和 motion_angle 的值。本实例是一个简化的示例，演示了使用统计方法去除运动模糊的基本原理。在实际应用中，可能需要根据具体情况进行更详细的统计分析和参数估计，以获得更好的效果。

7.6.4 盲去卷积

基于盲去卷积的方法(Blind Deconvolution)是一种无须事先知道模糊核的方法，它试图通过估计模糊核和清晰图像来恢复原始图像。盲去卷积方法需要较高的计算复杂度，并且对于去除复杂模糊的情况可能存在困难。盲去卷积方法的核心思想是通过迭代优化过程来估计模糊核和清晰图像，以最小化重建图像与模糊图像之间的差异。实例 7-29 演示了如何使用盲去卷积方法去除运动模糊。

实例 7-29：使用盲去卷积方法去除运动模糊

源码路径：daima\7\mang.py

```
def blind_deconvolution(image, kernel_size, iterations):
    # 初始化模糊核和清晰图像
    kernel = np.zeros((kernel_size, kernel_size))
    kernel[kernel_size//2, :] = 1.0 / kernel_size
    # 盲去卷积迭代过程
    for _ in range(iterations):
        # 估计模糊图像
        blurred_image = convolve2d(image, kernel, mode='same', boundary='symm',
fillvalue=0)
        # 更新模糊核
        restored_image = convolve2d(blurred_image, np.rot90(kernel, 2), mode='same',
boundary='symm', fillvalue=0)
    return restored_image

# 读取模糊图像
image = cv2.imread('blurred_image.jpg', cv2.IMREAD_COLOR)
# 转换为灰度图像
gray_image = cv2.cvtColor(image, cv2.COLOR_BGR2GRAY)
# 进行盲去卷积恢复
kernel_size = 15  # 模糊核大小
iterations = 10   # 迭代次数
restored_image = blind_deconvolution(gray_image, kernel_size, iterations)
```

```
# 显示模糊图像和恢复后的图像
cv2.imshow('Blurred Image', gray_image)
cv2.imshow('Restored Image', restored_image)
cv2.waitKey(0)
cv2.destroyAllWindows()
```

在上述代码中，使用去除运动模糊的盲去卷积方法来恢复图像，这种方法仅适用于特定类型的模糊，并且可能需要根据实际情况进行调整以获得更好的效果。

第8章 图像特征提取

图像特征提取是计算机视觉和图像处理领域的重要操作，它是指从图像数据中提取有意义的、可用于表征和描述图像内容的信息。这些特征可以用于图像分类、目标检测、图像匹配、图像检索等任务中。在本章的内容中，将详细讲解使用 Python 语言实现图像特征提取的知识。

8.1 图像特征提取方法

在现实应用中，有以下几种常用的图像特征类型。

扫码看视频

- 颜色特征：颜色是图像中重要的信息之一。常见的颜色特征提取方法包括颜色直方图和颜色矩。颜色直方图统计图像中各个颜色通道的像素数量分布，用于表示图像的整体颜色分布情况。颜色矩是一种简单有效的颜色特征表示方法，包括均值、方差、协方差等。
- 纹理特征：纹理特征描述图像中的纹理结构，用于表征图像的细节信息。常用的纹理特征提取方法包括灰度共生矩阵(GLCM)、局部二值模式(LBP)、Gabor 滤波器等。GLCM 统计图像中不同灰度级别的像素对出现的概率，用于描述图像的纹理统计特性。LBP 对每个像素点计算局部二值模式，并统计不同模式的出现频率，用于表示图像的纹理信息。Gabor 滤波器是一组可以在不同频率和方向上检测出图像中特定特征的滤波器，用于提取图像的纹理特征。
- 形状特征：形状特征描述图像中对象的形状和轮廓信息。常用的形状特征提取方法包括轮廓特征、边界框特征和几何矩。轮廓特征描述对象的边界形状，可以使用轮廓的长度、面积、周长等进行表征。边界框特征是利用对象的最小外接矩形或最小外接圆来描述对象的形状。几何矩是对图像像素位置的统计量，用于表示图像的形状和几何特性。

8.2 颜色特征

使用颜色特征方法进行图像特征提取是一种常见的计算机视觉技术，颜色特征用于描述图像中的颜色信息，提取图像的颜色特征，可以用于图像分类、检索、目标识别等任务中。

扫码看视频

8.2.1 颜色直方图

颜色直方图可以反映图像中各种颜色的出现频率。它将图像的颜色空间分成若干颜色通道(如 RGB 通道或 HSV 通道)，并统计每个通道中每种颜色的像素数量。颜色直方图可以用于描述图像的颜色分布情况，反映图像中不同颜色像素的数量和分布比例。通过计算颜色直方图，可以得到一个表示图像颜色特征的向量。

颜色直方图的计算过程包括将图像转换为指定的颜色空间，将颜色空间划分为若干区间，然后统计每个区间内的像素数量。在 Python 程序中，可以使用 NumPy 和 OpenCV 等库计算颜色直方图，如实例 8-1 所示。

实例 8-1：使用 NumPy 和 OpenCV 等库计算颜色直方图

源码路径：daima\8\yanzhi.py

```
def extract_main_colors(image, num_colors):
    # 将图像转换为 RGB 颜色空间
    image = cv2.cvtColor(image, cv2.COLOR_BGR2RGB)
    # 将图像从三维数组转换为二维数组
    pixels = image.reshape(-1, 3)
    # 使用 K 均值聚类算法提取主要颜色
    kmeans = KMeans(n_clusters=num_colors)
    kmeans.fit(pixels)
    # 获取聚类中心(主要颜色)
    main_colors = kmeans.cluster_centers_
    return main_colors.astype(np.uint8)

# 读取图像
image = cv2.imread('image.jpg')
# 提取图像中的主要颜色
num_colors = 5
main_colors = extract_main_colors(image, num_colors)
# 显示主要颜色
for color in main_colors:
    color = np.array([[color]], dtype=np.uint8)
    color_image = cv2.cvtColor(color, cv2.COLOR_RGB2BGR)
    cv2.imshow("Main Color", color_image)
    cv2.waitKey(0)

cv2.destroyAllWindows()
```

在上述代码中，首先将图像从 BGR 颜色空间转换为 RGB 颜色空间。然后，将图像的像素值重新排列为一个二维数组，每行表示一个像素点的 RGB 值。接下来，使用 *K* 均值聚类算法对像素进行聚类，指定要提取的主要颜色数量。最后，获取聚类中心作为主要颜色，并将其显示出来。执行上述代码后，程序将显示提取出的图像的主要颜色。每种主要颜色都会以独立的窗口显示出来。可以按下任意键来逐个查看主要颜色窗口，并按 Esc 键退出程序。

8.2.2 其他颜色特征提取方法

除了颜色直方图外，还有其他一些颜色特征的提取方法，如颜色矩、颜色共生矩阵等。这些方法可以进一步细化对图像颜色分布的描述，从而获得更丰富的颜色特征描述。

1) 颜色矩

当提取图像颜色特征时，颜色矩是一种常用的方法。它可以提供关于图像颜色分布的信息，例如平均颜色、颜色的分散程度等。通过计算颜色矩，可以获得对图像进行分类、检索和识别等任务非常有用的特征。实例 8-2 演示了如何使用颜色矩方法实现图像特征提取，其中包括计算颜色矩的过程。

实例 8-2：使用颜色矩方法实现图像特征提取

源码路径：daima\8\yansegu.py

```
def calculate_color_moments(image):
    # 将图像转换为 HSV 颜色空间
    hsv_image = cv2.cvtColor(image, cv2.COLOR_BGR2HSV)
    # 分割 HSV 图像的通道
    h, s, v = cv2.split(hsv_image)
    # 计算颜色矩
    h_mean = np.mean(h)
    s_mean = np.mean(s)
    v_mean = np.mean(v)
    h_std = np.std(h)
    s_std = np.std(s)
    v_std = np.std(v)
    return h_mean, s_mean, v_mean, h_std, s_std, v_std

# 读取图像
image = cv2.imread('image.jpg')
# 计算图像的颜色矩
h_mean, s_mean, v_mean, h_std, s_std, v_std = calculate_color_moments(image)
# 打印颜色矩的值
print("Hue Mean:", h_mean)
print("Saturation Mean:", s_mean)
print("Value Mean:", v_mean)
print("Hue Standard Deviation:", h_std)
print("Saturation Standard Deviation:", s_std)
print("Value Standard Deviation:", v_std)
```

在上述代码中，首先将图像从 BGR 颜色空间转换为 HSV 颜色空间。然后，将 HSV 图像的通道分离为独立的图像数组。接下来，计算每个通道的颜色矩，包括均值和标准差。

最后，打印出计算得到的颜色矩值。程序执行后输出结果如下。

```
Hue Mean: 104.417625
Saturation Mean: 92.099975
Value Mean: 188.59414166666667
Hue Standard Deviation: 19.779323742047108
Saturation Standard Deviation: 37.293618488950294
Value Standard Deviation: 52.250336400957885
```

颜色矩计算的结果将提供关于图像颜色分布的统计信息。本实例计算了 Hue(色调)、Saturation(饱和度)和 Value(亮度)通道的均值和标准差，这些值可以用于描述图像的整体颜色特征。

注意：本实例演示了如何使用颜色矩方法提取图像的颜色特征。读者可以根据需要扩展代码，计算更多颜色通道的矩特征，或者将颜色矩与其他特征描述符结合使用，以实现更复杂的图像分析任务。

2) 颜色共生矩阵

颜色共生矩阵(Color Co-occurrence Matrix，CCM)是一种常用的图像特征提取方法。颜色共生矩阵描述了图像中不同颜色对的出现频率和位置关系，可以提供关于纹理和颜色分布的信息。通过计算颜色共生矩阵，我们可以获得用于分类、检索和识别等任务的有效特征。实例 8-3 演示了如何使用颜色共生矩阵方法实现图像特征提取，其中包括计算颜色共生矩阵的过程。

实例 8-3：使用颜色共生矩阵方法实现图像特征提取

源码路径：daima\8\juzhen.py

```
def calculate_glcm(image, distance, angle):
    # 将图像转换为灰度图像
    gray_image = cv2.cvtColor(image, cv2.COLOR_BGR2GRAY)
    # 计算颜色共生矩阵
    glcm = greycomatrix(gray_image, [distance], [angle], levels=256, symmetric=True,
normed=True)
    return glcm

# 读取图像
image = cv2.imread('image.jpg')
# 计算颜色共生矩阵
glcm = calculate_glcm(image, distance=1, angle=0)
# 计算颜色共生矩阵的某些特征
contrast = greycoprops(glcm, 'contrast')
dissimilarity = greycoprops(glcm, 'dissimilarity')
```

```
homogeneity = greycoprops(glcm, 'homogeneity')
# 打印计算得到的特征值
print('Contrast:', contrast)
print('Dissimilarity:', dissimilarity)
print('Homogeneity:', homogeneity)
```

在上述代码中，首先将图像从 BGR 颜色空间转换为灰度图像。然后，使用模块 skimage.feature 中的 greycomatrix()函数来计算颜色共生矩阵。还使用了 greycoprops()函数来计算颜色共生矩阵的一些特征，如对比度(contrast)、不相似度(dissimilarity)和均匀性(homogeneity)。程序执行后输出结果如下。

```
Contrast: [[427.90448161]]
Dissimilarity: [[9.28667224]]
Homogeneity: [[0.47605069]]
```

注意：本节介绍的颜色特征提取方法的实现相对复杂，需要对图像进行一些预处理和特征提取计算。在实际应用中，可以根据具体任务选择适合的颜色特征提取方法，并结合其他特征进行综合描述和分析。

8.3 纹理特征

扫码看视频

纹理特征是一种图像特征提取的方法，它主要关注图像中的纹理和结构信息。提取纹理特征可以帮助我们捕捉到图像中的细节、重要的纹理模式和结构信息，从而用于图像分类、目标检测、图像匹配等任务。常用的纹理特征提取方法有灰度共生矩阵、方向梯度直方图、尺度不变特征变换和小波变换等。上述纹理特征提取方法可以通过使用相应的库和算法实现。在 Python 程序中，可以使用 OpenCV、scikit-image、PyWavelets 等库来实现这些方法，具体实现的步骤和参数设置会根据不同的方法而有所差异。开发者需要根据具体的应用场景和任务选择适合的纹理特征提取方法，并根据实际情况调整参数和处理步骤，以获得更好的图像特征表示。

8.3.1 灰度共生矩阵

灰度共生矩阵(Gray-Level Co-occurrence Matrix，GLCM)是一种常用的图像纹理特征提取方法，是一种描述图像中像素灰度级之间相对关系的矩阵，用于描述图像中像素对之间的灰度值共生关系，通过统计相邻像素的灰度值出现频次和空间关系，从而提取出图像的纹理特征。灰度共生矩阵通过计算相邻像素灰度值的统计特性(如共生矩阵的对比度、能量、熵等)，可以提取出图像的纹理特征。

下面是使用灰度共生矩阵方法实现图像纹理特征提取的步骤。

(1) 将彩色图像转换为灰度图像：由于灰度共生矩阵方法是基于灰度图像的，所以首先需要将彩色图像转换为灰度图像。

(2) 定义灰度共生矩阵参数：包括灰度级数目、灰度共生矩阵的距离和方向等参数。灰度级数目表示将灰度值分为多少个等级，灰度共生矩阵的距离表示计算灰度共生矩阵时像素对之间的距离，灰度共生矩阵的方向表示计算灰度共生矩阵时像素对之间的方向。

(3) 计算灰度共生矩阵：遍历图像的每个像素点，对于每个像素点，计算与其相邻像素点的灰度值关系，统计出现频次，并更新灰度共生矩阵。

实例 8-4 演示了如何使用灰度共生矩阵方法提取纹理特征。

实例 8-4：使用灰度共生矩阵方法提取纹理特征

源码路径：daima\8\huigong.py

```
def calculate_glcm(image, distances, angles):
    gray_image = cv2.cvtColor(image, cv2.COLOR_BGR2GRAY)
    glcm = greycomatrix(gray_image, distances, angles, levels=256, symmetric=True, normed=True)
    return glcm

def extract_texture_features(glcm):
    contrast = greycoprops(glcm, 'contrast')
    energy = greycoprops(glcm, 'energy')
    correlation = greycoprops(glcm, 'correlation')
    homogeneity = greycoprops(glcm, 'homogeneity')
    return contrast, energy, correlation, homogeneity

# 读取图像
image = cv2.imread('image.jpg')
# 计算灰度共生矩阵
distances = [1]  # 距离
angles = [0]     # 方向
glcm = calculate_glcm(image, distances, angles)
# 提取纹理特征
contrast, energy, correlation, homogeneity = extract_texture_features(glcm)
# 打印纹理特征
print('Contrast:', contrast)
print('Energy:', energy)
print('Correlation:', correlation)
print('Homogeneity:', homogeneity)
```

在上述代码中，首先读取图像。然后使用 calculate_glcm()函数计算图像的灰度共生矩阵。接下来，使用 extract_texture_features()函数提取各种纹理特征，如对比度(contrast)、能量(energy)、相关性(correlation)和均匀性(homogeneity)。最后，打印出这些纹理特征的值。程序执行后会输出：

```
Contrast: [[427.90448161]]
Energy: [[0.05509271]]
Correlation: [[0.85237939]]
Homogeneity: [[0.47605069]]
```

8.3.2 方向梯度直方图

方向梯度直方图(Histogram of Oriented Gradients，HOG)是一种基于梯度信息的纹理特征提取方法，它通过计算图像中各个像素点的梯度方向和梯度强度，然后将图像划分为小的区域，统计每个区域内不同梯度方向的像素数量，最终形成一个直方图来表示图像的纹理特征。HOG 特征提取的基本步骤如下。

(1) 将图像转换为灰度图像，以便计算梯度信息。

(2) 对图像进行局部梯度计算，通常使用 Sobel 算子或其他梯度算子。

(3) 将图像划分为小的局部区域(cell)，对每个区域内的梯度方向进行统计。

(4) 将局部区域组合成更大的块(block)，对每个块内的局部区域梯度进行归一化和组合。

(5) 构建方向梯度直方图，将每个块的梯度信息组合成一个特征向量。

实例 8-5 演示了如何使用 Python 和 scikit-image 库实现 HOG 特征提取。

实例 8-5：使用 Python 和 scikit-image 库实现 HOG 特征提取

源码路径：daima\8\hog.py

```
def extract_hog_features(image):
    gray_image = cv2.cvtColor(image, cv2.COLOR_BGR2GRAY)
    hog_features = hog(gray_image, orientations=9, pixels_per_cell=(8, 8),
cells_per_block=(2, 2), block_norm='L2-Hys')
    return hog_features

# 读取图像
image = cv2.imread('image.jpg')
# 提取 HOG 特征
hog_features = extract_hog_features(image)
# 打印 HOG 特征向量
print('HOG Features:', hog_features)
```

在上述代码中，首先读取图像，然后使用 extract_hog_features()函数提取图像的 HOG 特征。在 hog()函数中，指定了 9 个方向的梯度，每个 cell 的大小为 8 像素×8 像素，每个 block 包含 2×2 个 cell，并使用 L2-Hys 归一化方式。最后，打印出 HOG 特征向量。程序执行后会输出：

```
HOG Features: [0.37306755 0.04656909 0.11781152 ... 0.02256336 0.00481969 0.00584473]
```

HOG 特征可以用于图像分类、目标检测和行人识别等任务，它对于描述图像的纹理和形状信息具有较好的性能。当然，具体的应用和参数设置可以根据任务的需求进行调整和优化。

8.3.3 尺度不变特征变换

尺度不变特征变换(Scale-Invariant Feature Transform，SIFT)是一种局部特征提取算法，它能够在图像中检测到关键点，并提取出与这些关键点相关的局部纹理特征。SIFT 算法通过在不同尺度和方向上对图像进行高斯滤波和梯度计算，然后使用局部图像块的特征描述子来表示图像的纹理特征。SIFT 特征提取的基本步骤如下。

(1) 尺度空间极值点检测：在不同尺度空间中，通过 DoG(差分高斯)金字塔来寻找图像的极值点，即关键点(keypoint)。

(2) 关键点定位：对检测到的关键点进行精确定位，排除低对比度和边缘响应较大的关键点。

(3) 方向分配：为每个关键点分配主方向，用于后续的特征描述。

(4) 特征描述：在每个关键点的周围区域内计算局部特征向量，该向量具有尺度不变性和旋转不变性。

实例 8-6 演示了如何使用 Python 和 OpenCV 库实现 SIFT 特征提取。

实例 8-6：使用 Python 和 OpenCV 库实现 SIFT 特征提取

源码路径：daima\8\chi.py

```
def extract_sift_features(image):
   gray_image = cv2.cvtColor(image, cv2.COLOR_BGR2GRAY)
   sift = cv2.SIFT_create()
   keypoints, descriptors = sift.detectAndCompute(gray_image, None)
   return keypoints, descriptors

# 读取图像
image = cv2.imread('image.jpg')
# 提取 SIFT 特征
```

```
keypoints, descriptors = extract_sift_features(image)
# 在图像上绘制关键点
image_with_keypoints = cv2.drawKeypoints(image, keypoints, None)
# 显示图像和关键点
cv2.imshow("Image with Keypoints", image_with_keypoints)
cv2.waitKey(0)
cv2.destroyAllWindows()
```

在上述代码中，首先读取图像。然后使用 extract_sift_features()函数提取图像的 SIFT 特征。在该函数中，我们将图像转换为灰度图像，再创建 SIFT 对象。接着通过 detectAndCompute()函数同时检测关键点并计算对应的描述符。最后，使用 drawKeypoints()函数将关键点绘制在图像上，并显示结果。程序执行效果如图 8-1 所示。

图 8-1　SIFT 特征提取效果

SIFT 特征在图像匹配、目标跟踪和图像拼接等任务中具有广泛的应用，它能够提取出具有尺度不变性和旋转不变性的稳定特征点，对于处理具有视角变化和尺度变化的图像数据非常有用。

8.3.4　小波变换

小波变换是一种用于分析信号和图像的数学工具，可以在不同频率和尺度上对信号进行分解和表示。小波变换可以用于图像纹理特征提取，通过分解图像的频域信息和空域信息，可以获取到不同尺度和方向上的纹理特征。小波变换是一种多尺度分析方法，它能够将图像分解为不同尺度和频率的子图像。在小波变换的过程中，可以提取出图像的纹理特征，例如局部纹理的频率、方向和能量等信息。

实现小波变换的基本步骤如下。

(1) 选择合适的小波基函数：小波基函数是用来分析信号的基础函数，常用的有 Haar 小波、db 小波等。

(2) 进行多尺度分解：将图像通过小波基函数进行多尺度的分解，得到图像在不同频率和尺度上的分量。

(3) 提取纹理特征：根据不同尺度和方向上的小波系数，提取出图像的纹理特征，如纹理的粗细、方向、对比度等。

(4) 重构图像：根据提取的特征，进行逆小波变换，将图像重构回原始图像空间。

实例 8-7 演示了如何使用 PyWavelets 库实现小波变换提取图像纹理特征。

实例 8-7：使用 PyWavelets 库实现小波变换提取图像纹理特征

源码路径：daima\8\bo.py

```
def extract_texture_features(image):
    # 将图像转为灰度图
    gray_image = cv2.cvtColor(image, cv2.COLOR_BGR2GRAY)
    # 进行小波变换
    coeffs = pywt.dwt2(gray_image, 'haar')
    cA, (cH, cV, cD) = coeffs
    # 提取纹理特征
    texture_features = {
        'approximation': cA,
        'horizontal_detail': cH,
        'vertical_detail': cV,
        'diagonal_detail': cD
    }
    return texture_features

# 读取图像
image = cv2.imread('image.jpg')
# 提取纹理特征
texture_features = extract_texture_features(image)
# 显示原始图像和纹理特征
cv2.imshow("Original Image", image)
cv2.imshow("Approximation", texture_features['approximation'])
cv2.imshow("Horizontal Detail", texture_features['horizontal_detail'])
cv2.imshow("Vertical Detail", texture_features['vertical_detail'])
cv2.imshow("Diagonal Detail", texture_features['diagonal_detail'])
cv2.waitKey(0)
cv2.destroyAllWindows()
```

在上述代码中，首先将图像转换为灰度图像，然后使用 PyWavelets 库中的 dwt2()函数进行小波变换。这里选择了 Haar 小波作为基函数，通过分解得到近似系数(approximation)和细节系数(horizontal_detail、vertical_detail、diagonal_detail)。这些细节系数表示了图像在不同尺度和方向上的纹理信息。最后，使用 imshow()函数将原始图像和纹理特征展示出来，可以观察到不同细节系数所表达的纹理特征。程序执行效果如图 8-2 所示。

图 8-2　小波变换提取图像纹理特征效果

小波变换在图像纹理分析、纹理识别、图像压缩等领域有广泛应用，它能够提取图像多尺度、多方向的纹理特征，对于纹理分析和纹理识别任务非常有用。

8.4　形状特征

形状特征是用于描述图像或物体形状的特征，它们可以用于图像分析、目标检测、图像识别和计算机视觉等领域。形状特征提取的目标是从图像中提取出能够描述物体形状的信息，以便对物体进行识别、分类或测量。常用的形状特征提取方法有边界描述子、预处理后的轮廓特征、模型拟合方法、形状上的变换等。

扫码看视频

8.4.1　边界描述子

1. 边界描述子的实现过程

边界描述子是一种常用的形状特征提取方法，它通过对物体的边界进行分析和描述，从中提取出能够描述形状的特征。下面将详细介绍边界描述子的原理，并给出两个实用且稍微复杂的例子。边界描述子的实现过程如下。

(1) 获取物体的边界：首先需要获取物体的边界，可以通过边缘检测算法(如 Canny 边缘检测)或轮廓检测算法(如 OpenCV 中的 findContours()函数)来获得物体的边界。

(2) 归一化边界：对于获取的边界点集，将其进行归一化处理，使得边界的起点为坐标原点，同时进行平移和缩放操作，使得边界点分布在一个固定的区域内。

(3) 提取边界描述子：对归一化后的边界点集进行特征提取。常见的边界描述子如下。

- 傅里叶描述子(Fourier Descriptors)：将归一化的边界点集进行傅里叶变换，提取频域特征。傅里叶描述子能够保持形状边界对旋转、缩放和平移的不变性。
- 形状上下文(Shape Context)：通过计算边界点与其他点之间的相对位置关系，构建形状上下文描述子。形状上下文描述子能够保持形状边界对旋转和尺度的不变性。

注意：形状上下文是一种用于描述物体形状的特征表示方法，而形状上下文描述子(Shape Context Descriptor)则是指通过计算形状上下文而得到的特征向量或描述子。换句话说，形状上下文是一种理论概念或方法，而形状上下文描述子是用来具体表示物体形状的数值化特征。

- 应用边界描述子：提取的边界描述子可以用于形状匹配、物体识别和分类等任务。

2. 边界描述子的应用

在现实应用中，可以通过如下两种方法实现边界描述子在形状特征提取中的应用。

1) 使用傅里叶描述子进行形状匹配

假设我们有一组图像中的物体边界，我们想要在新的图像中识别相似形状的物体，那么可进行如下操作。

(1) 对于每个图像的物体边界，应用边缘检测算法获取边界点集。

(2) 对边界点集进行归一化处理。

(3) 对归一化后的边界点集计算傅里叶描述子。

(4) 在新的图像中，提取物体边界并进行归一化处理。

(5) 对新图像的归一化边界点集计算傅里叶描述子。

(6) 对比新图像的傅里叶描述子与之前图像的傅里叶描述子，使用相似度度量方法(如欧氏距离)进行形状匹配。

实例 8-8 演示了如何使用 Python 语言实现傅里叶描述子形状匹配。

实例 8-8：实现傅里叶描述子形状匹配

源码路径：daima\8\foliye.py

```
def calculate_fourier_descriptor(image):
    # 提取轮廓
    contours, _ = cv2.findContours(image, cv2.RETR_EXTERNAL, cv2.CHAIN_APPROX_NONE)
    contour = contours[0]  # 假设只有一个轮廓
    # 计算傅里叶描述子
    contour_complex = np.empty(contour.shape[:-1], dtype=complex)
    contour_complex.real = contour[:, 0, 0]
    contour_complex.imag = contour[:, 0, 1]
    fourier_descriptor = np.fft.fft(contour_complex)
    return fourier_descriptor

# 读取数据库图像和查询图像
database_image = cv2.imread('database.jpg', cv2.IMREAD_GRAYSCALE)
query_image = cv2.imread('query.jpg', cv2.IMREAD_GRAYSCALE)
# 预处理图像(二值化等)
_, database_image = cv2.threshold(database_image, 127, 255, cv2.THRESH_BINARY)
_, query_image = cv2.threshold(query_image, 127, 255, cv2.THRESH_BINARY)
# 计算数据库图像和查询图像的傅里叶描述子
database_descriptor = calculate_fourier_descriptor(database_image)
query_descriptor = calculate_fourier_descriptor(query_image)
# 计算傅里叶描述子之间的距离
distance = np.linalg.norm(database_descriptor - query_descriptor)
print("Distance:", distance)
```

在运行上述代码前，须确保已准备好两幅图像作为数据库图像和查询图像，并分别将其命名为 database.jpg 和 query.jpg。上述代码的功能是计算数据库图像和查询图像的傅里叶描述子，并计算描述子之间的欧氏距离，作为形状匹配的度量。注意，上述代码中仍然假设图像中只有一个轮廓，读者可能需要根据实际情况进行调整。

2) 使用形状上下文描述子进行手势识别

假设我们有一组手势图像，我们想要对新的手势图像进行识别，那么可进行如下操作。

(1) 对于每个手势图像，应用边缘检测算法获取边界点集。

(2) 对边界点集进行归一化处理。

(3) 对归一化后的边界点集计算形状上下文描述子。

(4) 在新的手势图像中，提取边界并进行归一化处理。

(5) 对新图像的归一化边界点集计算形状上下文描述子。

(6) 对比新图像的形状上下文描述子与之前手势图像的上下文描述子，使用相似度度量方法(如相关系数)进行手势识别。

实例 8-9 演示了如何使用 HOG 特征和支持向量机实现手势识别。

实例 8-9：使用 HOG 特征和支持向量机实现手势识别

源码路径：daima\8\xing.py

```
# 加载手势图像数据集
gesture_images = []
gesture_labels = []
for i in range(1, 6):
    image = cv2.imread(f'gesture_{i}.jpg', cv2.IMREAD_GRAYSCALE)
    gesture_images.append(image)
    gesture_labels.append(i)

# 提取手势图像的 HOG 特征
gesture_hogs = []
for image in gesture_images:
    # 计算 HOG 特征
    hog_features, hog_image = hog(image, orientations=9, pixels_per_cell=(8, 8),
                            cells_per_block=(2, 2), visualize=True)
    # 对 HOG 图像进行直方图均衡化，增强可视化效果
    hog_image = exposure.rescale_intensity(hog_image, in_range=(0, 10))
    gesture_hogs.append(hog_features)

# 创建 SVM 分类器
svm = SVC()
# 使用 HOG 特征训练分类器
svm.fit(gesture_hogs, gesture_labels)
# 加载待识别手势图像
test_image = cv2.imread('test_gesture.jpg', cv2.IMREAD_GRAYSCALE)
# 提取待识别手势图像的 HOG 特征
test_hog = hog(test_image, orientations=9, pixels_per_cell=(8, 8),
            cells_per_block=(2, 2))
# 使用 SVM 分类器进行手势识别
predicted_label = svm.predict([test_hog])
print("Predicted Label:", predicted_label[0])
```

在上述代码中，首先，使用库 skimage 的 hog()函数来提取手势图像的 HOG 特征。然后，使用这些特征和对应的标签训练一个支持向量机分类器。接下来，加载待识别的手势图像，提取其 HOG 特征，并使用 SVM 分类器进行手势识别。最后输出预测标签。在运行上述代码前，须确保准备了手势图像数据集，并将手势图像命名为 gesture_1.jpg、gesture_2.jpg 等，将待识别的手势图像命名为 test_gesture.jpg。

通过边界描述子的提取和匹配，我们可以实现对具有相似形状的物体或手势进行识别和分类。上述实例展示了边界描述子在形状特征提取中的应用，具有实用性、有趣性和一定的复杂性。

8.4.2 预处理后的轮廓特征

预处理后的轮廓特征是一种常用的图像特征提取方法，它通过对图像进行预处理和轮廓提取，然后分析轮廓的形状、大小、方向等特征来描述图像的形状和结构。预处理后的轮廓特征基于对物体边界进行预处理，以减少噪声和不相关信息。常用的方法有以下两种。

1) 链码(Chain Code)

链码是一种用于形状描述和特征提取的方法，它将轮廓视为一系列相邻像素点的有序序列，通过记录像素点之间的连接顺序来表示轮廓的形状。链码方法具有简洁、紧凑的表示形式，适用于描述闭合轮廓的形状特征。将边界转换为链码，可以描述连续的边界点之间的连接关系。实例 8-10 演示了如何使用轮廓近似方法(cv2.approxPolyDP)实现链码特征提取。

实例 8-10：使用轮廓近似方法(cv2.approxPolyDP)实现链码特征提取

源码路径：daima\8\lian.py

```
# 读取图像并转换为灰度图像
image = cv2.imread('888.jpg')
gray = cv2.cvtColor(image, cv2.COLOR_BGR2GRAY)
# 二值化处理
_, binary = cv2.threshold(gray, 127, 255, cv2.THRESH_BINARY)
# 查找轮廓
contours, _ = cv2.findContours(binary, cv2.RETR_EXTERNAL, cv2.CHAIN_APPROX_NONE)
# 获取最长轮廓
longest_contour = max(contours, key=len)
# 使用链码获取形状特征
epsilon = 0.02 * cv2.arcLength(longest_contour, True)
chain_code = cv2.approxPolyDP(longest_contour, epsilon, True)
# 计算距离直方图
max_distance = 0
distance_histogram = [0] * 16
for i in range(len(chain_code) - 1):
    dx = chain_code[i + 1][0][0] - chain_code[i][0][0]
    dy = chain_code[i + 1][0][1] - chain_code[i][0][1]
    distance = int(math.sqrt(dx ** 2 + dy ** 2) * 15 / max_distance) if max_distance !=
0 else 0
    distance_histogram[distance] += 1
# 打印距离直方图
for i, count in enumerate(distance_histogram):
    print(f'Distance {i}: {count}')
# 显示轮廓和特征提取结果
cv2.drawContours(image, [longest_contour], 0, (0, 0, 255), 2)
```

```
cv2.imshow('Contour', image)
cv2.waitKey(0)
cv2.destroyAllWindows()
```

在上述代码中，首先读取图像并将其转换为灰度图像，对灰度图像进行二值化处理，通过阈值将图像转换为黑白两色。然后使用 cv2.findContours()函数找到图像中的轮廓，根据轮廓的面积排序，选择最大的轮廓作为感兴趣的轮廓。接下来，使用 cv2.approxPolyDP()函数对感兴趣的轮廓进行多边形逼近，得到轮廓的链码表示。最后，计算链码中每个相邻点的距离，并统计距离分布，绘制距离分布直方图，展示轮廓的形状特征。程序执行效果如图 8-3 所示。

图 8-3 链码特征提取效果

2) 形状上下文(Shape Context)

形状上下文是一种常用的形状特征提取方法，它通过描述物体轮廓上的点与其他点之间的关系来表示形状信息。形状上下文方法基于以下两个关键思想。

- 形状点的位置不足以完整描述形状，需要考虑与其他点的相对位置关系。
- 形状上下文特征用来描述形状点与其他点之间的相对距离和角度。

形状上下文的提取步骤如下。

(1) 选择一组形状点(例如轮廓上的点)作为参考点集。

(2) 计算每个参考点与其他点之间的相对距离和角度。

(3) 将这些距离和角度信息组成一个向量，形成形状上下文特征。

在 Python 中，可以使用 Mahotas 库实现形状特征提取。Mahotas 库提供了一个名为

mahotas.features.zernike_moments 的函数，用于计算 Zernike 矩特征。实例 8-11 演示了这一用法。

实例 8-11：使用 Mahotas 库实现形状特征提取

源码路径：daima\8\shangxia.py

```
# 读取图像
image = cv2.imread('shape.jpg', cv2.IMREAD_GRAYSCALE)
# 二值化图像
_, threshold = cv2.threshold(image, 127, 255, cv2.THRESH_BINARY)
# 寻找轮廓
contours, _ = cv2.findContours(threshold, cv2.RETR_EXTERNAL,
cv2.CHAIN_APPROX_NONE)
# 提取第一个轮廓
contour = contours[0]
# 计算 Zernike 矩特征
zernike_moments = mahotas.features.zernike_moments(contour, radius=21)
# 打印特征向量
print(zernike_moments)
```

在上述代码中，使用 OpenCV 库读取图像，然后进行二值化处理。接下来，使用 OpenCV 库的 findContours()函数找到图像中的轮廓，并选择第一个轮廓。最后，使用 Mahotas 库的 zernike_moments()函数计算轮廓的 Zernike 矩特征。

8.4.3 模型拟合方法

模型拟合方法就是假设物体的形状可以由特定的数学模型来表示，然后通过对模型参数进行拟合来提取形状特征。常用的方法有以下两种。

1) 椭圆拟合(Ellipse Fitting)

椭圆拟合可以将物体边界拟合为椭圆，并提取椭圆参数作为形状特征。当使用椭圆拟合进行图像特征提取时，通常的步骤如下。

(1) 读取图像并进行预处理，例如灰度化、二值化等操作。

(2) 检测图像中的轮廓，可以使用图像处理库(如 OpenCV)中的函数进行轮廓检测。

(3) 对每个轮廓应用椭圆拟合算法，以获得拟合的椭圆参数。

(4) 根据椭圆参数提取特征，例如椭圆的中心坐标、长轴长度、短轴长度、旋转角度等。

实例 8-12 演示了如何使用库 OpenCV 进行椭圆拟合。

实例 8-12：使用库 OpenCV 进行椭圆拟合

源码路径：daima\8\tuo.py

```
# 读取图像并进行预处理
image = cv2.imread('image.jpg')
gray = cv2.cvtColor(image, cv2.COLOR_BGR2GRAY)
_, thresh = cv2.threshold(gray, 127, 255, cv2.THRESH_BINARY)
# 轮廓检测
contours, _ = cv2.findContours(thresh, cv2.RETR_EXTERNAL, cv2.CHAIN_APPROX_SIMPLE)
# 对每个轮廓应用椭圆拟合
ellipses = []
for contour in contours:
    if len(contour) >= 5:
        ellipse = cv2.fitEllipse(contour)
        ellipses.append(ellipse)
# 提取特征
for ellipse in ellipses:
    center, axes, angle = ellipse
    x, y = map(int, center)
    major_axis, minor_axis = map(int, axes)
    rotation_angle = int(angle)
    # 在图像上绘制椭圆
    cv2.ellipse(image, ellipse, (0, 255, 0), 2)
    # 打印特征信息
    print("椭圆中心坐标：", (x, y))
    print("长轴长度：", major_axis)
    print("短轴长度：", minor_axis)
    print("旋转角度：", rotation_angle)

# 显示结果图像
cv2.imshow("Ellipse Fitting", image)
cv2.waitKey(0)
cv2.destroyAllWindows()
```

在上述代码中，首先读取图像并进行预处理。然后使用 cv2.findContours()函数检测图像中的轮廓。接下来，对每个轮廓应用 cv2.fitEllipse()函数进行椭圆拟合，获取拟合的椭圆参数。最后，根据椭圆参数提取特征并在图像上绘制椭圆。程序执行效果如图 8-4 所示。

请注意，上述代码仅演示了基本的椭圆拟合和特征提取过程。根据实际需求，读者可能需要根据拟合结果进行更复杂的特征提取和分析。

图 8-4　椭圆拟合效果

2) 直线拟合(Line Fitting)

直线拟合是将物体边界拟合为直线段，并提取直线参数作为形状特征。当使用直线拟合进行图像特征提取时，基本实现步骤如下。

(1) 读取图像并进行预处理，例如灰度化、二值化等操作。

(2) 检测图像的边缘，可以使用边缘检测算法(如 Canny 边缘检测)。

(3) 根据边缘图像，检测图像中的直线段。

(4) 对检测到的直线段应用直线拟合算法，以获得拟合的直线参数。

(5) 根据直线参数提取特征，例如直线的斜率、截距等。

实例 8-13 演示了如何使用 OpenCV 库实现直线拟合。

实例 8-13：使用 OpenCV 库实现直线拟合

源码路径：daima\8\zhi.py

```
# 读取图像并进行预处理
image = cv2.imread('image.jpg')
gray = cv2.cvtColor(image, cv2.COLOR_BGR2GRAY)
edges = cv2.Canny(gray, 50, 150)
# 检测直线段
lines = cv2.HoughLinesP(edges, 1, np.pi / 180, threshold=100, minLineLength=100,
maxLineGap=10)
# 绘制检测到的直线
for line in lines:
    x1, y1, x2, y2 = line[0]
```

```
    cv2.line(image, (x1, y1), (x2, y2), (0, 255, 0), 2)
# 提取特征
for line in lines:
    x1, y1, x2, y2 = line[0]
    # 计算直线斜率和截距
    slope = (y2 - y1) / (x2 - x1)
    intercept = y1 - slope * x1
    # 打印特征信息
    print("直线斜率: ", slope)
    print("直线截距: ", intercept)
# 显示结果图像
cv2.imshow("Line Fitting", image)
cv2.waitKey(0)
cv2.destroyAllWindows()
```

在上述代码中，首先读取图像并进行预处理。然后使用 Canny 边缘检测算法获取图像的边缘。接下来，使用 cv2.HoughLinesP()函数检测图像中的直线段。然后，根据检测到的直线段在图像上绘制直线。最后，根据直线参数提取特征，例如直线的斜率和截距。程序执行效果如图 8-5 所示。

图 8-5　直线拟合效果

8.4.4　形状上的变换

形状上的变换方法可以通过将形状进行变换，如缩放、旋转和平移等，来提取形状特征。常用的方法有以下两种。

1) 尺度不变特征变换(Scale-Invariant Feature Transform，SIFT)

尺度不变特征变换通过对形状进行尺度空间的变换，提取尺度不变的形状特征。尺度不变特征变换是一种用于图像特征提取的算法，它可以在不同尺度、旋转和光照条件下检测和描述图像中的关键点。SIFT 算法具有良好的尺度不变性和旋转不变性，因此在目标识别、图像匹配和三维重建等领域得到广泛应用。SIFT 算法的主要实现步骤如下。

(1) 尺度空间构建：通过使用高斯差分函数对图像进行多次平滑和差分操作，构建尺度空间。

(2) 关键点检测：在尺度空间中寻找极值点，作为关键点候选。

(3) 关键点定位：在尺度空间的极值点周围进行精确定位，排除低对比度和边缘响应不明显的关键点。

(4) 方向分配：为每个关键点分配主方向，保证后续的旋转不变性。

(5) 关键点描述：基于关键点周围的图像区域计算特征向量，形成关键点的描述子。

(6) 特征匹配：通过计算描述子之间的相似性，实现关键点的匹配。

实例 8-14 演示了如何使用库 OpenCV 实现 SIFT 算法。

实例 8-14：使用库 OpenCV 实现 SIFT 算法

源码路径：daima\8\chidu.py

```
# 读取图像
image = cv2.imread('image.jpg')
# 创建 SIFT 对象
sift = cv2.SIFT_create()
# 检测关键点和计算描述子
keypoints, descriptors = sift.detectAndCompute(image, None)
# 绘制关键点
image_with_keypoints = cv2.drawKeypoints(image, keypoints, None)
# 显示结果图像
cv2.imshow("SIFT Features", image_with_keypoints)
cv2.waitKey(0)
cv2.destroyAllWindows()
```

本实例展示了如何使用 SIFT 算法提取图像的关键点和描述子，并将关键点绘制在图像上。SIFT 算法具有较强的尺度不变性和旋转不变性，因此提取的特征可以在不同尺度和旋转条件下进行匹配和识别。在上述代码中，首先读取图像，并使用 cv2.SIFT_create()函数创建 SIFT 对象。然后，使用 sift.detectAndCompute()函数检测关键点并计算描述子。接下来，使用 cv2.drawKeypoints()函数将关键点绘制在图像上。最后，显示结果图像。程序执行效果如图 8-6 所示。

图 8-6 使用 SIFT 算法提取图像的关键点和描述子效果

注意： SIFT 算法是一种经典的特征提取算法，但由于涉及专利，OpenCV 的最新版本中可能没有 SIFT 算法。读者可以使用之前的 OpenCV 版本，或者考虑其他开源实现的 SIFT 算法，如 VLFeat 库等。

2) 主成分分析(Principal Component Analysis，PCA)

主成分分析是一种常用的降维技术，也可以用于图像形状特征提取。PCA 可以通过线性变换将原始数据转换为新的坐标系下的数据，使得数据在新坐标系下具有最大的方差。在图像形状特征提取中，PCA 可以帮助我们找到最具代表性的形状特征，从而实现形状的描述和分类。使用 PCA 进行形状特征提取的基本步骤如下。

(1) 数据准备：将形状数据表示为一组特征向量或特征点集合的形式。每个特征向量或特征点表示形状的一部分。

(2) 特征标准化：对特征进行标准化处理，使其具有相同的尺度和范围。可以使用均值移除和缩放等方法来实现标准化。

(3) 协方差矩阵计算：计算特征的协方差矩阵，表示不同特征之间的相关性。

(4) 特征值分解：对协方差矩阵进行特征值分解，得到特征值和特征向量。

(5) 特征选择：选择具有最大特征值的特征向量，这些特征向量对应的特征是数据中最具代表性的形状特征。

(6) 特征投影：将原始数据投影到选定的特征向量上，得到新的特征表示，即形状特征。

实例 8-15 演示了如何使用库 scikit-learn 实现 PCA 形状特征提取。

实例 8-15：使用库 scikit-learn 实现 PCA 形状特征提取

源码路径：daima\8\zhu.py

```
# 假设有一个形状数据集，表示为特征向量的集合
shape_data = np.array([[1, 2, 3], [4, 5, 6], [7, 8, 9], [10, 11, 12]])
# 创建 PCA 对象
pca = PCA(n_components=2)
# 执行 PCA 降维
shape_features = pca.fit_transform(shape_data)
# 输出降维后的形状特征
print(shape_features)
```

在上述代码中，首先定义了一个形状数据集，表示为特征向量的集合。然后，创建了一个 PCA 对象，并指定要保留的主成分数量为 2。接下来，使用 fit_transform()函数执行 PCA 降维操作，并将原始形状数据集转换为降维后的形状特征表示。最后，打印输出降维后的形状特征。执行后会输出：

```
[[ 7.79422863  0.        ]
 [ 2.59807621  0.        ]
 [-2.59807621  0.        ]
 [-7.79422863 -0.        ]]
```

本实例展示了如何使用 PCA 进行形状特征提取。通过设置适当的主成分数量，我们可以获得最具代表性的形状特征，从而实现形状的描述和分类。

注意：PCA 是一种常见的降维技术，也可以用于形状特征提取。除了上述实例中的简单数据集，PCA 还可以应用于更复杂的形状数据，例如图像的轮廓或特征点集合。在实际应用中，读者可以根据具体的问题和数据类型选择适当的形状表示方法和 PCA 参数。

本节介绍的方法只是一些常用的形状特征提取方法，在实际应用中还可以根据具体任务和数据特点选择合适的方法。形状特征的选择和提取需要结合具体的应用场景和需求，并考虑图像的噪声、变形、光照等因素。

8.5 基于 LoG、DoG 和 DoH 的斑点检测器

斑点检测是一种常用的图像处理技术，用于检测图像中的离散点、小斑点或孤立的亮暗区域。在斑点检测中，LoG(Laplacian of Gaussian)、DoG(Difference of Gaussian)和 DoH(Determinant of Hessian)是常用的滤波器或特征算子。

扫码看视频

8.5.1 LoG 滤波器

LoG 是一种线性滤波器，它是将高斯滤波器应用于图像之后再计算拉普拉斯算子。这个过程可以通过以下步骤实现。

(1) 在不同尺度上应用高斯滤波器，通过改变滤波器的标准差来改变尺度。

(2) 对每个尺度上的滤波结果计算拉普拉斯算子，可以通过二阶导数近似实现。

(3) 在每个尺度上检测局部极值点，即图像中的斑点。

LoG 滤波器的优点是可以通过不同的尺度对斑点进行多尺度检测，从而获得不同尺寸的斑点。

当使用 Python 进行图像处理时，可以使用 OpenCV 库来实现 LoG 斑点检测，从而实现对图像进行特征提取。实例 8-16 演示了如何使用库 OpenCV 实现 LoG 斑点检测。

实例 8-16：使用库 OpenCV 实现 LoG 斑点检测

源码路径：daima\8\log.py

```
# 读取图像
image = cv2.imread('image.jpg', cv2.IMREAD_GRAYSCALE)
# 创建 LoG 滤波器
log_filter = cv2.Laplacian(image, cv2.CV_64F)
# 检测局部极值点
keypoints = []
threshold = 0.01  # 设定阈值
for i in range(1, log_filter.shape[0]-1):
    for j in range(1, log_filter.shape[1]-1):
        neighbors = log_filter[i-1:i+2, j-1:j+2].flatten()
        max_neighbour = max(neighbors)
        min_neighbour = min(neighbors)
        if log_filter[i, j] > threshold and (log_filter[i, j] > max_neighbour or
log_filter[i, j] < min_neighbour):
            keypoints.append(cv2.KeyPoint(j, i, _size=2))  # 将检测到的点添加到关键点列表中

# 在图像上绘制关键点
output_image = cv2.drawKeypoints(image, keypoints, None, color=(0, 0, 255),
flags=cv2.DRAW_MATCHES_FLAGS_DRAW_RICH_KEYPOINTS)
# 显示结果图像
cv2.imshow('LoG Feature Detection', output_image)
cv2.waitKey(0)
cv2.destroyAllWindows()
```

在上述代码中，首先读取了一张灰度图像。然后使用 cv2.Laplacian()函数创建 LoG 滤波器。接下来，通过遍历滤波器的像素，检测局部极值点，并将其添加到关键点列表中。最后，使用 cv2.drawKeypoints()函数将关键点绘制在原始图像上，并显示结果图像。注意，阈值的选择会对结果产生影响，读者可以根据实际情况进行调整。此外，还可以使用关键点描述算法(如 SIFT、SURF 等)对检测到的关键点进行进一步描述和匹配。程序执行效果如图 8-7 所示。

图 8-7　LoG 斑点检测效果

8.5.2　DoG 滤波器

DoG 是一种非线性滤波器，它是通过计算两个不同尺度的高斯滤波器之间的差异来实现的。DoG 滤波器的计算过程如下。

(1) 在不同尺度上应用两个高斯滤波器，这两个滤波器具有不同的标准差。

(2) 将两个滤波结果相减得到 DoG 图像。

(3) 在 DoG 图像中检测局部极值点，即图像中的斑点。

DoG 滤波器的优点是可以通过调整两个高斯滤波器的标准差来控制斑点的尺度。

实例 8-17 演示了如何使用 Python 实现 DoG 斑点检测。

实例 8-17：使用 Python 实现 DoG 斑点检测

源码路径：daima\8\dog.py

```
# 读取图像
image = cv2.imread('image.jpg', cv2.IMREAD_GRAYSCALE)
# 创建 DoG 滤波器
sigma1 = 1.0  # 第一个高斯滤波器的标准差
sigma2 = 1.6  # 第二个高斯滤波器的标准差
k = np.sqrt(2)  # 尺度因子
s1 = int(2 * np.ceil(3 * sigma1) + 1)  # 第一个高斯滤波器的大小
s2 = int(2 * np.ceil(3 * sigma2) + 1)  # 第二个高斯滤波器的大小
gaussian1 = cv2.GaussianBlur(image, (s1, s1), sigma1)
gaussian2 = cv2.GaussianBlur(image, (s2, s2), sigma2)
dog_filter = gaussian1 - k * gaussian2
# 检测局部极值点
keypoints = []
threshold = 0.01  # 设定阈值
for i in range(1, dog_filter.shape[0]-1):
    for j in range(1, dog_filter.shape[1]-1):
        neighbors = dog_filter[i-1:i+2, j-1:j+2].flatten()
        max_neighbour = max(neighbors)
        min_neighbour = min(neighbors)
        if dog_filter[i, j] > threshold and (dog_filter[i, j] > max_neighbour or
dog_filter[i, j] < min_neighbour):
            keypoints.append(cv2.KeyPoint(j, i, _size=2))  # 将检测到的点添加到关键点列表中

# 在图像上绘制关键点
output_image = cv2.drawKeypoints(image, keypoints, None, color=(0, 0, 255),
flags=cv2.DRAW_MATCHES_FLAGS_DRAW_RICH_KEYPOINTS)
# 显示结果图像
cv2.imshow('DoG Feature Detection', output_image)
cv2.waitKey(0)
cv2.destroyAllWindows()
```

在上述代码中，首先读取了一张灰度图像。然后，根据给定的参数(标准差、尺度因子)，通过调用 cv2.GaussianBlur()函数创建两个不同尺度的高斯滤波器，并对图像进行滤波操作。接下来，计算 DoG 滤波器，即两个高斯滤波器之间的差异。再通过遍历 DoG 滤波器的像素，检测局部极值点，并将其添加到关键点列表中。最后，使用 cv2.drawKeypoints()函数将关键点绘制在原始图像上，并显示结果图像。与前面实现 LoG 斑点检测的例子类似，可以根据实际情况调整阈值和参数的值，以获得最佳的特征提取结果。同样，读者还可以使用关键点描述算法(如 SIFT、SURF 等)对检测到的关键点进行进一步描述和匹配。程序执行效果如图 8-8 所示。

图 8-8　DoG 斑点检测效果

8.5.3　DoH 算法

DoH 是一种基于 Hessian 矩阵的特征检测方法，通过计算 Hessian 矩阵的行列式来检测图像中的斑点。DoH 的计算过程如下。

(1) 对图像进行高斯滤波，通过改变滤波器的标准差来改变尺度。

(2) 在每个尺度上计算图像的 Hessian 矩阵，包括二阶导数的信息。

(3) 计算 Hessian 矩阵的行列式，并检测行列式的局部极值点，即图像中的斑点。

DoH 算法的优点是可以检测不同尺度和不同方向上的斑点。

实例 8-18 演示了如何使用 Python 实现 DoH 斑点检测。

实例 8-18：使用 Python 实现 DoH 斑点检测

源码路径：daima\8\doh.py

```
# 读取图像
image = cv2.imread('image.jpg', cv2.IMREAD_GRAYSCALE)
# 创建 DoH 滤波器
sigma = 1.0  # 高斯滤波器的标准差
s = int(2 * np.ceil(3 * sigma) + 1)  # 高斯滤波器的大小
gaussian = cv2.GaussianBlur(image, (s, s), sigma)
doh_filter = cv2.Laplacian(gaussian, cv2.CV_64F)
# 检测局部极值点
keypoints = []
threshold = 0.01  # 设定阈值
```

```
for i in range(1, doh_filter.shape[0]-1):
    for j in range(1, doh_filter.shape[1]-1):
        neighbors = doh_filter[i-1:i+2, j-1:j+2].flatten()
        max_neighbour = max(neighbors)
        min_neighbour = min(neighbors)
        if doh_filter[i, j] > threshold and (doh_filter[i, j] > max_neighbour or
doh_filter[i, j] < min_neighbour):
            keypoints.append(cv2.KeyPoint(j, i, _size=2))  # 将检测到的点添加到关键点列表中

# 在图像上绘制关键点
output_image = cv2.drawKeypoints(image, keypoints, None, color=(0, 0, 255),
flags=cv2.DRAW_MATCHES_FLAGS_DRAW_RICH_KEYPOINTS)
# 显示结果图像
cv2.imshow('DoH Feature Detection', output_image)
cv2.waitKey(0)
cv2.destroyAllWindows()
```

在上述代码中，首先读取了一张灰度图像。然后，根据给定的标准差，通过调用cv2.GaussianBlur()函数创建高斯滤波器，并对图像进行滤波操作。接下来，使用cv2.Laplacian()函数计算Hessian矩阵的行列式，得到DoH滤波器。再通过遍历DoH滤波器的像素，检测局部极值点，并将其添加到关键点列表中。最后，使用cv2.drawKeypoints()函数将关键点绘制在原始图像上，并显示结果图像。同样，读者可以根据实际情况调整阈值和参数的值，以获得最佳的特征提取结果。此外，还可以使用关键点描述算法(如SIFT、SURF等)对检测到的关键点进行进一步描述和匹配。程序执行效果如图8-9所示。

图8-9 DoH斑点检测效果

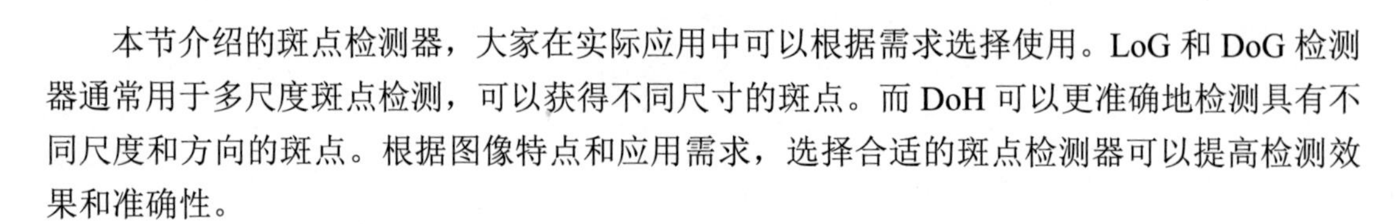

本节介绍的斑点检测器，大家在实际应用中可以根据需求选择使用。LoG 和 DoG 检测器通常用于多尺度斑点检测，可以获得不同尺寸的斑点。而 DoH 可以更准确地检测具有不同尺度和方向的斑点。根据图像特点和应用需求，选择合适的斑点检测器可以提高检测效果和准确性。

第9章

图像分割

图像分割是一种计算机视觉技术，旨在将图像中的像素分成不同的语义类别或物体实例。其目标是根据图像中像素的特征和上下文信息，将图像分割为具有特定语义的区域。图像分割在许多应用领域中发挥着重要作用，包括医学影像分析、自动驾驶、图像编辑和虚拟现实等。在本章的内容中，将详细讲解使用 Python 语言实现图像分割的知识。

9.1 图像分割的重要性

扫码看视频

图像分割是将图像中的像素划分为不同类别或实例的过程，可以通过阈值、边缘、区域、图论和深度学习等方法实现。这些方法可以根据具体的应用场景和需求进行选择。图像分割在计算机视觉领域中非常重要，具体如下。

- 目标检测和识别：图像分割可以帮助在图像中准确地定位和分割出特定的目标或物体。这对于目标检测和识别任务至关重要，例如自动驾驶中的车辆和行人检测，医学影像中的病灶定位等。通过将图像分割成目标区域，可以获取更准确的目标定位和边界信息，有助于后续的分析和处理。
- 图像理解和语义分析：图像分割可以提供对图像内容更详细的解释和分析。通过将图像分割为语义区域，可以获取每个区域的特征和上下文信息。这对于图像理解、场景分析、图像注释等任务非常有用。例如，在自然图像中分割出不同的物体和场景可以帮助计算机理解图像的语义。
- 图像编辑和合成：图像分割是图像编辑和合成的重要工具。通过对图像分割，可以对不同区域进行独立的编辑和处理，例如去除或替换特定物体、修改背景、图像合成等。这对于图像处理、图形设计和虚拟现实等应用具有重要意义。
- 医学影像和生物图像分析：在医学影像和生物图像领域，图像分割对于病灶定位、器官分割和形状分析非常重要。它可以帮助医生和研究人员在影像数据中精确地提取感兴趣的区域，从而辅助诊断和做出治疗决策。

总的来说，图像分割在许多计算机视觉任务和应用中都起着关键作用。通过图像分割，我们可以获得图像中不同部分的更详细的信息，从而实现对图像内容的细粒度理解和处理能力。这种理解和处理能力可以帮助计算机更准确地理解图像，并进行更精确、高效和智能的图像分析和应用。实现图像分割的主要方法有基于阈值的分割、基于边缘的分割、基于区域的分割、基于图论的分割、基于深度学习的分割。

9.2 基于阈值的分割

扫码看视频

基于阈值的图像分割是一种简单且常用的分割方法，它基于像素的灰度值或颜色信息设置一个或多个阈值，将图像分成不同的区域。这种方法适用于图像中具有明显不同颜色或灰度级别的区域。

9.2.1 灰度阈值分割

灰度阈值分割是将灰度图像根据像素的灰度值进行分割的方法。通过选择一个合适的灰度阈值，将图像分成两个区域：高于阈值的像素归为一类，低于阈值的像素归为另一类。实例 9-1 演示了如何使用库 OpenCV 实现灰度阈值分割。

实例 9-1：使用库 OpenCV 实现灰度阈值分割

源码路径：daima\9\hui.py

```
# 读取灰度图像
image = cv2.imread('image.jpg', 0)
# 应用阈值分割
threshold_value = 128
_, segmented_image = cv2.threshold(image, threshold_value, 255, cv2.THRESH_BINARY)
# 显示原始图像和分割后的图像
cv2.imshow('Original Image', image)
cv2.imshow('Segmented Image', segmented_image)
cv2.waitKey(0)
cv2.destroyAllWindows()
```

在上述代码中，首先使用 cv2.imread()函数读取一张灰度图像。然后，使用 cv2.threshold()函数应用阈值分割。函数的参数包括图像、阈值、最大像素值(这里设为 255，表示分割后的前景像素为白色)，以及分割方法(这里使用二值化分割)。函数的返回值包括阈值和分割后的图像。最后，使用 cv2.imshow()函数显示原始图像和分割后的图像，使用 cv2.waitKey()函数等待按键操作，使用 cv2.destroyAllWindows()函数关闭窗口。程序执行效果如图 9-1 所示。

图 9-1　灰度阈值分割效果

9.2.2 彩色阈值分割

彩色阈值分割是将彩色图像根据像素的颜色信息进行分割的方法。在彩色图像中，每像素由 RGB(红、绿、蓝)三个通道的值组成。通过选择适当的颜色阈值，可以将图像中的不同颜色区域分割开来。实例 9-2 演示了如何使用 OpenCV 库实现彩色阈值分割。

实例 9-2：使用 OpenCV 库实现彩色阈值分割

源码路径：daima\9\cai.py

```
# 读取彩色图像
image = cv2.imread('image.jpg')
# 将图像转换为 HSV 颜色空间
hsv_image = cv2.cvtColor(image, cv2.COLOR_BGR2HSV)
# 定义颜色阈值范围
lower_threshold = np.array([0, 50, 50])         # 最低阈值
upper_threshold = np.array([10, 255, 255])      # 最高阈值
# 创建掩模，将位于阈值范围内的像素设置为白色(255)，位于范围外的像素设置为黑色(0)
mask = cv2.inRange(hsv_image, lower_threshold, upper_threshold)
# 对原始图像和掩模应用位操作，提取分割后的图像
segmented_image = cv2.bitwise_and(image, image, mask=mask)
# 显示原始图像和分割后的图像
cv2.imshow('Original Image', image)
cv2.imshow('Segmented Image', segmented_image)
cv2.waitKey(0)
cv2.destroyAllWindows()
```

在上述代码中，首先使用 cv2.imread()函数读取一幅彩色图像。然后通过 cv2.cvtColor()函数将图像从 BGR 颜色空间转换为 HSV 颜色空间。这是因为在 HSV 颜色空间中，颜色可以更容易地表示为阈值范围。接下来定义颜色阈值范围，以提取感兴趣的颜色区域。在这个例子中，我们选择提取红色，因此定义了红色的阈值范围。通过 np.array()函数创建一个包含最低阈值和最高阈值的 NumPy 数组。再使用 cv2.inRange()函数创建一个掩模(mask)，将位于阈值范围内的像素设置为白色(255)，位于范围外的像素设置为黑色(0)。接着使用 cv2.bitwise_and()函数对原始图像和掩模进行位操作，提取分割后的图像。最后，使用 cv2.imshow()函数显示原始图像和分割后的图像，使用 cv2.waitKey()函数等待按键操作，使用 cv2.destroyAllWindows()函数关闭窗口。

本实例演示了如何使用彩色阈值分割方法提取图像中感兴趣的颜色区域，读者可以根据需要调整阈值范围和颜色来实现不同的分割效果。

9.3 基于边缘的分割

基于边缘的图像分割是一种常用的分割方法，它基于图像中物体边缘的特征来进行分割。边缘是图像中亮度或颜色发生剧烈变化的区域，通常表示不同物体的边界。基于边缘的图像分割方法在许多应用中都非常有用，特别是对于提取物体边界和形状信息，它在计算机视觉、图像处理和模式识别等领域得到广泛应用。

扫码看视频

9.3.1 Canny 边缘检测

Canny 边缘检测是一种经典的边缘检测算法，它在图像中寻找强度梯度最大的位置，并将其视为边缘点。实现 Canny 边缘检测的基本步骤如下。

(1) 将图像转换为灰度图像。

(2) 对灰度图像应用高斯滤波来平滑图像，减少噪声。

(3) 计算图像中每像素的梯度幅值和方向。

(4) 应用非极大值抑制，将非边缘像素抑制为 0，保留梯度幅值最大的边缘像素。

(5) 应用双阈值处理，通过设置高阈值和低阈值来确定强边缘和弱边缘，并将它们连接成完整的边缘。

实例 9-3 演示了如何使用 OpenCV 库实现 Canny 边缘检测。

实例 9-3：使用 OpenCV 库实现 Canny 边缘检测

源码路径：daima\9\can.py

```
# 读取图像
image = cv2.imread('image.jpg', 0)
# 应用 Canny 边缘检测
edges = cv2.Canny(image, 100, 200)  # 阈值 1 为 100，阈值 2 为 200
# 显示原始图像和边缘图像
cv2.imshow('Original Image', image)
cv2.imshow('Edges', edges)
cv2.waitKey(0)
cv2.destroyAllWindows()
```

在上述代码中，首先使用 cv2.imread()函数读取一张灰度图像。然后，使用 cv2.Canny()函数应用 Canny 边缘检测。函数的参数包括图像和两个阈值，阈值 1 用于设置边缘的强度梯度下限，阈值 2 用于设置边缘的强度梯度上限。接下来，使用 cv2.imshow()函数显示原始图像和边缘图像，使用 cv2.waitKey()函数等待按键操作，使用 cv2.destroyAllWindows()函数关闭窗口。读者可以根据需要调整阈值，以获得更好的边缘检测效果。程序执行效果如图 9-2 所示。

图 9-2　Canny 边缘检测效果

9.3.2　边缘连接方法

基于边缘连接的图像分割方法是一种基于边缘像素的相邻性来连接边缘的方法。这种方法旨在将图像中的边缘像素连接成连续的边缘，从而实现图像的分割。实现边缘连接方法的步骤如下。

(1) 滞后阈值：首先，根据梯度幅值的阈值，将边缘像素标记为强边缘或弱边缘。然后，根据弱边缘像素是否与强边缘像素相连，决定将其保留还是抑制。

(2) 连接分析：通过在边缘像素之间建立连接关系，将相邻的边缘像素连接起来，形成连续的边缘。

(3) 边缘跟踪：从一个初始边缘像素开始，沿着边缘的方向追踪相邻的边缘像素，直到边缘结束。

实例 9-4 演示了如何使用库 OpenCV 实现基于边缘连接的图像分割。

实例 9-4：使用库 OpenCV 实现基于边缘连接的图像分割

源码路径：daima\9\bian.py

```
# 读取图像并进行边缘检测
image = cv2.imread('image.jpg', 0)
edges = cv2.Canny(image, 100, 200)
```

```
# 执行边缘连接方法
contours, _ = cv2.findContours(edges, cv2.RETR_EXTERNAL, cv2.CHAIN_APPROX_SIMPLE)
# 创建一个黑色背景图像
segmented_image = np.zeros_like(image)
# 在黑色背景上绘制边缘
cv2.drawContours(segmented_image, contours, -1, (255, 255, 255),
thickness=cv2.FILLED)
# 显示原始图像和分割后的图像
cv2.imshow('Original Image', image)
cv2.imshow('Segmented Image', segmented_image)
cv2.waitKey(0)
cv2.destroyAllWindows()
```

对上述代码的具体说明如下。

(1) 首先，使用 cv2.imread()函数读取一张灰度图像。然后，使用 cv2.Canny()函数对图像进行边缘检测，生成一组离散的边缘像素。

(2) 使用 cv2.findContours()函数执行边缘连接方法，从边缘图像中找到边缘的连续轮廓。参数 cv2.RETR_EXTERNAL 表示只检测最外层的边缘，参数 cv2.CHAIN_APPROX_SIMPLE 表示仅保留边缘像素的端点。

(3) 创建一张与原始图像大小相同的黑色背景图像，作为分割后的图像。使用 cv2.drawContours()函数在黑色背景图像上绘制边缘轮廓，将边缘像素连接起来，形成连续的边缘。

(4) 使用 cv2.imshow()函数显示原始图像和分割后的图像，使用 cv2.waitKey()函数等待按键操作，使用 cv2.destroyAllWindows()函数关闭窗口。

9.4 基于区域的分割

基于区域的图像分割方法是一种常见的图像分割技术。它通常根据像素的颜色、纹理、形状和像素之间的距离等特征进行分割，将图像分成具有相似特征的区域。一种常见的区域分割算法是基于区域生长，它从种子像素开始，通过合并具有相似特征的相邻像素来逐步扩展区域。

扫码看视频

9.4.1 区域生长算法

区域生长算法是一种基于像素相似性的图像分割方法。它从一个或多个种子像素开始，根据一定的准则和规则，逐渐将与种子像素相似的邻域像素加入同一区域，形成连续的区域。该算法通常包括以下步骤。

(1) 选择种子像素或种子区域。

(2) 定义区域生长的准则，如像素的灰度值相似性、颜色相似性等。

(3) 逐个处理邻域像素，根据准则将其加入区域。

(4) 重复上述步骤，直到无法再添加像素或达到停止准则。

实例 9-5 演示了如何使用区域生长算法实现图像分割。

实例 9-5：使用区域生长算法实现图像分割

源码路径：daima\9\qu.py

```
# 读取图像
image = cv2.imread('image.jpg', 0)
# 区域生长算法
def region_growing(image, seed, threshold):
    height, width = image.shape
    segmented = np.zeros_like(image, dtype=np.uint8)
    visited = np.zeros_like(image, dtype=np.uint8)
    stack = []
    stack.append(seed)
    while stack:
        x, y = stack.pop()
        if visited[x, y] == 1:
            continue
        visited[x, y] = 1
        if abs(int(image[x, y]) - int(image[seed])) <= threshold:  # 设置生长准则
            segmented[x, y] = 255
            if x > 0:
                stack.append((x - 1, y))
            if x < height - 1:
                stack.append((x + 1, y))
            if y > 0:
                stack.append((x, y - 1))
            if y < width - 1:
                stack.append((x, y + 1))
    return segmented
# 设置种子像素并应用区域生长算法
seed_point = (100, 100)  # 设置种子像素点坐标
threshold = 20  # 设置生长容差
segmented_image = region_growing(image, seed_point, threshold)
# 显示原始图像和分割后的图像
cv2.imshow('Original Image', image)
cv2.imshow('Segmented Image', segmented_image)
cv2.waitKey(0)
cv2.destroyAllWindows()
```

上述代码的具体说明如下。

(1) 通过 cv2.imread()函数读取一张灰度图像，并将其存储在 image 变量中。

(2) 定义 region_growing()函数，该函数实现了区域生长算法。函数接受三个参数：图像(image)、种子点(seed)和阈值(threshold)。在 region_growing()函数中，首先获取图像的高度和宽度，创建一个与图像大小相同的空白图像(segmented)和一个标记图像(visited)，用于记录已访问过的像素。

(3) 创建一个栈(stack)数据结构，将种子点添加到栈中。

(4) 在循环中，首先，从栈中取出一个像素点(x, y)，并检查该像素点是否已被访问过。如果已经访问过，就继续循环；否则，将其标记为已访问。然后，根据生长准则判断当前像素与种子点之间的灰度差是否小于或等于阈值。如果满足条件，则将当前像素标记为分割区域的一部分，并将其邻域像素添加到栈中。

(5) 重复执行步骤(4)，直到栈为空。

(6) 函数返回分割后的图像(segmented_image)。

(7) 在主函数中，设置种子点的坐标和生长容差，并将图像和种子点传递给 region_growing()函数进行图像分割。分割后的图像通过 cv2.imshow()函数显示出来。程序执行效果如图 9-3 所示。

图 9-3　使用区域生长算法实现图像分割效果

注意：本实例中区域生长算法是一种简单的实现，对于复杂的图像可能无法得到理想的分割结果。根据具体的应用场景，读者需要根据图像的特点调整阈值和其他参数，以获得更好的分割效果。

9.4.2 图割算法

图割算法是一种基于图论的图像分割方法。它将图像表示为图的形式，其中像素作为图的顶点，像素之间的关系作为图的边。通过最小化图中顶点之间的权重，将图像分割为不同的区域。基于图割的分割算法的实现步骤如下。

(1) 构建图，其中顶点表示图像的像素，边表示像素之间的关系。

(2) 定义顶点和边的权重，例如基于像素的颜色差异、纹理差异等。

(3) 使用图割算法(如最大流最小割算法)将图像分割为多个区域。

实例 9-6 演示了如何使用库 PyMaxflow 借助图割算法实现图像分割。

实例 9-6：使用库 PyMaxflow 借助图割算法实现图像分割

源码路径：daima\9\tuge.py

```
# 读取图像
image = cv2.imread('image.jpg')
image = cv2.cvtColor(image, cv2.COLOR_BGR2RGB)
# 定义图割算法
def graph_cut_segmentation(image):
    height, width, _ = image.shape
    # 创建图割图
    g = maxflow.Graph[float]()
    nodeids = g.add_grid_nodes((height, width))
    # 设置数据项和平滑项的权重
    data_weight = 0.5
    smooth_weight = 0.2
    # 添加数据项和平滑项的边
    g.add_grid_edges(nodeids, data_weight=data_weight, smooth_weight=smooth_weight)
    # 设置种子点
    seed1 = (50, 50)
    seed2 = (200, 200)
    # 设置种子点的标签
    g.add_tedge(nodeids[seed1], 0, 255)
    g.add_tedge(nodeids[seed2], 255, 0)
    # 运行图割算法
    g.maxflow()
    # 获取分割结果
    segmented = g.get_grid_segments(nodeids)
    # 创建分割后的图像
    segmented_image = np.zeros_like(image)
    segmented_image[segmented] = image[segmented]
    return segmented_image
```

```
# 应用图割算法进行分割
segmented_image = graph_cut_segmentation(image)
# 显示原始图像和分割后的图像
plt.subplot(1, 2, 1)
plt.imshow(image)
plt.title('Original Image')
plt.subplot(1, 2, 2)
plt.imshow(segmented_image)
plt.title('Segmented Image')
plt.tight_layout()
plt.show()
```

在上述代码中，首先使用 cv2.imread()函数读取一张图像，并将其转换为 RGB 颜色空间。再定义 graph_cut_segmentation()函数来实现图割算法的图像分割。接着在 graph_cut_segmentation()函数中创建一张图割图，并添加网格节点。然后设置数据项和平滑项的权重，并添加对应的边。接下来设置两个种子点，并为它们分配标签。最后运行图割算法，并根据分割结果创建分割后的图像。在主函数中，调用 graph_cut_ segmentation()函数对图像进行分割，并显示原始图像和分割后的图像。程序执行效果如图 9-4 所示。

图 9-4　使用图割算法实现图像分割效果

9.4.3　基于聚类的分割算法

基于聚类的分割算法将图像中的像素聚类到不同的区域，根据像素之间的相似性或差异性来进行分割。常用的聚类算法包括 K 均值聚类、谱聚类等。基于聚类的分割算法的实现步骤如下。

(1) 将图像像素表示为特征向量。

(2) 使用聚类算法将像素分组到不同的聚类中心。

(3) 将每个聚类标记为一个区域。

实例 9-7 演示了如何使用库 scikit-learn 实现基于聚类的图像分割。

实例 9-7：使用库 scikit-learn 实现基于聚类的图像分割

源码路径：daima\9\ju.py

```
# 读取图像
image = cv2.imread('888.jpg')
image = cv2.cvtColor(image, cv2.COLOR_BGR2RGB)
# 将图像转换为一维数组
pixels = image.reshape(-1, 3)
# 执行 K-Means 聚类
kmeans = KMeans(n_clusters=4, random_state=0)
kmeans.fit(pixels)
# 获取每个像素点的标签
labels = kmeans.labels_
# 将每个像素点的标签转换为 RGB 值
segmented_pixels = kmeans.cluster_centers_[labels]
segmented_image = segmented_pixels.reshape(image.shape)
# 显示原始图像和分割后的图像
plt.subplot(1, 2, 1)
plt.imshow(image)
plt.title('Original Image')
plt.subplot(1, 2, 2)
plt.imshow(segmented_image.astype(np.uint8))
plt.title('Segmented Image')
plt.tight_layout()
plt.show()
```

在上述代码中，首先，使用 cv2.imread()函数读取一张图像，并将其转换为 RGB 颜色空间。再将图像的像素排列为一维数组，以便进行聚类操作。接下来，使用库 scikit-learn 中的 *K*-Means 算法执行聚类操作，在本实例中，我们设置聚类数为 4，也可以根据需要调整。然后，获取每个像素点的聚类标签，并将每个像素点的标签转换为 RGB 值。最后，将分割后的像素重新排列为图像形状，并显示原始图像和分割后的图像。程序执行效果如图 9-5 所示。

本实例演示了如何使用库 scikit-learn 中的 *K*-Means 算法实现基于聚类的图像分割。通过调整聚类数和其他参数，可以获得不同的分割效果。

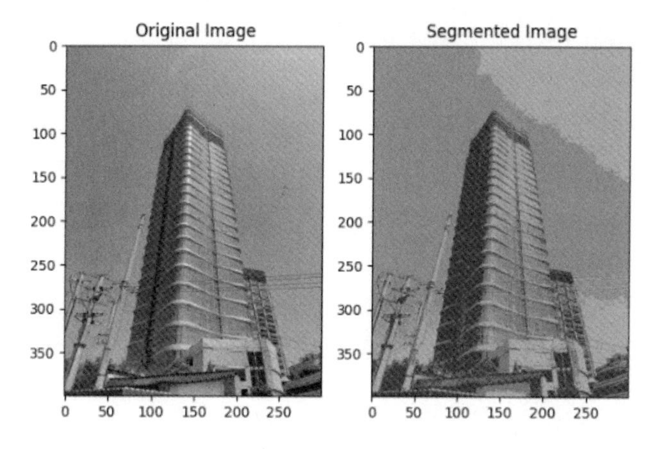

图 9-5 基于聚类的图像分割效果

9.5 基于图论的分割

基于图论的分割使用图论中的图像分割算法，将图像转换成图的形式，其中像素是图中的节点，像素之间的关系(如相邻关系)是图中的边。通过最小化或最大化图中的某个能量函数，可以得到图像的分割结果。基于图论的分割方法基于以下原理：将图像视为一个图，图的节点表示图像中的像素或区域，图的边表示像素或区域之间的关系。在基于图论的分割方法中，常用的技术包括图割算法和最小生成树算法。

扫码看视频

9.5.1 图割算法

图割算法是一种常见的基于图论的分割方法，常用的算法有最大流最小割算法和 Graph Cut 算法。这些算法通过将图像中的像素或区域表示为图的节点，并根据像素之间的相似性、颜色、纹理等特征构建图的边，然后通过最大流最小割算法或者其他优化方法将图分割成不同的区域。图割算法可以有效地处理复杂的图像分割问题，尤其擅长处理具有复杂边界和多个目标的图像。

在 9.4.2 小节中已经讲解了使用图割算法实现图像分割的例子，本节不再举例介绍。

9.5.2 最小生成树算法

最小生成树算法也可以用于图像分割。该算法通过将图像中的像素或区域表示为图的节点，并根据像素之间的相似性构建图的边权重，然后利用最小生成树算法选择边权重最小的一组边，将图分割成不同的区域。最小生成树算法通常用于基于区域的分割，它在保持区域的连续性和平滑性方面具有优势。

使用最小生成树算法实现图像分割的基本步骤如下。

(1) 图像表示：将图像转换为一个图的形式，其中图的节点表示图像中的像素或区域，图的边表示像素或区域之间的关系，并计算节点之间的相似性或距离作为边的权重。

(2) 构建图：基于图像的节点和边的权重构建一个无向图。

(3) 最小生成树：使用最小生成树算法从图中选择边，构建一个包含所有节点的最小生成树。最小生成树是一个连接图中所有节点的子图，其中边的权重之和最小。最小生成树算法有多种实现方法，包括 Prim 算法和 Kruskal 算法。

(4) 分割结果提取：根据最小生成树的结果，将图像分割成不同的区域。可以根据最小生成树中的边来确定图像中的区域边界，将图像分割成不同的区域。

实例 9-8 演示了如何在 Python 程序中使用最小生成树算法实现图像分割。

实例 9-8：使用最小生成树算法实现图像分割

源码路径：daima\9\zuixiao.py

```
# 读取图像
image = io.imread('888.jpg')
# 执行图像分割
labels = segmentation.slic(image, compactness=30, n_segments=400)
g = graph.rag_mean_color(image, labels)
# 应用最小生成树算法
labels2 = graph.cut_normalized(labels, g)
# 可视化分割结果
fig, ax = plt.subplots(nrows=1, ncols=2, figsize=(10, 5))
ax[0].imshow(image)
ax[0].set_title('Original Image')
ax[1].imshow(segmentation.mark_boundaries(image, labels2))
ax[1].set_title('Segmentation')
for a in ax:
    a.axis('off')
plt.tight_layout()
plt.show()
```

在上述代码中，首先使用函数 io.imread()加载一张示例图像。再使用 segmentation.slic()函数对图像进行超像素分割，将图像划分为多个相似的区域。这里的参数 compactness 指定了超像素的紧凑度，参数 n_segments 指定了希望得到的超像素数量。接下来，使用 graph.rag_mean_color()函数构建一个图，其中图的节点是超像素，节点的颜色由该超像素内像素的平均颜色表示。然后，应用最小生成树算法 graph.cut_normalized()将图像的超像素分割成不同的区域，这里的变量 labels2 保存了最终的分割结果。最后，使用 Matplotlib 库将原始图像和分割结果进行可视化展示。函数 segmentation.mark_boundaries()用于在分割结果中标记出区域边界。程序执行效果如图 9-6 所示。

图 9-6　使用最小生成树算法实现图像分割效果

9.6　基于深度学习的分割

基于深度学习的图像分割方法在近年来取得了重大突破，成为图像分割领域的前沿技术。基于深度学习的图像分割方法利用深度神经网络模型来学习图像的语义信息，以实现对图像中不同物体或区域的准确分割。这些深度学习方法在大规模的图像分割任务中取得了显著的效果，同时也为图像分割在医学影像分析、自动驾驶、图像语义理解等领域的应用提供了强大的工具。要实现基于深度学习的图像分割，通常需要大量的标记数据和计算资源来训练和优化深度神经网络模型。同时，还需要了解深度学习框架(如 TensorFlow、PyTorch)和相关库的使用，以及网络架构设计、损失函数的选择等技术细节。

扫码看视频

9.6.1　FCN

FCN(Fully Convolutional Networks，全卷积网络)是一种经典的图像分割方法，通过将传统的卷积神经网络(Convolutional Neural Networks，CNN)结构转换为全卷积结构，使网络能够输出与输入图像具有相同尺寸的分割结果。FCN 利用卷积和反卷积操作来学习图像中每个像素点的类别标签，从而实现像素级别的分割。

下面介绍使用 FCN 实现图像分割的基本步骤。

(1) 数据准备：准备带有标记的图像数据集，其中每个图像都有对应的像素级别的标签。通常需要手动对一些图像进行标记，即为每个像素指定类别标签。

(2) 构建 FCN 模型：选择合适的深度学习框架(如 TensorFlow、PyTorch)并使用该框架构建 FCN 模型。FCN 模型通常由编码器和解码器组成。编码器负责提取图像的语义信息，通常使用卷积神经网络(如 VGG、ResNet)来实现。解码器将特征图恢复到原始图像尺寸并生成分割结果，通常使用反卷积或上采样操作实现。在编码器和解码器之间，可以添加跳跃连接来融合低层和高层特征。

(3) 模型训练：使用准备好的数据集对 FCN 模型进行训练。训练过程中，通过最小化损失函数来优化模型参数，使模型能够准确地预测每个像素点的类别标签。常用的损失函数包括交叉熵损失、Dice 损失等。

(4) 模型评估：使用评估指标(如像素准确率、IoU)对训练好的模型进行评估，以了解模型在图像分割任务上的性能表现。

(5) 图像分割：使用训练好的 FCN 模型对新的图像进行分割。将图像输入到 FCN 模型中，得到每个像素点的类别标签，从而实现图像的分割。

实例 9-9 演示了在 Python 中如何使用 PyTorch 框架和预训练的 FCN 模型(FCN-8s)实现图像分割。

实例 9-9：使用预训练的 FCN 模型(FCN-8s)实现图像分割

源码路径：daima\9\fcn.py

```
# 加载预训练的 FCN 模型
fcn = torchvision.models.segmentation.fcn_resnet50(pretrained=True)
# 设置模型为评估模式
fcn.eval()
# 加载图像并进行预处理
image = Image.open('888.jpg')
preprocess = torchvision.transforms.Compose([
    torchvision.transforms.ToTensor(),
    torchvision.transforms.Normalize(mean=[0.485, 0.456, 0.406], std=[0.229, 0.224,
0.225])
])
input_tensor = preprocess(image)
input_batch = input_tensor.unsqueeze(0)
# 将输入图像传递给模型进行分割
```

```
with torch.no_grad():
    output = fcn(input_batch)['out'][0]
output_predictions = output.argmax(0)
# 可视化分割结果
plt.figure(figsize=(10, 5))
plt.subplot(1, 2, 1)
plt.imshow(image)
plt.title('Original Image')
plt.subplot(1, 2, 2)
plt.imshow(output_predictions)
plt.title('Segmentation')
plt.show()
```

在上述代码中，首先需要准备好要处理的图像文件888.jpg。然后，加载预训练的FCN模型，对图像进行预处理，并将图像输入到模型中进行分割。最后，使用Matplotlib库将原始图像和分割结果进行可视化。请注意，上述实例中的FCN模型是在大规模图像数据集上进行预训练的。如果读者的应用场景与预训练模型的数据集不匹配，可能需要进行微调或训练自定义的FCN模型，以获得更好的分割效果。

9.6.2 U-Net

U-Net是一种常用的图像分割网络，其特点是具有U形的网络结构。U-Net由编码器和解码器组成，编码器用于提取图像的语义信息，解码器用于将特征图恢复到原始图像尺寸并生成分割结果。U-Net还引入了跳跃连接，可以将低层特征与高层特征相融合，提高分割结果的准确性。

实例9-10演示了如何使用预训练的U-Net模型实现图像分割。

实例9-10：使用预训练的U-Net模型实现图像分割

源码路径：daima\9\unet.py

```
# 加载预训练的U-Net模型
unet = torchvision.models.segmentation.deeplabv3_resnet50(pretrained=True)
# 设置模型为评估模式
unet.eval()
# 加载图像并进行预处理
image = Image.open('your_image.jpg')
preprocess = torchvision.transforms.Compose([
    torchvision.transforms.ToTensor(),
    torchvision.transforms.Normalize(mean=[0.485, 0.456, 0.406], std=[0.229, 0.224, 
0.225])
])
input_tensor = preprocess(image)
```

```
input_batch = input_tensor.unsqueeze(0)
# 将输入图像传递给模型进行分割
with torch.no_grad():
    output = unet(input_batch)['out']
output_predictions = output.argmax(1)[0]
# 可视化分割结果
plt.figure(figsize=(10, 5))
plt.subplot(1, 2, 1)
plt.imshow(image)
plt.title('Original Image')
plt.subplot(1, 2, 2)
plt.imshow(output_predictions)
plt.title('Segmentation')
plt.show()
```

在上述代码中，首先，需要将 your_image.jpg 替换为自己的图像文件路径。然后，加载预训练的 U-Net 模型，对图像进行预处理，并将图像输入到模型中进行分割。最后，使用 Matplotlib 库将原始图像和分割结果进行可视化。

需要注意的是，本实例中的 U-Net 模型是在大规模图像数据集上预训练的。如果读者的应用场景与预训练模型的数据集不匹配，可能需要进行微调或训练自定义的 U-Net 模型，以获得更好的分割效果。

9.6.3 DeepLab

DeepLab 是一种基于空洞卷积(Dilated Convolution)的图像分割方法。空洞卷积可以扩大卷积核的感受野，从而捕捉更大范围的上下文信息。DeepLab 还引入了空间金字塔池化(Spatial Pyramid Pooling)模块，可以对不同尺度的特征进行池化和融合，提高分割结果的准确性。

9.6.4 Mask R-CNN

基于 Mask R-CNN(Mask Region-based Convolutional Neural Network)的方法是一种流行的图像分割方法，它结合了目标检测和语义分割的功能。Mask R-CNN 是一种深度学习模型，它可以同时预测图像中的对象位置和像素级的语义分割掩码。

下面介绍使用 Mask R-CNN 实现图像分割的基本步骤。

(1) 数据准备：准备带有标注的训练数据集，包括图像和与图像中的每个对象关联的边界框和分割掩码。

(2) 模型构建：构建 Mask R-CNN 模型，该模型通常由两个主要组件组成：①共享的卷积神经网络(通常是用于特征提取的骨干网络，如 ResNet)；②两个分支网络，一个用于目标检测(边界框预测)，一个用于语义分割(分割掩码预测)。

(3) 模型训练：使用准备好的训练数据集对 Mask R-CNN 模型进行训练。训练过程中，首先对网络参数进行初始化，再通过前向传播计算损失函数，然后通过反向传播更新网络参数。

(4) 目标检测和分割预测：对于新的图像，使用训练好的模型进行目标检测和分割预测。首先，通过前向传播在图像中检测对象边界框。然后，在每个边界框的基础上，使用网络的分割分支预测每个对象的像素级分割掩码。

(5) 后处理和可视化：对于每个对象的分割掩码，可以应用后处理步骤(如阈值处理、填充等)来提取准确的分割结果。最后，可以将分割结果可视化或应用于后续的图像分析任务。

使用 Mask R-CNN 进行图像分割需要较大的计算资源和大规模的训练数据集。通常，可以使用已经在大型数据集(如 COCO)上进行预训练的模型来加快训练和预测过程。同时，可以根据特定的应用场景微调预训练模型，以获得更好的性能。

实例 9-11 演示了如何使用预训练的 Mask R-CNN 模型进行图像分割。

实例 9-11：使用预训练的 Mask R-CNN 模型进行图像分割

源码路径：daima\9\mask.py

```
# 加载预训练的Mask R-CNN 模型
mask_rcnn = torchvision.models.detection.maskrcnn_resnet50_fpn(pretrained=True)
# 设置模型为评估模式
mask_rcnn.eval()
# 加载图像并进行预处理
image = Image.open('your_image.jpg')
transform = torchvision.transforms.Compose([
    torchvision.transforms.ToTensor(),
    torchvision.transforms.Normalize(mean=[0.485, 0.456, 0.406], std=[0.229, 0.224,
0.225])
])
input_image = transform(image)
# 将输入图像传递给模型进行预测
with torch.no_grad():
    prediction = mask_rcnn([input_image])
# 提取预测结果
masks = prediction[0]['masks']
scores = prediction[0]['scores']
labels = prediction[0]['labels']
# 可视化预测结果
```

```
plt.figure(figsize=(10, 5))
plt.subplot(1, 2, 1)
plt.imshow(image)
plt.title('Original Image')
plt.subplot(1, 2, 2)
plt.imshow(masks[0, 0].mul(255).byte(), cmap='gray')
plt.title('Segmentation Mask')
plt.show()
```

在上述代码中，首先，需要将your_image.jpg替换为自己的图像文件路径。代码中加载了预训练的Mask R-CNN模型，并将图像进行预处理。然后，通过模型的前向传播进行预测，得到包含分割掩码、置信度分数和标签的预测结果。最后，使用Matplotlib库将原始图像和分割掩码进行可视化。需要注意的是，以上实例中的Mask R-CNN模型是在大规模图像数据集上进行预训练的。如果读者的应用场景与预训练模型的数据集不匹配，可能需要进行微调或训练自定义的Mask R-CNN模型，以获得更好的分割效果。同时，使用Mask R-CNN模型进行图像分割可能需要较大的计算资源和较长的推理时间。

注意：Mask R-CNN模型虽然在图像分割任务中表现出色，但由于其计算复杂性较高，对于实时应用和资源受限的环境可能不太适用。

第 10 章

目标检测

目标检测(Object Detection)是计算机视觉领域中的一项重要技术，其任务是在图像或视频中准确地定位和识别多个目标物体的位置和类别。在本章的内容中，将详细讲解使用 Python 语言实现图像目标检测的知识。

10.1 目标检测概述

目标检测在许多领域中具有广泛的应用，如自动驾驶、视频监控、人脸识别、物体识别等。目标检测为我们提供了准确和实时的目标识别和定位能力，为各种智能系统和应用带来了巨大的价值。

扫码看视频

10.1.1 目标检测的步骤

目标检测需要在图像中确定目标物体的边界框(Bounding Box)并标识出它们的类别。通常，目标检测算法需要完成以下主要步骤。

(1) 目标定位(Localization)：在图像中定位目标物体的位置，通常用边界框表示目标的位置和大小。

(2) 目标分类(Classification)：将边界框中的目标物体进行分类，确定它们的类别。

目标检测算法可以分为两大类：基于传统方法的目标检测和基于深度学习的目标检测。

10.1.2 目标检测的方法

1. 传统方法

传统方法的目标检测通常基于手工设计的特征提取器和机器学习算法，这些方法使用人工定义的特征，如 Haar 特征、HOG 特征等，结合分类器(如支持向量机、AdaBoost 等)来检测和分类目标。

2. 深度学习方法

深度学习的目标检测使用深度卷积神经网络(CNN)或卷积神经网络的改进模型来端到端地学习目标检测任务。深度学习方法通常包括以下两个主要组件。

- 区域提议网络(Region Proposal Network，RPN)：用于生成候选目标边界框。
- 目标分类网络：用于对候选边界框进行分类和定位。

流行的深度学习目标检测算法包括 Faster R-CNN、YOLO(You Only Look Once)、SSD(Single Shot MultiBox Detector)等。

10.2 YOLO v5

YOLO 是一种基于深度学习的目标检测算法，它具有实时性和高准确性的特点。YOLO 算法通过单个神经网络可以同时完成目标定位和分类，以极高的速度在图像或视频中检测多个目标物体。YOLO v5 是 YOLO 算法的一个改进版本，它在原始的 YOLO 算法基础上进行了一些关键性的改进，以提升检测性能和准确性。本节将讲解使用 YOLO v5 实现目标检测的方法。

扫码看视频

10.2.1 YOLO v5 的改进

相比于原始的 YOLO 算法，YOLO v5 在检测准确性和速度上都有显著的提升，使得它成为一个被广泛使用的目标检测算法。

在 Python 中使用 YOLO v5 前需要先通过如下命令安装：

```
pip install ultralytics
```

作为初学者，可以直接使用 YOLO v5 提供的预训练模型。预训练的 YOLO v5 模型可以从多个地址下载，以下是一些常用的下载地址。

- Darknet 官方网站：YOLO v5 是由 Joseph Redmon 开发的 Darknet 框架的一部分。读者可以从 Darknet 官方网站下载 YOLO v5 的预训练模型。访问链接为 https://pjreddie.com/darknet/yolo/。
- YOLO 官方 GitHub 页面：YOLO 官方 GitHub 仓库也提供了 YOLO v5 的预训练模型。读者可以在 https://github.com/pjreddie/darknet/releases 页面找到预训练模型的下载链接。
- 第三方资源：除了官方网站，还有一些第三方资源库和社区提供了 YOLO v5 的预训练模型。一些常见的资源库包括 Model Zoo、PyTorch Hub、Hugging Face Model Hub 等。

在下载预训练的 YOLO v5 模型时，请确保使用可信赖的下载地址，并查看模型的许可和使用条款。预训练模型的下载可能需要注册、登录或同意特定的使用条件，具体取决于所选择的下载地址。

注意：YOLO v5 模型在不同的深度学习框架中可能具有不同的实现方式和权重文件格式，因此需要确保下载的模型与使用的深度学习框架兼容。一般来说，官方提供的预训练模型与官方支持的框架兼容性较好。

10.2.2 基于 YOLO v5 的训练、验证和预测

实例 10-1 的功能是使用 YOLO v5 实现训练、验证和预测功能，通过学习读者可以初步了解 YOLO v5 实现图像目标检测的基本功能。

实例 10-1：使用 YOLO v5 实现模型训练、验证和预测

源码路径：daima\10\yolov5-master

1. 目标检测

目标检测是一种计算机视觉任务，旨在从图像或视频中定位和识别出特定对象的位置。通常使用深度学习模型来进行目标检测，例如使用卷积神经网络(CNN)或相关的模型，如 YOLO 和 Faster R-CNN。在本实例中，编写文件 detect.py 实现目标检测任务，这是一个运行 YOLO v5 推理的脚本，可以根据不同的输入来源进行推理，自动从最新的 YOLO v5 发布仓库中下载模型，并将结果保存到 runs/detect 目录下。文件 detect.py 的具体代码编写流程如下。

(1) 定义了一个名为 run 的函数，该函数用于运行目标检测任务。具体代码如下。

```
def run(
        weights=ROOT / 'yolov5s.pt',
        source=ROOT / 'data/images',
        data=ROOT / 'data/coco128.yaml',
        imgsz=(640, 640),
        conf_thres=0.25,
        iou_thres=0.45,
        max_det=1000,
        device='',
        view_img=False,
        save_txt=False,
        save_conf=False,
        save_crop=False,
        nosave=False,
        classes=None,
        agnostic_nms=False,
        augment=False,
        visualize=False,
        update=False,
        project=ROOT / 'runs/detect',
        name='exp',
        exist_ok=False,
```

```
    line_thickness=3,
    hide_labels=False,
    hide_conf=False,
    half=False,
    dnn=False,
    vid_stride=1,
):
```

上述代码中各个参数的具体说明如下。

- weights：模型的路径或 Triton URL，默认值为 yolov5s.pt，表示模型的权重文件路径。
- source：推理的来源，可以是文件、目录、URL、通配符、屏幕截图或者摄像头。默认值为 data/images，表示推理的来源为 data/images 目录。
- data：数据集的配置文件路径，默认值为 data/coco128.yaml，表示使用 COCO128 数据集的配置文件。
- imgsz：推理时的图像尺寸，默认为(640, 640)，表示推理时将图像调整为高度和宽度都为 640px 的尺寸。
- conf_thres：置信度阈值，默认值为 0.25，表示只保留置信度大于该阈值的检测结果。
- iou_thres：NMS(非极大值抑制)的 IoU(交并比)阈值，默认值为 0.45，用于去除重叠度较高的检测结果。
- max_det：每张图像的最大检测数量，默认值为 1000，表示每张图像最多保留 1000 个检测结果。
- device：设备类型，默认为空字符串，表示使用默认设备(GPU 或 CPU)进行推理。
- view_img：是否显示结果图像，默认值为 False，表示不显示结果图像。
- save_txt：是否将结果保存为文本文件，默认值为 False。
- save_conf：是否将置信度保存在保存的文本标签中，默认值为 False。
- save_crop：是否保存裁剪的预测框，默认值为 False。
- nosave：是否禁止保存图像或视频，默认值为 False。
- classes：根据类别进行过滤，默认值为 None，表示不进行类别过滤。
- agnostic_nms：是否使用类别不可知的 NMS，默认值为 False。
- augment：是否进行增强推理，默认值为 False。
- visualize：是否可视化特征，默认值为 False。
- update：是否更新所有模型，默认值为 False。

- project：保存结果的项目路径，默认为 runs/detect。
- name：保存结果的名称，默认为 exp。
- exist_ok：是否覆盖已存在的项目/名称，如果为 True，则不递增项目/名称，默认值为 False。
- line_thickness：边界框线条的粗细，默认为 3px。
- hide_labels：是否隐藏标签，默认值为 False。
- hide_conf：是否隐藏置信度，默认值为 False。
- half：是否使用 FP16 的半精度推理，默认值为 False。
- dnn：是否使用 OpenCV DNN 进行 ONNX 推理，默认值为 False。
- vid_stride：视频帧率步长，默认值为 1。

这些参数可以根据需要进行调整，以适应不同的目标检测场景和要求。

(2) 运行目标检测推理，并根据不同的输入来源进行相应的处理和操作。具体代码如下。

```
    source = str(source)  # 将输入的来源转换为字符串类型
    save_img = not nosave and not source.endswith('.txt')  # 是否保存推理图像
    is_file = Path(source).suffix[1:] in (IMG_FORMATS + VID_FORMATS)  # 是否为文件路径
    is_url = source.lower().startswith(('rtsp://', 'rtmp://', 'http://', 'https://'))
    # 是否为 URL
    webcam = source.isnumeric() or source.endswith('.streams') or (is_url and not
is_file)  # 是否为摄像头输入
    screenshot = source.lower().startswith('screen')  # 是否为屏幕截图输入
    if is_url and is_file:
        source = check_file(source)  # 下载文件

    # 生成保存结果的目录
    save_dir = increment_path(Path(project) / name, exist_ok=exist_ok)
    (save_dir / 'labels' if save_txt else save_dir).mkdir(parents=True, exist_ok=True)
    # 创建目录

    # 加载模型
    device = select_device(device)  # 选择设备
    model = DetectMultiBackend(weights, device=device, dnn=dnn, data=data, fp16=half)
    # 实例化模型
    stride, names, pt = model.stride, model.names, model.pt  # 获取模型参数
    imgsz = check_img_size(imgsz, s=stride)  # 检查图像尺寸

    # 数据加载器
    bs = 1
    if webcam:
        view_img = check_imshow(warn=True)  # 检查是否显示图像
```

```
        dataset = LoadStreams(source, img_size=imgsz, stride=stride, auto=pt,
        vid_stride=vid_stride)  # 加载数据流
        bs = len(dataset)
    elif screenshot:
        dataset = LoadScreenshots(source, img_size=imgsz, stride=stride, auto=pt)
        # 加载截图
    else:
        dataset = LoadImages(source, img_size=imgsz, stride=stride, auto=pt,
        vid_stride=vid_stride)  # 加载图像/视频
    vid_path, vid_writer = [None] * bs, [None] * bs

    # 执行推理
    model.warmup(imgsz=(1 if pt or model.triton else bs, 3, *imgsz))  # 模型预热
    seen, windows, dt = 0, [], (Profile(), Profile(), Profile())
    for path, im, im0s, vid_cap, s in dataset:
        with dt[0]:
            im = torch.from_numpy(im).to(model.device)
            im = im.half() if model.fp16 else im.float()  # 转换数据类型
            im /= 255  # 范围调整为[0, 1]
            if len(im.shape) == 3:
            im = im[None]  # 添加批处理维度

        with dt[1]:
            visualize = increment_path(save_dir / Path(path).stem, mkdir=True)
            if visualize else False  # 可视化结果的路径
            pred = model(im, augment=augment, visualize=visualize)  # 推理

        # NMS(非最大值抑制)
        with dt[2]:
            pred = non_max_suppression(pred, conf_thres, iou_thres, classes,
                                        agnostic_nms, max_det=max_)
```

对上述代码的具体说明如下。

① 首先，对输入的source进行一系列判断和处理。将source转换为字符串类型，并根据条件判断是否保存推理图像。接着，判断source是文件路径还是URL，以及是否为摄像头或屏幕截图。如果source是URL且为文件路径，则会进行文件下载操作。

② 创建保存结果的目录，根据project和name参数生成保存结果的路径，并在指定路径下创建目录。如果save_txt为True，就在目录下创建一个名为labels的子目录，否则直接创建主目录。

③ 加载模型并选择设备。根据指定的设备类型，选择相应的设备进行推理。同时，实例化DetectMultiBackend类的对象model，并获取其步长(stride)、类别名称(names)和模型(pt)。

④ 检查图像尺寸并创建数据加载器。根据不同的输入来源，选择相应的数据加载器对

象：LoadStreams 用于摄像头输入；LoadScreenshots 用于屏幕截图输入；LoadImages 用于图像或视频输入。同时，根据是否为摄像头输入，确定批处理大小(bs)。

⑤ 进行推理过程。首先，调用 model.warmup()方法进行模型预热，其中输入图像的尺寸根据模型类型进行调整。然后，使用迭代器遍历数据加载器，获取输入图像及相关信息。接着将图像转换为 PyTorch 张量，并根据模型的精度要求进行数据类型和范围的调整，如果输入图像维度为 3，则添加一个批处理维度。最后，根据是否需要可视化结果，确定是否保存推理结果的路径，在得到推理结果后，根据设定的置信度阈值、IoU 阈值和其他参数，进行非最大值抑制(NMS)操作。

⑥ 对推理结果进行处理。包括计算推理的时间、保存推理结果图像和输出结果信息。其中，推理时间分为 3 个阶段，即数据准备、模型推理和 NMS 操作。保存推理结果图像的路径根据是否需要可视化和输入图像的文件名进行生成。然后，根据设置的参数决定是否将推理结果保存为文本文件。

2. 训练

在深度学习中，train 表示训练模型的过程。训练是指通过给定的输入数据和相应的标签，使用梯度下降等优化算法来调整模型的参数，使其逐渐适应给定的任务。训练过程通常包括前向传播、计算损失函数、反向传播和参数更新等步骤。通过反复迭代训练数据集，模型可以逐渐学习到数据中的模式和特征，从而提高在给定任务上的性能。在本实例中，编写文件 train.py 实现训练功能。具体代码编写流程如下。

(1) 编写函数 train()用于训练模型，首先通过下面的代码进行训练前的准备工作，包括解析参数、创建目录、加载超参数、保存运行设置和创建日志记录器等。它为后续的训练过程做好了铺垫。

```
def train(hyp, opt, device, callbacks):
    save_dir, epochs, batch_size, weights, single_cls, evolve, data, cfg, resume,
noval, nosave, workers, freeze = \
        Path(opt.save_dir), opt.epochs, opt.batch_size, opt.weights, opt.single_cls,
opt.evolve, opt.data, opt.cfg, \
        opt.resume, opt.noval, opt.nosave, opt.workers, opt.freeze
    callbacks.run('on_pretrain_routine_start')

    # 目录
    w = save_dir / 'weights'  # 权重目录
    (w.parent if evolve else w).mkdir(parents=True, exist_ok=True)  # 创建目录
    last, best = w / 'last.pt', w / 'best.pt'

    # 超参数
```

```
    if isinstance(hyp, str):
        with open(hyp, errors='ignore') as f:
            hyp = yaml.safe_load(f)  # 加载超参数字典
    LOGGER.info(colorstr(' hyperparameters: ') + ', '.join(f'{k}={v}' for k, v in
hyp.items()))
    opt.hyp = hyp.copy()  # 用于保存检查点的超参数

    # 保存运行设置
    if not evolve:
        yaml_save(save_dir / 'hyp.yaml', hyp)
        yaml_save(save_dir / 'opt.yaml', vars(opt))

    # 记录器
    data_dict = None
    if RANK in {-1, 0}:
        loggers = Loggers(save_dir, weights, opt, hyp, LOGGER)  # 记录器实例

        # 注册操作
        for k in methods(loggers):
            callbacks.register_action(k, callback=getattr(loggers, k))

        # 处理自定义数据集工件链接
        data_dict = loggers.remote_dataset
        if resume:  # 如果从远程工件恢复运行
            weights, epochs, hyp, batch_size = opt.weights, opt.epochs, opt.hyp,
opt.batch_size
```

对上述代码的具体说明如下。

① 将函数的参数和选项进行解析和赋值。包括 hyp(超参数路径或字典)、opt(选项参数对象)、device(设备)、callbacks(回调函数集合)等。

② 创建保存目录，并设置权重目录 w。

③ 加载超参数。如果 hyp 是一个字符串，则从文件中加载超参数字典。然后将超参数保存在 opt.hyp 中，以便在训练过程中保存到检查点。

④ 如果不是进化训练(evolve=False)，则保存运行设置。将超参数保存为 hyp.yaml 文件，将选项参数保存为 opt.yaml 文件。

⑤ 创建日志记录器(Loggers)实例。如果当前进程是主进程(RANK=-1 或 RANK=0)，则创建日志记录器并注册回调函数。

⑥ 如果是从远程 artifact 恢复运行，则更新权重、轮数、超参数和批大小。

(2) 继续训练模型前的准备工作，包括配置设置、加载模型、冻结层、设置图像尺寸、设置批大小、创建优化器、实现学习率调度器、设置 EMA 指数滑动平均、恢复训练等。具体代码如下。

```
plots = not evolve and not opt.noplots  # 创建绘图
cuda = device.type != 'cpu'
init_seeds(opt.seed + 1 + RANK, deterministic=True)
with torch_distributed_zero_first(LOCAL_RANK):
    data_dict = data_dict or check_dataset(data)  # 检查是否为None
train_path, val_path = data_dict['train'], data_dict['val']
nc = 1 if single_cls else int(data_dict['nc'])  # 类别数
names = {0: 'item'} if single_cls and len(data_dict['names']) != 1 else
data_dict['names']  # 类别名称
is_coco = isinstance(val_path, str) and val_path.endswith('coco/val2017.txt')
# 是否为COCO数据集

# 模型
check_suffix(weights, '.pt')  # 检查权重文件
pretrained = weights.endswith('.pt')
if pretrained:
    with torch_distributed_zero_first(LOCAL_RANK):
        weights = attempt_download(weights)  # 如果本地不存在，则下载
    ckpt = torch.load(weights, map_location='cpu')  # 加载检查点到CPU以避免CUDA内存泄漏
    model = Model(cfg or ckpt['model'].yaml, ch=3, nc=nc,
anchors=hyp.get('anchors')).to(device)  # 创建模型
    # 排除的键
    exclude = ['anchor'] if (cfg or hyp.get('anchors')) and not resume else []
    csd = ckpt['model'].float().state_dict()  # 将检查点状态字典转换为FP32
    csd = intersect_dicts(csd, model.state_dict(), exclude=exclude)  # 取交集
    model.load_state_dict(csd, strict=False)  # 加载模型状态
    LOGGER.info(f'从{weights}转移了{len(csd)}/{len(model.state_dict())}个项目')  # 报告
else:
    model = Model(cfg, ch=3, nc=nc, anchors=hyp.get('anchors')).to(device)  # 创建模型
amp = check_amp(model)  # 检查AMP

# 冻结层
freeze = [f'model.{x}.' for x in (freeze if len(freeze) > 1 else range(freeze[0]))]
# 要冻结的层
for k, v in model.named_parameters():
    v.requires_grad = True  # 训练所有层
    if any(x in k for x in freeze):
        LOGGER.info(f'冻结{k}')
        v.requires_grad = False

# 图像尺寸
gs = max(int(model.stride.max()), 32)  # 网格大小(最大步长)
imgsz = check_img_size(opt.imgsz, gs, floor=gs * 2)  # 确保imgsz是gs的倍数

# 批处理大小
if RANK == -1 and batch_size == -1:  # 仅在单GPU情况下，估算最佳批处理大小
    batch_size = check_train_batch_size(model, imgsz, amp)
```

```
    loggers.on_params_update({'batch_size': batch_size})

# 优化器
nbs = 64  # 名义批处理大小
accumulate = max(round(nbs / batch_size), 1)  # 在优化之前积累损失
hyp['weight_decay'] *= batch_size * accumulate / nbs  # 缩放weight_decay
optimizer = smart_optimizer(model, opt.optimizer, hyp['lr0'], hyp['momentum'],
hyp['weight_decay'])

# 调度器
if opt.cos_lr:
    lf = one_cycle(1, hyp['lrf'], epochs)  # 余弦1->hyp['lrf']
else:
    lf = lambda x: (1 - x / epochs) * (1.0 - hyp['lrf']) + hyp['lrf']  # 线性
scheduler = lr_scheduler.LambdaLR(optimizer, lr_lambda=lf)  # 绘制

# EMA
ema = ModelEMA(model) if RANK in {-1, 0} else None

# 恢复
best_fitness, start_epoch = 0.0, 0
if pretrained:
    if resume:
        best_fitness, start_epoch, epochs = smart_resume(ckpt, optimizer, ema,
weights, epochs, resume)
    del ckpt, csd
```

(3) 使用深度学习框架 PyTorch 训练目标检测模型，具体代码如下。

```
train_loader, dataset = create_dataloader(train_path,
                                          imgsz,
                                          batch_size
                                          gs,
                                          single_cls,
                                          hyp=hyp,
                                          augment=True,
                                          cache=None if opt.cache == 'val' else opt.cache,
                                          rect=opt.rect,
                                          rank=LOCAL_RANK,
                                          workers=workers,
                                          image_weights=opt.image_weights,
                                          quad=opt.quad,
                                          prefix=colorstr('train: '),
                                          shuffle=True,
                                          seed=opt.seed)
labels = np.concatenate(dataset.labels, 0)
mlc = int(labels[:, 0].max())  # 最大标签类别
```

```
assert mlc < nc, f'Label class {mlc} exceeds nc={nc} in {data}. Possible class labels
are 0-{nc - 1}'

# 进程 0
if RANK in {-1, 0}:
    val_loader = create_dataloader(val_path,
                                   imgsz,
                                   batch_size // WORLD_SIZE * 2,
                                   gs,
                                   single_cls,
                                   hyp=hyp,
                                   cache=None if noval else opt.cache,
                                   rect=True,
                                   rank=-1,
                                   workers=workers * 2,
                                   pad=0.5,
                                   prefix=colorstr('val: '))[0]

    if not resume:
        if not opt.noautoanchor:
            check_anchors(dataset, model=model, thr=hyp['anchor_t'], imgsz=imgsz)
# 运行 AutoAnchor
        model.half().float()  # 预先减少锚精度

    callbacks.run('on_pretrain_routine_end', labels, names)

# DDP 模式
if cuda and RANK != -1:
    model = smart_DDP(model)

# 模型属性
nl = de_parallel(model).model[-1].nl  # 检测层数量(用于缩放 hyps)
hyp['box'] *= 3 / nl  # 缩放到层
hyp['cls'] *= nc / 80 * 3 / nl  # 缩放到类别和层
hyp['obj'] *= (imgsz / 640) ** 2 * 3 / nl  # 缩放到图像尺寸和层
hyp['label_smoothing'] = opt.label_smoothing
model.nc = nc  # 将类别数附加到模型
model.hyp = hyp  # 将超参数附加到模型
# 附加类别权重
model.class_weights = labels_to_class_weights(dataset.labels, nc).to(device) * nc
model.names = names

# 开始训练
t0 = time.time()
nb = len(train_loader)  # 批次数量
nw = max(round(hyp['warmup_epochs'] * nb), 100)  # 温暖迭代次数，最大(3 个 epoch，100 个迭代)
# nw = min(nw, (epochs - start_epoch) / 2 * nb)  # 限制温暖到小于 1/2 的训练
```

```
last_opt_step = -1
maps = np.zeros(nc)  # 每个类别的mAP
results = (0, 0, 0, 0, 0, 0, 0)
scheduler.last_epoch = start_epoch - 1  # 不要移动
scaler = torch.cuda.amp.GradScaler(enabled=amp)
stopper, stop = EarlyStopping(patience=opt.patience), False
compute_loss = ComputeLoss(model)  # 初始化损失类
callbacks.run('on_train_start')
LOGGER.info(f'Image sizes {imgsz} train, {imgsz} val\n'
            f'Using {train_loader.num_workers * WORLD_SIZE} dataloader workers\n'
            f"Logging results to {colorstr('bold', save_dir)}\n"
            f'Starting training for {epochs} epochs...')
for epoch in range(start_epoch, epochs):  # epoch ---------------------------
   callbacks.run('on_train_epoch_start')
   model.train()

   # 更新图像权重(可选，仅单GPU)
   if opt.image_weights:
      cw = model.class_weights.cpu().numpy() * (1 - maps) ** 2 / nc  # 类别权重
      # 图像权重
      iw = labels_to_image_weights(dataset.labels, nc=nc, class_weights=cw)
      # 随机加权idx
      dataset.indices = random.choices(range(dataset.n), weights=iw, k=dataset.n)

   # 更新马赛克边框(可选)

   mloss = torch.zeros(3, device=device)  # 平均损失
   if RANK != -1:
      train_loader.sampler.set_epoch(epoch)
   pbar = enumerate(train_loader)
   LOGGER.info(('\n' + '%11s' * 7) % ('Epoch', 'GPU_mem', 'box_loss', 'obj_loss',
'cls_loss', 'Instances', 'Size'))
   if RANK in {-1, 0}:
      pbar = tqdm(pbar, total=nb, bar_format=TQDM_BAR_FORMAT)  # 进度条
   optimizer.zero_grad()
   for i, (imgs, targets, paths, _) in pbar:  # batch ------------------------
      callbacks.run('on_train_batch_start')
      ni = i + nb * epoch  # 自训练开始以来集成的批次数
      # uint8 转换为 float32，0-255 转换为 0.0-1.0
      imgs = imgs.to(device, non_blocking=True).float() / 255

      if ni <= nw:
         xi = [0, nw]  # x interp
         accumulate = max(1, np.interp(ni, xi, [1, nbs / batch_size]).round())
         for j, x in enumerate(optimizer.param_groups):
            x['lr'] = np.interp(ni, xi, [hyp['warmup_bias_lr'] if j == 0 else 0.0,
x['initial_lr'] * lf(epoch)])
```

```
            if 'momentum' in x:
                x['momentum'] = np.interp(ni, xi, [hyp['warmup_momentum'],
hyp['momentum']])

        # 多尺度
        if opt.multi_scale:
            sz = random.randrange(int(imgsz * 0.5), int(imgsz * 1.5) + gs) // gs *
gs  # 尺寸
            sf = sz / max(imgs.shape[2:])  # 缩放因子
            if sf != 1:
                # 新形状(拉伸到 gs-multiple)
                ns = [math.ceil(x * sf / gs) * gs for x in imgs.shape[2:]]
                imgs = nn.functional.interpolate(imgs, size=ns, mode='bilinear',
align_corners=False)

        # 前向
        with torch.cuda.amp.autocast(amp):
            pred = model(imgs)  # 前向
            # 损失按 batch_size 缩放
            loss, loss_items = compute_loss(pred, targets.to(device))
            if RANK != -1:
                loss *= WORLD_SIZE  # DDP 模式下在设备之间的平均梯度
            if opt.quad:
                loss *= 4.

        # 后向
        scaler.scale(loss).backward()

        # 优化 - https://pytorch.org/docs/master/notes/amp_examples.html
        if ni - last_opt_step >= accumulate:
            scaler.unscale_(optimizer)  # 取消缩放梯度
            # 截断梯度
            torch.nn.utils.clip_grad_norm_(model.parameters(), max_norm=10.0)
            scaler.step(optimizer)  # 优化器步骤
            scaler.update()
            optimizer.zero_grad()
            if ema:
                ema.update(model)
            last_opt_step = ni

        # 日志
        if RANK in {-1, 0}:
            mloss = (mloss * i + loss_items) / (i + 1)  # 更新平均损失
            mem = f'{torch.cuda.memory_reserved() / 1E9 if torch.cuda.is_available()
else 0:.3g}G'
            pbar.set_description(('%11s' * 2 + '%11.4g' * 5) %
```

```
            (f'{epoch}/{epochs - 1}', mem, *mloss, targets.shape[0],
                imgs.shape[-1]))
        callbacks.run('on_train_batch_end', model, ni, imgs, targets, paths,
            list(mloss))
        if callbacks.stop_training:
            return
    # end batch ------------------------------------------
```

对上述代码的具体说明如下。

① 创建训练数据集的数据加载器，并获取数据集中的标签信息。

② 根据训练模式进行不同的操作。如果是分布式训练模式且使用了多个GPU，则使用torch.nn.DataParallel将模型包装起来，以实现多GPU并行训练。如果开启了同步BatchNorm，并且不是分布式训练模式，则将模型中的BatchNorm层转换为SyncBatchNorm，以实现跨GPU同步。

③ 对模型的一些属性进行设置，包括调整损失函数的权重，附加类别权重、类别名称等信息到模型上。

④ 在开始训练之前，首先需要设置一些参数，比如学习率调整策略、Early Stopping的条件等。然后创建优化器和损失函数，为训练做好准备，在训练过程中，会将整个数据集分成多个批次，在每个epoch中对这些批次进行遍历和训练，再根据设置的参数进行一些预处理操作，如数据增强、图片尺寸调整等。最后将数据输入模型进行前向传播，得到预测结果，并计算损失函数。

⑤ 进行反向传播和优化器更新操作。如果达到一定的条件(如累计一定数量的批次)，则进行一次优化器的更新操作。

在训练过程中，会输出一些训练信息，如当前的epoch、GPU内存占用情况、损失值等。同时会调用一些回调函数，如在每个训练批次开始前和结束后运行的函数。整个训练过程会持续进行多个epoch，直到达到指定的训练轮数为止。

(4) 训练模型，使用循环训练目标检测模型。具体代码如下。

```
# 计算适应度
fi = fitness(np.array(results).reshape(1, -1))  # 权重组合[P, R, mAP@.5, mAP@.5-.95]
stop = stopper(epoch=epoch, fitness=fi)         # 提前停止检查
if fi > best_fitness:
    best_fitness = fi
log_vals = list(mloss) + list(results) + lr
callbacks.run('on_fit_epoch_end', log_vals, epoch, best_fitness, fi)

# 保存模型
if (not nosave) or (final_epoch and not evolve):  # 如果需要保存
    ckpt = {
```

```
            'epoch': epoch,
            'best_fitness': best_fitness,
            'model': deepcopy(de_parallel(model)).half(),
            'ema': deepcopy(ema.ema).half(),
            'updates': ema.updates,
            'optimizer': optimizer.state_dict(),
            'opt': vars(opt),
            'git': GIT_INFO,  # 如果是git仓库，包括{remote, branch, commit}
            'date': datetime.now().isoformat()}

        # 保存最后、最佳并删除
        torch.save(ckpt, last)
        if best_fitness == fi:
            torch.save(ckpt, best)
        if opt.save_period > 0 and epoch % opt.save_period == 0:
            torch.save(ckpt, w / f'epoch{epoch}.pt')
        del ckpt
        callbacks.run('on_model_save', last, epoch, final_epoch, best_fitness, fi)

    # 提前停止
    if RANK != -1:  # 如果是DDP训练
        broadcast_list = [stop if RANK == 0 else None]
        dist.broadcast_object_list(broadcast_list, 0)  # 将stop广播给所有rank
        if RANK != 0:
            stop = broadcast_list[0]
    if stop:
        break  # 必须终止所有DDP rank

    # 结束epoch
    # 结束训练
    if RANK in {-1, 0}:
        LOGGER.info(f'\n{epoch - start_epoch + 1} epochs completed in {(time.time() -
    t0) / 3600:.3f} hours.')
        for f in last, best:
            if f.exists():
                strip_optimizer(f)  # 去除优化器
                if f is best:
                    LOGGER.info(f'\nValidating {f}...')
                    results, _, _ = validate.run(
                        data_dict,
                        batch_size=batch_size // WORLD_SIZE * 2,
                        imgsz=imgsz,
                        model=attempt_load(f, device).half(),
                        iou_thres=0.65 if is_coco else 0.60,  # 在iou 0.65时使用最佳pycocotools
                        single_cls=single_cls,
                        dataloader=val_loader,
                        save_dir=save_dir,
```

```
                save_json=is_coco,
                verbose=True,
                plots=plots,
                callbacks=callbacks,
                compute_loss=compute_loss)  # 用plot验证最佳模型
            if is_coco:
                callbacks.run('on_fit_epoch_end', list(mloss) + list(results) + lr,
epoch, best_fitness, fi)

  callbacks.run('on_train_end', last, best, epoch, results)

torch.cuda.empty_cache()
return results
```

对上述代码的具体说明如下。

① fi = fitness(np.array(results).reshape(1, -1))：计算模型在验证集上的综合指标。results 是一个包含模型在验证集上表现的元组，通过调用 fitness()函数计算综合指标。

② stop = stopper(epoch=epoch, fitness=fi)：判断是否满足停止训练的条件。stopper 是一个用于判断是否进行 EarlyStopping 的对象，根据当前的训练轮数 epoch 和综合指标 fitness 来判断是否停止训练。

③ if fi > best_fitness: best_fitness = fi：如果当前的综合指标大于最佳指标，则更新最佳综合指标 best_fitness。

④ log_vals = list(mloss) + list(results) + lr：将当前的损失值、验证集上的结果和学习率组成一个列表 log_vals，用于记录训练过程中的日志。

⑤ ckpt = {...}：创建一个字典 ckpt，保存训练过程中的相关信息，包括当前的轮数 epoch、最佳综合指标 best_fitness、模型参数、优化器状态等。

⑥ torch.save(ckpt, last)：将 ckpt 保存到文件 last，这里保存的是最后一轮的模型。

⑦ if best_fitness == fi: torch.save(ckpt, best)：如果当前的综合指标等于最佳指标，将 ckpt 保存到文件 best，这里保存的是最佳模型。

⑧ if opt.save_period > 0 and epoch % opt.save_period == 0: torch.save(ckpt, w/f 'epoch{epoch}.pt')：如果设置了保存周期 save_period 且当前轮数是保存周期的倍数，则将 ckpt 保存到文件 epoch{epoch}.pt，用于定期保存模型。

⑨ callbacks.run('on_model_save', last, epoch, final_epoch, best_fitness, fi)：运行回调函数 on_model_save，将保存的模型文件路径、当前轮数、是不是最后一轮、最佳综合指标和当前综合指标等参数传递给回调函数。

⑩ if stop: break：如果满足停止训练的条件，则跳出训练循环，结束训练。

⑪ if RANK in {-1, 0}: LOGGER.info(f'\n{epoch - start_epoch + 1} epochs completed in {(time.time() - t0) / 3600:.3f} hours.')：如果是主进程(RANK 为-1 或 0)，则打印训练完成的信息，包括训练轮数和所花费的时间。

⑫ for f in last, best: ...：遍历最后一轮的模型和最佳模型。

⑬ if f.exists(): ...：模型文件存在时要执行的操作。

⑭ strip_optimizer(f)：去除模型文件中的优化器信息。

⑮ if f is best: ...：如果是最佳模型，则运行验证函数，对模型进行评估。

⑯ callbacks.run('on_fit_epoch_end', list(mloss) + list(results) + lr, epoch, best_fitness, fi)：运行回调函数 on_fit_epoch_end，将损失值、验证集结果和学习率等参数传递给回调函数。

⑰ callbacks.run('on_train_end', last, best, epoch, results)：运行回调函数 on_train_end，将最后一轮模型、最佳模型、当前轮数和验证集结果等参数传递给回调函数。

⑱ torch.cuda.empty_cache()：清空 GPU 缓存。

3. val 模型验证

在深度学习中，val 通常指的是验证数据集。验证数据集是在训练模型过程中用于评估模型性能和调整超参数的数据集。训练过程中的数据通常分为训练集、验证集和测试集三部分。验证集用于在训练过程中评估模型的性能，并根据验证结果调整模型的超参数，以优化模型的泛化能力。与训练集用于训练模型不同，验证集的目的是评估模型在未见过的数据上的性能，以避免过拟合和选择合适的模型。在本实例中，编写文件 val.py 实现模型验证功能，具体代码编写流程如下。

(1) 编写函数 save_one_txt()，功能是将目标检测模型的预测结果保存到文本文件中，具体步骤如下。

① 通过计算归一化增益，将预测框的坐标从 xyxy 格式转换为归一化的 xywh 格式。

② 遍历每个预测框，并根据是否保存置信度确定输出格式。

③ 将结果写入文本文件中，每个预测结果占一行。

函数 save_one_txt()的具体内容如下。

```
def save_one_txt(predn, save_conf, shape, file):
    gn = torch.tensor(shape)[[1, 0, 1, 0]]
    for *xyxy, conf, cls in predn.tolist():
        xywh = (xyxy2xywh(torch.tensor(xyxy).view(1, 4)) / gn).view(-1).tolist()
        line = (cls, *xywh, conf) if save_conf else (cls, *xywh)
            f.write(('%g ' * len(line)).rstrip() % line + '\n')
```

(2) 编写函数 save_one_json()，功能是将目标检测模型的预测结果保存为 JSON 格式的文件，具体步骤如下。

① 根据输入的文件路径提取图像 ID。

② 将预测框的坐标从 xyxy 格式转换为 xywh 格式，并将中心坐标转换为左上角坐标。

③ 遍历每个预测框，将预测结果以字典的形式添加到列表中。

④ 字典包括图像 ID、类别 ID、边界框坐标和置信度。

函数 save_one_json()的具体内容如下。

```
def save_one_json(predn, jdict, path, class_map):
    image_id = int(path.stem) if path.stem.isnumeric() else path.stem
    box = xyxy2xywh(predn[:, :4])
    box[:, :2] -= box[:, 2:] / 2
    for p, b in zip(predn.tolist(), box.tolist()):
        jdict.append({
            'image_id': image_id,
            'category_id': class_map[int(p[5])],
            'bbox': [round(x, 3) for x in b],
            'score': round(p[4], 5)})
```

(3) 编写函数 process_batch()，功能是根据预测框和标签框计算正确的预测矩阵，具体步骤如下。

① 创建一个全零矩阵 correct，用于存储预测框和标签框之间的匹配情况。

② 计算预测框和标签框之间的 IoU(交并比)。

③ 对于每个 IoU 阈值，筛选出 IoU 大于阈值且类别匹配的预测框。

④ 将匹配的结果记录在 correct 矩阵中，用布尔值表示匹配情况。

⑤ 返回一个 correct 张量，其中每一行表示一个预测框，每一列表示一个 IoU 阈值，值为 True 表示匹配正确。

函数 process_batch()的具体内容如下。

```
def process_batch(detections, labels, iouv):
    correct = np.zeros((detections.shape[0], iouv.shape[0])).astype(bool)
    iou = box_iou(labels[:, 1:], detections[:, :4])
    correct_class = labels[:, 0:1] == detections[:, 5]
    for i in range(len(iouv)):
        x = torch.where((iou >= iouv[i]) & correct_class)  # IoU>阈值且类别匹配
        if x[0].shape[0]:
            matches = torch.cat((torch.stack(x, 1), iou[x[0], x[1]][:, None]),
1).cpu().numpy()  # [label, detect, iou]
            if x[0].shape[0] > 1:
                matches = matches[matches[:, 2].argsort()[::-1]]
                matches = matches[np.unique(matches[:, 1], return_index=True)[1]]
                # matches = matches[matches[:, 2].argsort()[::-1]]
```

```
            matches = matches[np.unique(matches[:, 0], return_index=True)[1]]
        correct[matches[:, 1].astype(int), i] = True
    return torch.tensor(correct, dtype=torch.bool, device=iouv.device)
```

通过运行下面的命令可以展示识别结果：

```
python detect.py --weights yolov5s.pt --img 640 --conf 0.25 --source data/images
```

10.3 语义分割

语义分割(Semantic Segmentation)是计算机视觉领域中的一项任务，旨在将图像中的每个像素点进行分类，将图像分割成具有语义信息的不同区域。与目标检测只关注检测和定位图像中的物体不同，语义分割不仅要检测物体，还要对每个像素点进行分类，将每个像素点标记为属于不同的语义类别。

扫码看视频

10.3.1 什么是语义分割

语义分割的目标是为图像中的每个像素点分配一个语义标签，通常使用颜色或类别编号来表示不同的语义类别。例如，在一张街景图像中，语义分割可以将图像分割成道路、汽车、行人、建筑物等不同的语义区域。

语义分割在许多计算机视觉任务中发挥重要作用，例如自动驾驶中的场景理解、医学图像分析中的病变检测、智能视频监控中的目标跟踪等。准确地理解图像中的语义信息，可以为这些任务提供更丰富的场景理解和更精准的分析结果。

为了实现语义分割，常用的方法是使用深度学习模型，特别是卷积神经网络(CNN)模型。这些模型能够学习到图像的特征表示，并通过卷积和上采样等操作实现对每个像素点的分类。近年来，基于深度学习的语义分割方法取得了显著的进展，并在许多任务和应用中表现出了优秀的性能。

实例 10-2 演示了如何使用卷积神经网络进行图像分割，在 Python 程序中使用深度学习框架 PyTorch 实现图像分割功能。

实例 10-2：使用卷积神经网络进行图像分割

源码路径：daima\10\juanfen.py

```
# 定义卷积神经网络模型
class SegmentationModel(nn.Module):
    def __init__(self, num_classes):
        super(SegmentationModel, self).__init__()
```

```
        # 定义网络的层和操作
        self.conv1 = nn.Conv2d(3, 64, kernel_size=3, stride=1, padding=1)
        self.relu = nn.ReLU()
        self.conv2 = nn.Conv2d(64, 64, kernel_size=3, stride=1, padding=1)
        self.conv3 = nn.Conv2d(64, num_classes, kernel_size=1, stride=1)

    def forward(self, x):
        x = self.relu(self.conv1(x))
        x = self.relu(self.conv2(x))
        x = self.conv3(x)
        return x
# 创建模型实例
num_classes = 2  # 两个类别：前景和背景
model = SegmentationModel(num_classes)
# 加载图像数据和标签
input_image = torch.randn(1, 3, 256, 256)  # 输入图像，假设大小为256×256，通道数为3
# 目标分割掩码，假设大小为256×256
target_mask = torch.randint(0, num_classes, (1, 256, 256))
# 定义损失函数和优化器
criterion = nn.CrossEntropyLoss()
optimizer = torch.optim.SGD(model.parameters(), lr=0.001, momentum=0.9)
# 训练模型
num_epochs = 10
for epoch in range(num_epochs):
    # 前向传播
    output = model(input_image)
    # 计算损失
    loss = criterion(output, target_mask)
    # 反向传播和优化
    optimizer.zero_grad()
    loss.backward()
    optimizer.step()
    # 输出当前训练状态
    print(f'Epoch [{epoch+1}/{num_epochs}], Loss: {loss.item()}')
```

在上述代码中定义了一个简单的卷积神经网络模型，包含几个卷积层和激活函数。模型的输出是一个与输入图像大小相同的张量，每个像素点都表示对应的类别。在训练过程中，使用交叉熵损失函数 CrossEntropyLoss()来计算模型输出与目标分割掩码之间的差异，并使用随机梯度下降(SGD)优化器更新模型的参数。程序执行后会输出：

```
Epoch [1/10], Loss: 0.6942412853240967
Epoch [2/10], Loss: 0.6942408084869385
Epoch [3/10], Loss: 0.6942399740219116
Epoch [4/10], Loss: 0.6942387819290161
Epoch [5/10], Loss: 0.6942373514175415
```

```
Epoch [6/10], Loss: 0.6942355632781982
Epoch [7/10], Loss: 0.6942337155342102
Epoch [8/10], Loss: 0.6942315697669983
Epoch [9/10], Loss: 0.694229125976625
Epoch [10/10], Loss: 0.6942267417907715
```

注意：这只是一个简单的例子，在实际应用中的图像分割模型通常更加复杂，并使用更多的层和技术来提高性能和准确度。此外，通常还会使用更大规模的图像数据集进行训练。

10.3.2 DeepLab 语义分割

DeepLab 是一种用于图像语义分割的深度学习模型，它是由 Google 开发的一系列模型，旨在对图像中的每个像素点进行语义分类，即将图像分割成不同的语义区域。DeepLab 采用了卷积神经网络(CNN)和空洞卷积(Dilated Convolution)等技术，具有较强的感受野和上下文信息，能够准确地捕捉图像中不同目标的边界和细节。实例 10-3 演示了如何使用 DeepLab 模型实现语义分割。

实例 10-3：使用 DeepLab 模型实现语义分割

源码路径：daima\10\deep.py

```
# 加载预训练的 DeepLab 模型
model = deeplabv3_resnet50(pretrained=True)
model.eval()
# 定义图像预处理转换
transform = transforms.Compose([
    transforms.Resize((256, 256)),
    transforms.ToTensor(),
    transforms.Normalize(mean=[0.485, 0.456, 0.406], std=[0.229, 0.224, 0.225])
])
# 加载图像
image = Image.open('image.jpg')  # 假设有一张名为 image.jpg 的图像
input_image = transform(image).unsqueeze(0)  # 转换图像并添加批次维度
# 使用模型进行图像语义分割
with torch.no_grad():
    outputs = model(input_image)['out']
# 获取预测结果
predicted_mask = torch.argmax(outputs.squeeze(), dim=0).detach().cpu().numpy()
# 创建预测掩码图像
mask_image = Image.fromarray(predicted_mask.astype('uint8'))
# 创建调色板
palette = [0, 0, 0,    # 背景颜色
```

```
            255, 0, 0,  # 人物颜色
            0, 255, 0,  # 车辆颜色
            0, 0, 255]  # 树木颜色
mask_image.putpalette(palette)  # 应用调色板
# 显示原始图像和预测掩码图像
fig, (ax1, ax2) = plt.subplots(1, 2, figsize=(10, 5))
ax1.imshow(image)
ax1.axis('off')
ax1.set_title('Original Image')
ax2.imshow(mask_image)
ax2.axis('off')
ax2.set_title('Predicted Mask')
plt.show()
```

上述代码实现了使用预训练的 DeepLab 模型对图像进行语义分割，并显示原始图像和预测掩码图像。具体实现流程如下。

(1) 使用预训练的DeepLab模型创建一个实例，并将其设置为评估模式，即model.eval()。

(2) 定义图像预处理转换 transform，其中包括将图像调整为 256×256 大小，转换为张量和归一化操作。

(3) 加载图像，假设图像的文件名为 image.jpg，并使用定义的转换对图像进行预处理，然后添加一个批次维度，以符合模型的输入要求。

(4) 使用模型对输入图像进行语义分割。在 with torch.no_grad()上下文中，将输入图像传递给模型并获取输出。模型的输出是一个张量，表示每个像素点属于不同类别的概率。

(5) 在输出张量上使用 torch.argmax()函数，找到每个像素点最可能属于的类别，并使用.detach().cpu().numpy()将张量转换为 NumPy 数组。

(6) 创建预测掩码图像，通过 Image.fromarray()函数将预测掩码数组转换为 PIL 图像对象。

(7) 创建一个调色板 palette，其中定义了每个类别对应的颜色值。然后通过mask_image.putpalette(palette)方法，应用调色板到预测掩码图像。

(8) 使用 matplotlib.pyplot 模块将原始图像和预测掩码图像显示在一个包含两个子图的图形窗口中，其中左侧子图为原始图像，右侧子图为预测掩码图像。

10.4 SSD 目标检测

SSD(Single Shot Multi-Box Detector)是一种常用的目标检测算法，它能够在单个前向传递(Single Shot)中检测图像中的多个目标。SSD 结合了特征提取网络和多个不同尺度的卷积层，以实现在不同大小的目标上进行检测。

扫码看视频

10.4.1 摄像头目标检测

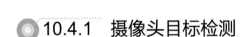

实例 10-4 的功能是使用 SSD 模型实现摄像头图像的实时目标检测。

实例 10-4：使用 SSD 模型实现摄像头图像的实时目标检测

源码路径：daima\10\fen.py

```
# 加载预训练的模型和标签
model = cv2.dnn.readNetFromCaffe('deploy.prototxt', 'model.caffemodel')
with open('labels.txt', 'r') as f:
    labels = f.read().splitlines()
# 打开摄像头
cap = cv2.VideoCapture(0)
while True:
    # 读取视频帧
    ret, frame = cap.read()
    # 创建一个 blob (二进制大对象) 对图像进行预处理
    blob = cv2.dnn.blobFromImage(frame, 0.007843, (300, 300), (127.5, 127.5, 127.5),
swapRB=True, crop=False)
    # 将 blob 输入到模型中进行推理
    model.setInput(blob)
    detections = model.forward()
    # 处理检测结果
    for i in range(detections.shape[2]):
        confidence = detections[0, 0, i, 2]
        if confidence > 0.5:  # 设定置信度阈值为 0.5
            class_id = int(detections[0, 0, i, 1])
            label = labels[class_id]
            x1 = int(detections[0, 0, i, 3] * frame.shape[1])
            y1 = int(detections[0, 0, i, 4] * frame.shape[0])
            x2 = int(detections[0, 0, i, 5] * frame.shape[1])
            y2 = int(detections[0, 0, i, 6] * frame.shape[0])
            # 在帧上绘制检测结果
            cv2.rectangle(frame, (x1, y1), (x2, y2), (0, 255, 0), 2)
            cv2.putText(frame, label, (x1, y1 - 10), cv2.FONT_HERSHEY_SIMPLEX, 0.9,
(0, 255, 0), 2)
    # 显示帧
    cv2.imshow('SSD Object Detection', frame)
    # 按下 Q 键退出循环
    if cv2.waitKey(1) & 0xFF == ord('q'):
        break
# 释放摄像头并关闭窗口
cap.release()
cv2.destroyAllWindows()
```

对上述代码的具体说明如下。

(1) 导入所需的库：导入库 cv2 用于处理和显示图像，导入库 numpy 用于操作数组。

(2) 加载预训练模型和标签：使用 cv2.dnn.readNetFromCaffe()函数从 deploy.prototxt 和 model.caffemodel 文件中加载预训练的 SSD 模型。同时，从 labels.txt 文件中读取类别标签。

(3) 打开摄像头：使用 cv2.VideoCapture(0)打开默认的摄像头。

(4) 进入循环：使用 while 循环来持续读取摄像头的视频帧。

(5) 创建 blob：使用 cv2.dnn.blobFromImage()函数将当前帧进行预处理，生成一个 blob 对象，作为输入传递给模型。预处理包括尺寸调整、像素值归一化等操作。

(6) 进行推理：使用模型的 setInput()方法将 blob 输入到模型中进行推理，得到检测结果。通过模型的 forward()方法获取输出。

(7) 处理检测结果：对每个检测到的目标，获取其置信度、类别 ID、边界框坐标等信息。如果置信度大于阈值(此处设为 0.5)，则认为目标检测有效。

(8) 在帧上绘制检测结果：使用 cv2.rectangle()函数和 cv2.putText()函数在原始帧上绘制检测到的目标的边界框和类别标签。

(9) 显示帧：使用 cv2.imshow()函数显示带有检测结果的帧。

(10) 退出循环：按下键盘上的 Q 键，退出循环。

(11) 释放资源：释放摄像头并关闭窗口。

10.4.2　基于图像的目标检测

实例 10-5 的功能是使用 SSD 模型对现有的素材图像实现目标检测。

实例 10-5：使用 SSD 模型对现有的素材图像实现目标检测

源码路径：daima\10\tu.py

```
# 加载预训练的模型和标签
model = cv2.dnn.readNetFromCaffe('deploy.prototxt', 'model.caffemodel')
with open('labels.txt', 'r') as f:
    labels = f.read().splitlines()
# 读取图像
image = cv2.imread('999.jpg')
# 创建一个 blob(二进制大对象)对图像进行预处理
blob = cv2.dnn.blobFromImage(image, 0.007843, (300, 300), (127.5, 127.5, 127.5),
swapRB=True, crop=False)
# 将 blob 输入到模型中进行推理
model.setInput(blob)
detections = model.forward()
# 处理检测结果
```

```
for i in range(detections.shape[2]):
    confidence = detections[0, 0, i, 2]
    if confidence > 0.1:  # 设定置信度阈值为0.1
        class_id = int(detections[0, 0, i, 1])
        label = labels[class_id]
        x1 = int(detections[0, 0, i, 3] * image.shape[1])
        y1 = int(detections[0, 0, i, 4] * image.shape[0])
        x2 = int(detections[0, 0, i, 5] * image.shape[1])
        y2 = int(detections[0, 0, i, 6] * image.shape[0])
        # 在图像上绘制检测结果
        cv2.rectangle(image, (x1, y1), (x2, y2), (0, 255, 0), 2)
        cv2.putText(image, label, (x1, y1 - 10), cv2.FONT_HERSHEY_SIMPLEX, 0.9, (0,
255, 0), 2)
# 显示图像
cv2.imshow('SSD Object Detection', image)
cv2.waitKey(0)
cv2.destroyAllWindows()
```

对上述代码的具体说明如下。

(1) 使用 cv2.imread()函数读取图像文件，将其存储在 image 变量中。

(2) 创建一个 blob 对象，对图像进行预处理，包括尺寸调整、像素归一化等。

(3) 将 blob 对象输入到模型中进行推理，获取目标检测结果。

(4) 遍历检测结果，提取置信度、类别标签和边界框坐标。

(5) 根据置信度阈值，筛选出置信度较高的检测结果。

(6) 在图像上绘制筛选后的检测结果，包括绘制边界框和标签。

(7) 使用 cv2.imshow()函数显示带有检测结果的图像，并等待按键关闭图像窗口。

程序执行后将会使用矩形线条标注出图片中的目标区域，如图 10-1 所示。

图 10-1　标注出目标区域

第11章

图像分类

图像分类是计算机视觉领域中的一种技术，旨在将输入的图像分配到预定义的类别中。它是一种监督学习算法，其中训练数据集包含标注好的图像和相应的类别标签。图像分类在许多实际应用中起着关键作用，如物体识别、图像搜索、人脸识别、医学图像分析等。在本章的内容中，将详细讲解使用 Python 语言实现图像分类的知识。

11.1 图像分类介绍

扫码看视频

图像分类的关键挑战在于从图像数据中提取有意义的特征，并建立一个能够将这些特征与相应类别关联的模型。随着深度学习方法的兴起，特别是卷积神经网络(CNN)的应用，图像分类技术取得了显著的进展。

深度学习模型通过多个卷积层和全连接层来学习图像的特征表示。在卷积层中，模型可以自动学习图像中的边缘、纹理和形状等低级特征。随着网络的发展，高级特征和语义信息也会逐渐被提取出来。通过在训练过程中调整权重，深度学习模型可以自动学习到最能区分不同类别的特征。

11.2 基于特征提取和机器学习的图像分类

扫码看视频

传统的图像分类方法通常涉及手工设计的特征提取步骤，例如边缘检测、纹理特征提取、颜色直方图等。然后，将这些提取的特征输入机器学习算法[如支持向量机(SVM)、随机森林(Random Forest)和 *K* 最近邻算法(*K*-Nearest Neighbor)等]中进行分类。

11.2.1 图像分类的基本流程

使用特征提取和机器学习算法实现图像分类的基本流程如下。

(1) 数据准备：收集并准备好带有标注的图像数据集，确保数据集中包含各个类别的典型样本，并确保标注准确和完整。

(2) 特征提取：特征提取是将图像转换为机器学习算法能够理解和处理的特征向量的过程。常见的特征提取方法如下。

- 边缘检测：使用边缘检测算法(如 Sobel、Canny 等)提取图像的边缘信息。
- 颜色直方图：将图像中各个颜色通道的像素值统计为直方图，用于表示颜色分布。
- 纹理特征：提取图像中的纹理信息，如灰度共生矩阵(GLCM)和局部二值模式(LBP)等。
- 尺度不变特征变换(SIFT)：提取具有尺度不变性和旋转不变性的局部特征描述子。
- 主成分分析(PCA)：将高维的图像特征降维到低维空间中，以减少特征的维度和冗余信息。

(3) 特征表示：将提取的特征转换为机器学习算法所需的向量形式。可以将特征向量简单地按照一定的规则进行拼接或者使用降维方法(如 PCA)将其转换为较低维度的特征表示。

(4) 数据划分：将准备好的特征向量以及对应的标签划分为训练集和测试集，通常采用交叉验证等方法进行划分。

(5) 机器学习模型训练和分类：选择适当的机器学习算法，如支持向量机、随机森林或 *K* 最近邻等算法。使用训练集的特征向量和标签进行模型训练，通过优化算法调整模型参数。训练完成后，使用测试集的特征向量进行分类预测，并评估分类的准确率、精确率、召回率等指标。

(6) 模型评估和调优：根据评估结果，可以通过调整机器学习模型的超参数、特征选择以及模型选择等方式来提高分类性能。常用的方法包括网格搜索、交叉验证等。

需要注意的是，特征提取和机器学习算法在处理大规模图像数据集时可能存在一些限制，例如手工设计特征可能无法捕捉到复杂的语义信息。然而，在小规模数据集或资源受限的环境中，特征提取和机器学习算法仍然是实现图像分类的一个有效选择。随着深度学习技术的发展，深度学习方法在图像分类任务上取得了更好的效果，但传统方法仍然具有一定的实用性和应用场景。

11.2.2 基于 scikit-learn 机器学习的图像分类

机器学习从开始到建模的基本流程是：获取数据、数据预处理、训练模型、模型评估、预测、分类。本节中我们将根据传统机器学习的流程，学习在每一步流程中常用的函数以及它们的用法。实例 11-1 演示了如何使用库 scikit-learn 实现图像分类，其中采用了特征提取和机器学习算法。

实例 11-1：使用库 scikit-learn 实现图像分类

源码路径：daima\11\catdog.py

```
# 数据集路径和类别标签
dataset_path = "path_to_dataset"
categories = ["cat", "dog"]
# 提取特征的函数(示例中使用颜色直方图作为特征)
def extract_features(image_path):
    image = cv2.imread(image_path)
    image = cv2.resize(image, (100, 100))  # 调整图像大小
    hist = cv2.calcHist([image], [0, 1, 2], None, [8, 8, 8], [0, 256, 0, 256, 0, 256])
# 计算颜色直方图
    hist = cv2.normalize(hist, hist).flatten()  # 归一化并展平
    return hist
# 加载图像数据和标签
```

```
data = []
labels = []
for category in categories:
    category_path = os.path.join(dataset_path, category)
    for image_name in os.listdir(category_path):
        image_path = os.path.join(category_path, image_name)
        features = extract_features(image_path)
        data.append(features)
        labels.append(category)
# 将数据集划分为训练集和测试集
X_train, X_test, y_train, y_test = train_test_split(data, labels, test_size=0.2,
random_state=42)
# 使用支持向量机作为分类器
classifier = SVC()
classifier.fit(X_train, y_train)
# 在测试集上进行预测
y_pred = classifier.predict(X_test)
# 计算分类准确率
accuracy = accuracy_score(y_test, y_pred)
print("Accuracy:", accuracy)
```

在上述代码中，首先定义了数据集路径和类别标签。再通过函数 extract_features()提取图像的特征，这里使用的特征提取方法是颜色直方图。接下来，遍历数据集中的图像，提取特征并将其添加到数据列表中，同时记录对应的类别标签。然后，使用函数 train_test_split()将数据集划分为训练集和测试集。在训练阶段，使用 SVC 类作为分类器，通过调用 fit()方法对训练数据进行训练。最后，使用训练好的分类器在测试集上进行预测，并计算分类准确率。程序执行后会输出：

```
Accuracy: 0.7857142857142857
```

注意：上面输出的分类准确率只有 0.78，这是笔者在运行时使用的数据集过小导致的，机器学习算法通常需要足够的数据来学习和泛化。在源码中提供了 kaggle dog VS.cat 数据集，在这个数据集中训练集共有 25000 张图片，猫和狗的图片各一半，格式为 dog.xxx.jpg/cat.xxx.jpg(xxx 为编号)。测试集共 12500 张，没标定是猫的图片还是狗的图片，格式为 xxx.jpg。大家可以使用这个数据集进行训练识别，准确率会大大提高。这只是一个简单的实例，实际应用中可能需要根据具体情况进行更多的数据预处理、特征选择、模型调优等步骤。另外，可以尝试使用其他特征提取方法和机器学习算法，以及结合交叉验证等技术来提高分类性能。

实例 11-2 实现了识别鸢尾花的功能。这是一个经典的机器学习分类问题，它的数据样本中包括了 4 个特征变量，1 个类别变量，样本总数为 150。本实例的目标是根据花萼长度(sepal length)、花萼宽度(sepal width)、花瓣长度(petal length)、花瓣宽度(petal width)四个特征来识别鸢尾花属于山鸢尾(iris-setosa)、变色鸢尾(iris-versicolor)和弗吉尼亚鸢尾(iris-virginia)中的哪一种。

实例 11-2：实现鸢尾花的识别功能

源码路径：daima\11\hua.py

```
# 引入数据集，sklearn 包含众多数据集
from sklearn import datasets
# 将数据分为测试集和训练集
from sklearn.model_selection import train_test_split
# 利用邻近点方式训练数据
from sklearn.neighbors import KNeighborsClassifier

# 引入数据，本次导入鸢尾花数据，iris 数据包含 4 个特征变量
iris = datasets.load_iris()
# 特征变量
iris_X = iris.data
# print(iris_X)
print('特征变量的长度', len(iris_X))
# 目标值
iris_y = iris.target
print('鸢尾花的目标值', iris_y)
# 利用 train_test_split()函数将训练集和测试集分开，测试集占 30%
X_train, X_test, y_train, y_test = train_test_split(iris_X, iris_y, test_size=0.3)
# 训练数据的特征值分为 3 类
print(y_train)
# 训练数据
# 引入训练方法
knn = KNeighborsClassifier()
# 填充测试数据进行训练
knn.fit(X_train, y_train)
params = knn.get_params()
print(params)
score = knn.score(X_test, y_test)
print("预测得分为：%s" % score)
# 预测数据和特征值
print(knn.predict(X_test))
# 打印真实特征值
print(y_test)
```

程序执行后会输出训练和预测结果：

```
特征变量的长度 150
鸢尾花的目标值 [0 0 0 0 0 0 0 0 0 0 0 0 0 0 0 0 0 0 0 0 0 0 0 0 0 0 0 0 0 0 0 0 0
 0 0 0 0 0 0 0 0 0 0 0 0 0 0 0 0 0 1 1 1 1 1 1 1 1 1 1 1 1 1 1 1 1 1 1 1 1 1 1
 1 1  1 1 1 1 1 1 1 1 1 1 1 1 1 1 1 1 1 1 1 1 1 1 1 1 1 1 2 2 2 2 2 2 2 2 2 2 2
```

```
 2 2 2 2 2 2 2 2 2 2 2 2 2 2 2 2 2 2 2 2 2 2 2 2 2 2 2 2 2 2 2 2 2 2 2 2 2 2]
[2 1 2 1 0 2 0 1 0 1 0 1 1 2 1 0 0 0 1 2 2 2 2 1 1 2 1 0 2 0 2 0 0 2 2 2 0
 1 1 2 0 2 1 1 1 2 0 0 1 1 1 1 1 0 1 0 2 2 2 1 1 0 0 2 0 2 1 0 2 1 1 0 2 2
 2 0 1 1 0 2 0 1 2 2 1 1 1 0 1 1 2 0 0 2 0 0 1 2 0 0 0 0 1 2 2]
{'algorithm': 'auto', 'leaf_size': 30, 'metric': 'minkowski', 'metric_params': None,
'n_jobs': None, 'n_neighbors': 5, 'p': 2, 'weights': 'uniform'}
预测得分为: 1.0
[0 2 0 0 1 0 1 1 0 0 2 2 1 0 2 2 1 0 0 2 0 2 1 0 2 1 2 2 2 2 0 2 0 0 1 2 2
 0 1 2 1 1 1 0 1]
[0 2 0 0 1 0 1 1 0 0 2 2 1 0 2 2 1 0 0 2 0 2 1 0 2 1 2 2 2 2 0 2 0 0 1 2 2
 0 1 2 1 1 1 0 1]
```

11.2.3 分类算法

该示例文件(fen.py)的功能是展示不同分类器对于一个 3 类数据集的分类概率。使用的分类器包括支持向量分类器(Linear SVC)、带 L1 和 L2 惩罚项的 Logistic 回归(L1 logistic 和 L2 logistic)，以及高斯过程分类器(GPC)。在默认情况下，线性 SVC 不是概率分类器，但在本实例中它有一个内建校准选项(probability=True)。箱外的 One-Vs-Rest 的逻辑回归不是一个多分类的分类器，因此，与其他分类器相比，它在分离第二类和第三类时有更大的困难。

实例 11-3：绘制不同分类器的分类概率图像

源码路径：daima\11\fen.py

```
iris = datasets.load_iris()
X = iris.data[:, 0:2]
y = iris.target
n_features = X.shape[1]
C = 10
kernel = 1.0 * RBF([1.0, 1.0])
classifiers = {
   'L1 logistic': LogisticRegression(C=C, penalty='l1',
                              solver='saga',
                              multi_class='multinomial',
                              max_iter=10000),
   'L2 logistic (Multinomial)': LogisticRegression(C=C, penalty='l2',
                                     solver='saga',
                                     multi_class='multinomial',
                                     max_iter=10000),
   'L2 logistic (OvR)': LogisticRegression(C=C, penalty='l2',
                                 solver='saga',
                                 multi_class='ovr',
                                 max_iter=10000),
   'Linear SVC': SVC(kernel='linear', C=C, probability=True,
                 random_state=0),
```

```
    'GPC': GaussianProcessClassifier(kernel)
}
n_classifiers = len(classifiers)
plt.figure(figsize=(3 * 2, n_classifiers * 2))
plt.subplots_adjust(bottom=.2, top=.95)
xx = np.linspace(3, 9, 100)
yy = np.linspace(1, 5, 100).T
xx, yy = np.meshgrid(xx, yy)
Xfull = np.c_[xx.ravel(), yy.ravel()]

for index, (name, classifier) in enumerate(classifiers.items()):
    classifier.fit(X, y)
    y_pred = classifier.predict(X)
    accuracy = accuracy_score(y, y_pred)
    print("Accuracy (train) for %s: %0.1f%% " % (name, accuracy * 100))
    probas = classifier.predict_proba(Xfull)
    n_classes = np.unique(y_pred).size
    for k in range(n_classes):
        plt.subplot(n_classifiers, n_classes, index * n_classes + k + 1)
        plt.title("Class %d" % k)
        if k == 0:
            plt.ylabel(name)
        imshow_handle = plt.imshow(probas[:, k].reshape((100, 100)),
                                   extent=(3, 9, 1, 5), origin='lower')
        plt.xticks(())
        plt.yticks(())
        idx = (y_pred == k)
        if idx.any():
            plt.scatter(X[idx, 0], X[idx, 1], marker='o', c='w', edgecolor='k')

ax = plt.axes([0.15, 0.04, 0.7, 0.05])
plt.title("Probability")
plt.colorbar(imshow_handle, cax=ax, orientation='horizontal')

plt.show()
```

上述代码实现了在一个二维特征空间中可视化多个分类器的决策边界和概率图像。这段代码主要用于演示不同分类器在二维特征空间中的分类效果和概率分布情况。通过观察决策边界和概率图像，可以了解不同分类器在鸢尾花数据集上的性能和特点。具体实现流程如下。

(1) 加载鸢尾花数据集(iris)，其中 X 是特征矩阵，包含了鸢尾花的萼片长度和萼片宽度两个特征；y 是目标变量，包含了鸢尾花的类别标签。

(2) 定义一个正态核函数(RBF)作为高斯过程分类器(GPC)的核函数，并设置惩罚参数 C。

(3) 创建不同的分类器，包括 L1 正则化的逻辑回归(L1 logistic)、L2 正则化的逻辑回归(L2 logistic)、线性支持向量机(Linear SVC)和高斯过程分类器(GPC)。这些分类器使用不同的参数和算法来进行训练和分类。

(4) 使用 plt.subplots_adjust()函数调整子图的位置和间距，创建一个绘图窗口，并设置图像的大小。

(5) 生成一个网格点坐标矩阵(Xfull)，用于在整个特征空间中生成预测结果。

(6) 对于每个分类器，依次进行训练和预测，计算训练集上的分类准确率，并打印出来。

(7) 对于每个分类器，绘制类别的预测概率图像，显示每个类别的概率分布情况。

(8) 调整颜色条的位置和大小，将颜色条添加到图像中。

(9) 使用 plt.show()显示绘制的图像。

程序执行后会输出下面的结果，并在 Matplotlib 中绘制三种分类器的分类概率图像，如图 11-1 所示。

```
Accuracy (train) for L1 logistic: 83.3%
Accuracy (train) for L2 logistic (Multinomial): 82.7%
Accuracy (train) for L2 logistic (OvR): 79.3%
Accuracy (train) for Linear SVC: 82.0%
Accuracy (train) for GPC: 82.7%
```

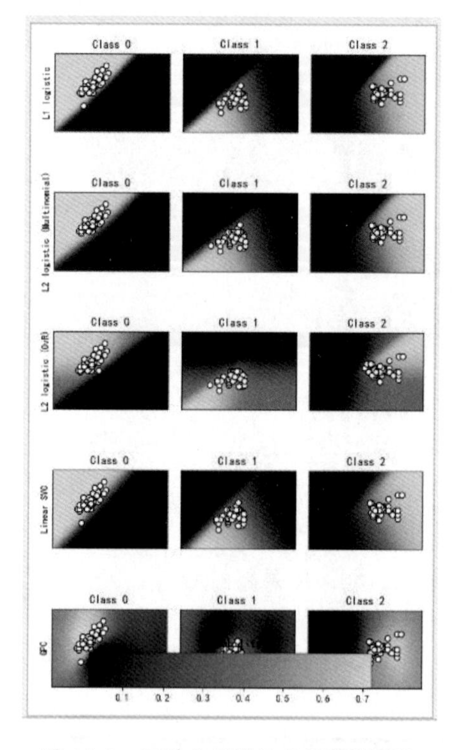

图 11-1　三种分类器的分类概率图像

11.2.4 聚类算法

实例 11-4 的功能是使用一个大型的 faces 数据集将一组组成面部的 20×20 的图像进行修补。本实例展示了使用库 scikit-learn 在线 API 学习按块处理大型数据集的方法。本实例的处理方法是一次加载一张图像，并从这张图像中随机提取 50 个补丁。一旦积累了 500 个补丁(使用 10 张图像)，则运行在线 MiniBatchKMeans 类的 partial_fit()方法。在连续调用 partial_fit()方法期间，某些聚类会被重新分配。因为它们所代表的补丁数量过少，所以选择一个随机的新聚类。

实例 11-4：使用 faces 数据集将一组组成面部的 20×20 的图像进行修补

源码路径：daima\11\face.py

```
faces = datasets.fetch_olivetti_faces()
print('Learning the dictionary... ')
rng = np.random.RandomState(0)
kmeans = MiniBatchKMeans(n_clusters=81, random_state=rng, verbose=True)
patch_size = (20, 20)
buffer = []
t0 = time.time()
# 在整个数据集上循环 6 次
index = 0
for _ in range(6):
    for img in faces.images:
        data = extract_patches_2d(img, patch_size, max_patches=50,
                                  random_state=rng)
        data = np.reshape(data, (len(data), -1))
        buffer.append(data)
        index += 1
        if index % 10 == 0:
            data = np.concatenate(buffer, axis=0)
            data -= np.mean(data, axis=0)
            data /= np.std(data, axis=0)
            kmeans.partial_fit(data)
            buffer = []
        if index % 100 == 0:
            print('Partial fit of %4i out of %i'
                  % (index, 6 * len(faces.images)))

dt = time.time() - t0
print('done in %.2fs.' % dt)

# ###############################################################################
```

```
plt.figure(figsize=(4.2, 4))
for i, patch in enumerate(kmeans.cluster_centers_):
    plt.subplot(9, 9, i + 1)
    plt.imshow(patch.reshape(patch_size), cmap=plt.cm.gray,
               interpolation='nearest')
    plt.xticks(())
    plt.yticks(())


plt.suptitle('Patches of faces\nTrain time %.1fs on %d patches' %
             (dt, 8 * len(faces.images)), fontsize=16)
plt.subplots_adjust(0.08, 0.02, 0.92, 0.85, 0.08, 0.23)

plt.show()
```

上述代码主要用于学习和展示图像字典中的图像块。通过将图像块提取为数据，然后使用 MiniBatchKMeans 算法对数据进行聚类，可以得到一组具有代表性的图像块，用于后续的图像处理和特征表示。本实例实现了使用 MiniBatchKMeans 算法学习图像字典，并展示学习到的图像字典中的图像块。具体实现流程如下。

(1) 通过 datasets.fetch_olivetti_faces()函数加载奥利维蒂人脸数据集，该数据集包含一组人脸图像。

(2) 定义 MiniBatchKMeans 聚类器，并设置聚类的数量 n_clusters 为 81，以及随机数生成器的种子 random_state。

(3) 定义图像块的大小 patch_size，它在本例中是一个 20×20 的矩形。

(4) 创建一个空列表 buffer，用于存储图像块的数据。

(5) 通过循环遍历整个数据集 6 次，对每张人脸图像进行处理。

(6) 在每次循环中，使用 extract_patches_2d()函数从图像中提取图像块，设置最大提取数量为 50，然后将图像块的数据进行重塑和规范化处理，将其添加到 buffer 列表中。

(7) 每当 buffer 列表中的图像块数量达到 10 个时，将它们连接成一个数据矩阵，并进行均值归一化处理。

(8) 使用 partial_fit()方法对数据进行部分拟合来更新聚类器的参数。

(9) 每当处理了 100 个图像块时，打印输出部分拟合的进度。

(10) 通过计算总共花费的时间来评估学习过程的耗时。

(11) 使用 matplotlib.pyplot 绘制学习到的图像字典中的图像块。循环遍历聚类器的聚类中心，并使用 plt.subplot()函数在子图中显示图像块，设置合适的标题和调整子图的布局。

(12) 通过 plt.show()函数显示绘制的图像。

程序执行效果如图 11-2 所示。

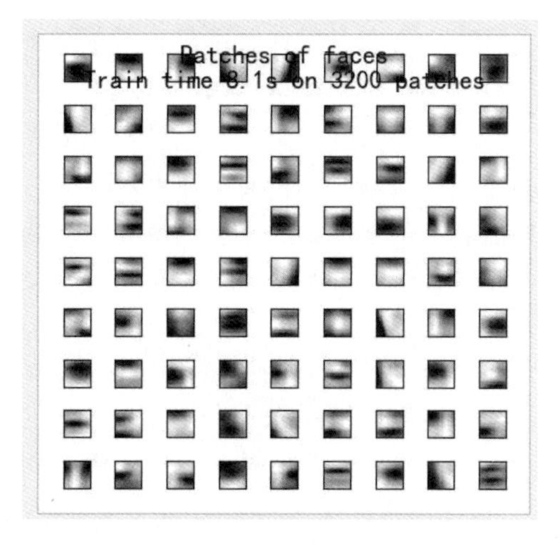

图 11-2 显示修补的图像块

11.3 基于卷积神经网络的图像分类

在本章前面内容中介绍的是基于机器学习的图像分类，本书的重点是基于深度学习的图像处理，基于深度学习的图像分类技术主要有卷积神经网络、迁移学习、循环神经网络、卷积循环神经网络等。在本节的内容中，将讲解基于卷积神经网络的图像分类知识。

扫码看视频

11.3.1 卷积神经网络的基本结构

基于卷积神经网络(CNN)的图像分类技术是当前最主流和成功的图像分类方法之一。它通过多个卷积层和池化层来学习图像的特征表示，随后通过全连接层进行分类。著名的 CNN 模型包括 LeNet、AlexNet、VGGNet、ResNet、Inception 等。基础的 CNN 由卷积(Convolution)、激活(Activation)和池化(Pooling)三种结构组成。CNN 输出的结果是每幅图像的特定特征空间，当处理图像分类任务时，会把 CNN 输出的特征空间作为全连接层或全连接神经网络(Fully Connected Neural Network，FCNN)的输入，用全连接层来完成从输入图像到标签集的映射，即分类。当然，整个过程最重要的工作就是通过训练数据迭代调整网络权重，也就是后向传播算法。

在接下来的内容中，将详细讲解卷积神经网络的基本结构。

1. 卷积层

卷积层是卷积神经网络的核心，大多数计算都是在卷积层中进行的。卷积层的功能是实现特征提取，卷积层的参数是由一系列可以学习的滤波器集合构成的，每个滤波器的宽度和高度都比较小，但是深度和输入数据一致。当滤波器沿着图像的宽和高滑动时，会生成一个二维的激活图。直观地说，网络会通过观察某些类型的视觉特征来学习，当它看到这些特征时就会被激活，具体的视觉特征可能是某些方位上的边界，或者在第一层上某些颜色的斑点，甚至可以是网络更高层上的蜂巢状或者车轮状图案。

2. 池化层

通常在连续的卷积层之间会周期性地插入一个池化层，它的作用是逐渐降低数据体的空间尺寸，这样就能减少网络中参数的数量，使得计算资源耗费变少，也能有效控制过拟合。池化层使用 MAX 操作，对输入数据体的每一个深度切片独立进行操作，改变它的空间尺寸。

例如，图像中的相邻像素倾向于具有相似的值，因此通常卷积层相邻的输出像素也具有相似的值。这意味着，卷积层输出中包含的大部分信息都是冗余的。如果我们使用边缘检测滤波器并在某个位置找到强边缘，那么也可能会在距离这个像素 1 个偏移的位置找到相对较强的边缘。但是它们都一样是边缘，我们并没有找到任何新东西。池化层解决了这个问题，它所做的就是通过减小输入数据体的大小来降低输出值的数量。池化层常见的操作有最大池化、平均池化等。

3. 全连接层

全连接层的输入层是特征图，它会将特征图中所有的神经元变成全连接的样子。这个过程为了防止过拟合会引入 Dropout，在特征图进入全连接层之前，使用全局平均池化能够有效地降低过拟合。

对于任何一个卷积层来说，都存在一个能实现和它一样的前向传播函数的全连接层。该全连接层的权重是一个巨大的矩阵，除了某些特定块(感受野)，其余部分都是 0；而在非 0 区域中，大部分元素都是相等的(权值共享)。如果把全连接层转化成卷积层，以某个深度学习模型的输出层(例如，最后一层)为例，假设与它有关的输入神经元只有上面 4 个，所以在权重矩阵中与它相乘的元素，除了它所对应的 4 个，剩下的均为 0，这也就解释了为什么权重矩阵中有为 0 的部分；另外，要把“将全连接层转化成卷积层”和“用矩阵乘法实现卷积”区别开，这两者是不同的，后者本身还是在计算卷积，只不过将其展开为矩阵相乘的形式，并不是“将全连接层转化成卷积层”，所以除非权重中本身有 0，否则用矩阵乘法实现卷积的过程中不会出现值为 0 的权重。

4. 激活层

激活层也被称为激活函数(Activation Function)，它是在人工神经网络的神经元上运行的函数，负责将神经元的输入映射到输出端。激活层对于人工神经网络模型去学习、理解非常复杂和非线性的函数来说具有十分重要的作用。它将非线性特性引入到网络中，例如在矩阵运算应用中，在神经元中输入的 inputs 通过加权求和后，被作用于一个函数，这个函数就是激活函数。引入激活函数是为了增强神经网络模型的非线性，没有激活函数的每一层都相当于一个简单的线性变换，即矩阵相乘和加法操作。即使在叠加了多个这样的层之后，整个网络仍然只是一系列简单的线性变换，无法表达非线性关系。

5. Dropout 层

Dropout 是指深度学习训练过程中，对神经网络训练单元按照一定的概率将其从网络中暂时移除。对于随机梯度下降来说，由于是随机丢弃，故而每一个 mini-batch 都在训练不同的网络。

Dropout 是在训练神经网络模型时因样本数据过少，而采用的防止过拟合的技术。首先，想象我们现在只训练一个特定的网络，当迭代次数增多的时候，可能出现网络对训练集的拟合程度很好(在训练集上 loss 很小)，但是对验证集的拟合程度很差的情况。因此有了这样的想法：可不可以让每次迭代随机地更新网络参数(weights)。引入这样的随机性就可以增加网络的概括能力，所以就有了 Dropout。

在训练的时候，我们只需要按一定的概率(Retaining Probability)P 来对 Weight 层(神经网络中的权重层)的参数进行随机采样，将这个子网络作为此次更新的目标网络。可以想象，如果整个网络有 n 个参数，那么我们可用的子网络个数为 2^n。并且当 n 很大时，每次迭代更新使用的子网络基本上不会重复，从而避免了某一个网络被过分地拟合到训练集上。

那么，在测试的时候怎么办呢？一种基本的方法是把 2^n 个子网络都用来做测试，然后以某种投票机制将所有结果结合(比如说进行平均)，得到最终的结果。但是，n 太大，这种方法实际上完全不可行，所以有人提出做一个大致的估计即可，从 2^n 个网络中随机选取 m 个网络做测试，最后再用某种投票机制得到最终的预测结果。当 m 很大但又远小于 2^n 时，能够很好地逼近原 2^n 个网络结合起来的预测结果。然而还有更好的办法，Dropout 层自身具有的功能，使它能够一次测试接近原 2^n 个网络组合起来的预测能力。

6. BN 层

BN 的全称为批量归一化(Batch Normalization)，是 2015 年提出的一种用于深度神经网络训练的算法。尽管梯度下降法训练神经网络简单高效，但是需要人为地选择参数，比如学习率、参数初始化、权重衰减系数、Dropout 比例等，而且这些参数的选择对于训练结果至关重要，以至于开发者将很多时间都浪费在了调参上。BN 算法的强大之处表现在以下几个方面。

- 可以选择较大的学习率，使训练速度增长很快，具有快速收敛性。
- 可以不用考虑 Dropout、L2 正则项参数的选择，甚至可以去掉这两项。
- 去掉局部响应归一化层。(AlexNet 中使用的方法，BN 层提出之后就不再用了。)
- 可以把训练数据打乱，防止在每批训练中会经常性地选到某一样本。

神经网络训练开始前，都要对数据做归一化处理。原因是一方面网络学习的过程的本质就是学习数据分布，一旦训练数据和测试数据的分布不同，那么网络的泛化能力就会大大降低；另一方面，如果每一批次的数据分布不相同，那么网络就要在每次迭代时都去适应不同的分布，这样会大大降低网络的训练速度。此外，对图片进行归一化处理还可以处理光照、对比度等的影响。

网络一旦训练起来，参数就会更新，除了输入层的数据外，其他层的数据分布也一直在发生变化。因为在训练的时候，网络参数的变化就会导致后面输入数据的分布变化。比如第二层输入是由输入数据和第一层参数得到的，而第一层的参数随着训练一直发生变化，势必会引起第二层输入分布的改变，我们把这种改变称为 ICS(Internal Covariate Shift)问题，BN 就是为了解决这个问题而诞生的。

综上所述，卷积神经网络的主要结构有输入层、卷积层、激活层、池化层和全连接层(全连接层和常规神经网络中的一样)。通过将这些层叠加起来，就可以构建一个完整的卷积神经网络。在实际应用中，通常将卷积层的输出进行激活函数处理，这样卷积层和激活函数一起被视为整个卷积层的组成部分。具体来说，卷积层和全连接层(CONV/FC)对输入执行变换操作时，不仅会用到激活函数，还会用到很多参数。例如神经元的权值和偏差。而激活层和池化层则是进行一个固定不变的函数操作。卷积层和全连接层中的参数会随着梯度下降被训练，这样卷积神经网络计算出的分类评分就能和训练集中每个图像的标签吻合了。

11.3.2 第一个卷积神经网络程序

实例 11-5 将使用 TensorFlow 创建一个卷积神经网络模型，并可视化评估该模型。

实例 11-5：创建一个卷积神经网络模型并进行可视化评估

源码路径：bookcodes/11/cnn01.py

文件 cnn01.py 的具体编码流程如下。

(1) 使用 import 语句导入 TensorFlow 模块。

(2) 下载并准备 CIFAR-10 数据集。

CIFAR-10 数据集包含 10 类图片，共 60 000 张彩色图片，每类图片有 6 000 张。此数据集中 50 000 个样例被作为训练集，剩余 10 000 个样例作为测试集。类之间相互独立，不存在重叠的部分。加载 CIFAR-10 数据集的代码如下：

```
(train_images, train_labels), (test_images, test_labels) = datasets.cifar10.load_data()
# 将像素的值标准化至 0 到 1 的区间内
train_images, test_images = train_images / 255.0, test_images / 255.0
```

(3) 验证数据。将数据集中的前 25 张图片和类名打印出来，以确保数据集被正确加载。代码如下：

```
class_names = ['airplane', 'automobile', 'bird', 'cat', 'deer',
               'dog', 'frog', 'horse', 'ship', 'truck']
plt.figure(figsize=(10,10))
for i in range(25):
   plt.subplot(5,5,i+1)
   plt.xticks([])
   plt.yticks([])
   plt.grid(False)
   plt.imshow(train_images[i], cmap=plt.cm.binary)
   #  CIFAR 的标签是 array，因此需要额外的索引
   plt.xlabel(class_names[train_labels[i][0]])
plt.show()
```

程序执行后将可视化显示数据集中的前 25 张图片和类名，如图 11-3 所示。

图 11-3　可视化显示数据集中的前 25 张图片和类名

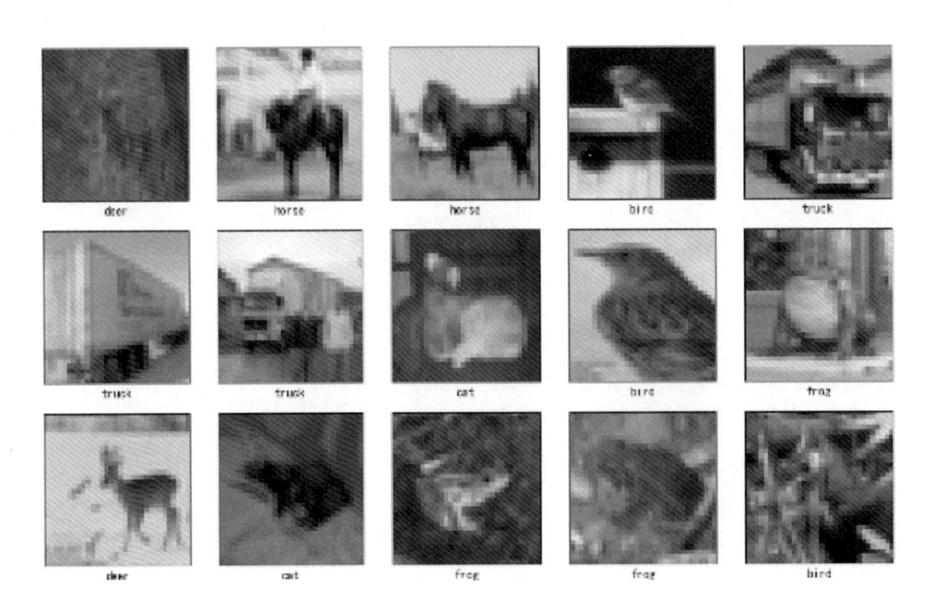

图 11-3　可视化显示数据集中的前 25 张图片和类名(续)

(4) 构造卷积神经网络模型。通过如下代码声明一个常见卷积神经网络，由几个 Conv2D 层和 MaxPooling2D 层组成。

```
model = models.Sequential()
model.add(layers.Conv2D(32, (3, 3), activation='relu', input_shape=(32, 32, 3)))
model.add(layers.MaxPooling2D((2, 2)))
model.add(layers.Conv2D(64, (3, 3), activation='relu'))
model.add(layers.MaxPooling2D((2, 2)))
model.add(layers.Conv2D(64, (3, 3), activation='relu'))
```

CNN 的输入是一个三维的张量(Tensor)，包含了图像高度、宽度及颜色信息，不需要输入 batch size(批大小)。如果读者不熟悉图像处理，颜色信息建议使用 RGB 色彩模式，此模式下 color_channels 的参数为(R, G, B)分别对应 RGB 的三个颜色通道(color channel)。在此实例中，CNN 的输入是 CIFAR 数据集中的图片，形状是(32, 32, 3)，可以在声明第一层时将 Shape(形状)赋值给参数 input_shape。声明 CNN 结构的代码是：

```
model.summary()
```

程序执行后会输出显示模型的基本信息：

```
Model: "sequential"
_________________________________________________________________
Layer (type)                 Output Shape              Param #
=================================================================
```

```
conv2d (Conv2D)              (None, 30, 30, 32)        896
_________________________________________________________________
max_pooling2d (MaxPooling2D) (None, 15, 15, 32)        0
_________________________________________________________________
conv2d_1 (Conv2D)            (None, 13, 13, 64)        18496
_________________________________________________________________
max_pooling2d_1 (MaxPooling2 (None, 6, 6, 64)          0
_________________________________________________________________
conv2d_2 (Conv2D)            (None, 4, 4, 64)          36928
=================================================================
Total params: 56,320
Trainable params: 56,320
Non-trainable params: 0
_________________________________________________________________
```

在程序执行后输出显示的结构中可以看到，每个 Conv2D 层和 MaxPooling2D 层的输出都是一个三维的张量，其描述了图像的宽度、高度和通道数量。在越深的层中，宽度和高度会越小。每个 Conv2D 层输出的通道数量(channels)取决于声明层时的第一个参数(如上面代码中的 32 或 64)。宽度和高度收缩，因此可以从运算的角度增加每个 Conv2D 层输出的通道数量。

(5) 增加 Dense 层。

Dense 层等同于全连接(Full Connected)层，在模型的最后，将把卷积后输出的张量[本例中形状为(4, 4, 64)]传给一个或多个 Dense 层来完成分类。Dense 层的输入为一维的向量，但前面层的输出是三维的张量。因此需要将三维张量展开到一维，之后再传入一个或多个 Dense 层。CIFAR 数据集共有 10 类，因此最终的 Dense 层需要 10 个输出及一个 softmax 激活函数。代码如下：

```
model.add(layers.Flatten())
model.add(layers.Dense(64, activation='relu'))
model.add(layers.Dense(10))
```

此时通过如下代码查看完整的 CNN 结构：

```
model.summary()
```

程序执行后会输出显示：

```
Model: "sequential"
_________________________________________________________________
Layer (type)                 Output Shape              Param #
=================================================================
conv2d (Conv2D)              (None, 30, 30, 32)        896
_________________________________________________________________
max_pooling2d (MaxPooling2D) (None, 15, 15, 32)        0
```

```
_________________________________________________________________
conv2d_1 (Conv2D)            (None, 13, 13, 64)        18496
_________________________________________________________________
max_pooling2d_1 (MaxPooling2 (None, 6, 6, 64)          0
_________________________________________________________________
conv2d_2 (Conv2D)            (None, 4, 4, 64)          36928
_________________________________________________________________
flatten (Flatten)            (None, 1024)              0
_________________________________________________________________
dense (Dense)                (None, 64)                65600
_________________________________________________________________
dense_1 (Dense)              (None, 10)                650
=================================================================
```

由此可以看出，数据在被传入两个 Dense 层之前，Shape 为(4, 4, 64)的输出被展平成了Shape 为(1024)的向量。

(6) 编译并训练模型，代码如下：

```
model.compile(optimizer='adam',
loss=tf.keras.losses.SparseCategoricalCrossentropy(from_logits=True),
          metrics=['accuracy'])
history = model.fit(train_images, train_labels, epochs=10,
                validation_data=(test_images, test_labels))
```

程序执行后会输出显示训练过程：

```
Epoch 1/10
1563/1563 [============= ] - 7s 3ms/step - loss: 1.5216 - accuracy: 0.4446 - val_loss:
1.2293 - val_accuracy: 0.5562
Epoch 2/10
###省略部分输出
Epoch 10/10
1563/1563 [=============] - 5s 3ms/step - loss: 0.6074 - accuracy: 0.7882 - val_loss:
0.8949 - val_accuracy: 0.7075
```

(7) 评估上面实现的卷积神经网络模型，可视化展示评估过程，代码如下：

```
plt.plot(history.history['accuracy'], label='accuracy')
plt.plot(history.history['val_accuracy'], label = 'val_accuracy')
plt.xlabel('Epoch')
plt.ylabel('Accuracy')
plt.ylim([0.5, 1])
plt.legend(loc='lower right')
plt.show()
test_loss, test_acc = model.evaluate(test_images,  test_labels, verbose=2)
```

程序执行效果如图 11-4 所示。

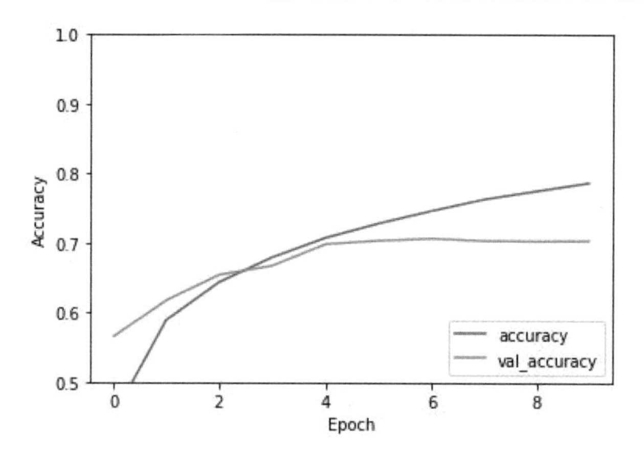

图 11-4　可视化展示评估过程

通过如下代码显示评估结果：

```
print(test_acc)
```

程序执行后会输出：

```
0.7038999795913696
```

11.3.3　使用卷积神经网络进行图像分类

在本节的内容中，将通过一个具体实例的实现，详细讲解使用卷积神经网络对花朵图像进行分类的过程。本实例将使用 keras.Sequential 模型创建图像分类器，并使用 preprocessing.image_dataset_from_directory()函数加载数据。

实例 11-6：使用卷积神经网络对花朵图像进行分类

本实例将重点讲解以下两点内容：

- 加载并使用数据集。
- 识别过度拟合并应用技术来缓解，包括数据增强和 Dropout。

1. 准备数据集

本实例的实现文件是 cnn02.py，大约包含 3700 张鲜花照片的数据集，数据集共包含 5 个子目录，每个类别一个目录，目录结构如下：

```
flower_photo/
  daisy/
```

```
dandelion/
roses/
sunflowers/
tulips/
```

(1) 下载数据集，代码如下：

```
import pathlib
dataset_url = "https://storage.googleapis.com/download.tensorflow.org/
example_images/flower_photos.tgz"
data_dir = tf.keras.utils.get_file('flower_photos', origin=dataset_url, untar=True)
data_dir = pathlib.Path(data_dir)
image_count = len(list(data_dir.glob('*/*.jpg')))
print(image_count)
```

程序执行后会输出：

```
3670
```

以上输出结果说明在数据集中共有 3670 张图像。

(2) 浏览数据集中 roses 目录下的第一张图像，代码如下：

```
roses = list(data_dir.glob('roses/*'))
PIL.Image.open(str(roses[0]))
```

程序执行后显示数据集中 roses 目录下的第一张图像，如图 11-5 所示。

图 11-5　roses 目录下的第一张图像

(3) 也可以浏览数据集中 tulips 目录下的第一张图像，代码如下：

```
tulips = list(data_dir.glob('tulips/*'))
PIL.Image.open(str(tulips[0]))
```

程序执行效果如图 11-6 所示。

图 11-6　tulips 目录下的第一张图像

2. 创建数据集

使用 image_dataset_from_directory()函数从磁盘中加载数据集中的图像，然后从头开始编写加载数据集的代码。

(1) 为加载器定义加载参数，代码如下：

```
batch_size = 32
img_height = 180
img_width = 180
```

(2) 在现实中通常使用验证拆分法创建神经网络模型，在本实例中将使用 80%的图像进行训练，使用 20%的图像进行验证。使用 80%的图像进行训练的代码如下：

```
train_ds = tf.keras.preprocessing.image_dataset_from_directory(
  data_dir,
  validation_split=0.2,
  subset="training",
  seed=123,
  image_size=(img_height, img_width),
  batch_size=batch_size)
```

程序执行后会输出：

```
Found 3670 files belonging to 5 classes.
Using 2936 files for training.
```

使用 20%的图像进行验证的代码如下：

```
val_ds = tf.keras.preprocessing.image_dataset_from_directory(
  data_dir,
  validation_split=0.2,
  subset="validation",
  seed=123,
  image_size=(img_height, img_width),
  batch_size=batch_size)
```

程序执行后会输出：

```
Found 3670 files belonging to 5 classes.
Using 734 files for validation.
```

可以在数据集的属性 class_names 中查看类名，每个类名按字母顺序和目录名称对应。例如下面的代码：

```
class_names = train_ds.class_names
print(class_names)
```

程序执行后会显示类名：

```
['daisy', 'dandelion', 'roses', 'sunflowers', 'tulips']
```

(3) 可视化数据集中的数据，通过如下代码显示训练数据集中的前 9 张图像。

```
import matplotlib.pyplot as plt
plt.figure(figsize=(10, 10))
for images, labels in train_ds.take(1):
  for i in range(9):
    ax = plt.subplot(3, 3, i + 1)
    plt.imshow(images[i].numpy().astype("uint8"))
    plt.title(class_names[labels[i]])
    plt.axis("off")
```

程序执行效果如图 11-7 所示。

图 11-7　训练数据集中的前 9 张图像

(4) 将这些数据集传递给训练模型 model.fit，也可以手动迭代数据集并批量检索图像。代码如下：

```
for image_batch, labels_batch in train_ds:
  print(image_batch.shape)
  print(labels_batch.shape)
  break
```

程序执行后会输出：

```
(32, 180, 180, 3)
(32,)
```

通过以上输出可知，image_batch 是形状的张量(32, 180, 180, 3)。这是一批 32 张形状为 180×180×3(最后一个维度是指颜色通道 RGB)的图像，label_batch 是形状的张量(32,)，这些都是 32 张图像对应的标签。我们可以通过 numpy()在 image_batch 和 labels_batch 张量将上述图像转换为一个 numpy.ndarray。

3. 配置数据集

(1) 配置数据集以提高性能，确保使用缓冲技术预取，这样可以从磁盘加载数据，而不会导致 I/O 阻塞。下面是在加载数据时建议使用的两种重要方法。

- Dataset.cache()：从磁盘加载图像后，将图像保存在内存中。这将确保数据集在训练模型时不会成为瓶颈。如果数据集太大而无法放入内存，也可以使用此方法来创建高性能的磁盘缓存。
- Dataset.prefetch()：在训练时重叠数据预处理和模型执行。

(2) 进行数据标准化处理，因为 RGB 通道值在[0, 255]范围内，这对于神经网络来说并不理想。一般来说，应该设法使输入值变小。在本实例中将使用重新缩放图层来标准化[0, 1]范围内的值。

```
normalization_layer = layers.experimental.preprocessing.Rescaling(1./255)
```

(3) 通过调用 map()函数将缩放层应用于数据集：

```
normalized_ds = train_ds.map(lambda x, y: (normalization_layer(x), y))
image_batch, labels_batch = next(iter(normalized_ds))
first_image = image_batch[0]
print(np.min(first_image), np.max(first_image))
```

程序执行后会输出：

```
0.0 0.9997713
```

或者，可以在模型定义中包含缩放层，这样可以简化部署，本实例将使用第二种方法。

4. 创建模型

本实例的模型由三个卷积块组成，每个块都有一个最大池层和一个全连接层，全连接层上面有 128 个单元，由激活函数激活。该模型尚未针对高精度进行调整，本实例的目的是展示一种标准方法。代码如下：

```
num_classes = 5
model = Sequential([
  layers.experimental.preprocessing.Rescaling(1./255, input_shape=(img_height,
img_width, 3)),
  layers.Conv2D(16, 3, padding='same', activation='relu'),
  layers.MaxPooling2D(),
  layers.Conv2D(32, 3, padding='same', activation='relu'),
  layers.MaxPooling2D(),
  layers.Conv2D(64, 3, padding='same', activation='relu'),
  layers.MaxPooling2D(),
  layers.Flatten(),
  layers.Dense(128, activation='relu'),
  layers.Dense(num_classes)
])
```

5. 编译模型

(1) 在本实例中使用 optimizers.Adam 优化器和 losses.SparseCategoricalCrossentropy()损失函数来编译模型。要想查看每个训练时期的训练准确率和验证准确率，需要传递 metrics 参数。代码如下：

```
model.compile(optimizer='adam',
loss=tf.keras.losses.SparseCategoricalCrossentropy(from_logits=True),
          metrics=['accuracy'])
```

(2) 使用模型的函数 summary()查看网络中所有的层。代码如下：

```
model.summary()
```

程序执行后会输出：

```
Model: "sequential"
_________________________________________________________________
Layer (type)                 Output Shape              Param #
=================================================================
rescaling_1 (Rescaling)       (None, 180, 180, 3)       0
_________________________________________________________________
conv2d (Conv2D)              (None, 180, 180, 16)      448
_________________________________________________________________
max_pooling2d (MaxPooling2D) (None, 90, 90, 16)        0
_________________________________________________________________
```

```
conv2d_1 (Conv2D)          (None, 90, 90, 32)       4640
_________________________________________________________________
max_pooling2d_1 (MaxPooling2) (None, 45, 45, 32)       0
_________________________________________________________________
conv2d_2 (Conv2D)          (None, 45, 45, 64)       18496
_________________________________________________________________
max_pooling2d_2 (MaxPooling2) (None, 22, 22, 64)       0
_________________________________________________________________
flatten (Flatten)          (None, 30976)          0
_________________________________________________________________
dense (Dense)             (None, 128)            3965056
_________________________________________________________________
dense_1 (Dense)            (None, 5)              645
=================================================================
Total params: 3,989,285
Trainable params: 3,989,285
Non-trainable params: 0
```

6. 训练模型

开始训练模型，代码如下：

```
epochs=10
history = model.fit(
  train_ds,
  validation_data=val_ds,
  epochs=epochs
)
```

程序执行后会输出：

```
Epoch 1/10
92/92 [=================] - 3s 16ms/step - loss: 1.4412 - accuracy: 0.3784 - val_loss: 1.1290 - val_accuracy: 0.5409
Epoch 2/10
92/92 [=================] - 1s 10ms/step - loss: 1.0614 - accuracy: 0.5841 - val_loss: 1.0058 - val_accuracy: 0.6131
###省略部分输出
Epoch 10/10
92/92 [================] - 1s 10ms/step - loss: 0.0566 - accuracy: 0.9847 -
```

7. 可视化训练结果

在训练集和验证集上创建损失图和准确度图，然后绘制可视化结果，代码如下：

```
acc = history.history['accuracy']
val_acc = history.history['val_accuracy']
loss = history.history['loss']
```

```
val_loss = history.history['val_loss']
epochs_range = range(epochs)
plt.figure(figsize=(8, 8))
plt.subplot(1, 2, 1)
plt.plot(epochs_range, acc, label='Training Accuracy')
plt.plot(epochs_range, val_acc, label='Validation Accuracy')
plt.legend(loc='lower right')
plt.title('Training and Validation Accuracy')
plt.subplot(1, 2, 2)
plt.plot(epochs_range, loss, label='Training Loss')
plt.plot(epochs_range, val_loss, label='Validation Loss')
plt.legend(loc='upper right')
plt.title('Training and Validation Loss')
plt.show()
```

程序执行后的效果如图 11-8 所示。

图 11-8 可视化损失图和准确度图

8. 过拟合处理：数据增强

从可视化损失图和准确度图中可以看出，训练准确率和验证准确率相差很大，模型在验证集上的准确率只有 60%左右。训练准确率随着时间线性增加，而验证准确率在训练过程中停滞在 60%左右。此外，训练准确率和验证准确率之间的差异是显而易见的，这是过度拟合的现象。

当训练样本数量较少时，模型有时会从训练样本中的噪声或不需要的细节中学习，这在一定程度上会对模型在新样本上的性能产生负面影响，这种现象被称为过拟合。这意味着该模型将很难在新数据集上泛化。在训练过程中有多种方法可以处理过拟合。

过拟合通常发生在训练样本数量较少时，数据增强采用的方法是从现有示例中生成额外的训练数据，方法是使用随机变换来增强它们，从而产生看起来可信的图像。数据增强有助于训练模型更好地适应不同的数据变化，从而提高其泛化能力。

(1) 使用 tf.keras.layers.experimental.preprocessing 实现数据增强，可以像模型中的其他层一样被添加和调用，并在 GPU 上运行。代码如下：

```
data_augmentation = keras.Sequential(
  [
    layers.experimental.preprocessing.RandomFlip("horizontal",
input_shape=(img_height, img_width,3)),
    layers.experimental.preprocessing.RandomRotation(0.1),
    layers.experimental.preprocessing.RandomZoom(0.1),
  ]
)
```

(2) 对同一图像多次应用数据增强技术，下面是可视化数据增强的代码：

```
plt.figure(figsize=(10, 10))
for images, _ in train_ds.take(1):
  for i in range(9):
    augmented_images = data_augmentation(images)
    ax = plt.subplot(3, 3, i + 1)
    plt.imshow(augmented_images[0].numpy().astype("uint8"))
    plt.axis("off")
```

程序执行后的效果如图 11-9 所示。

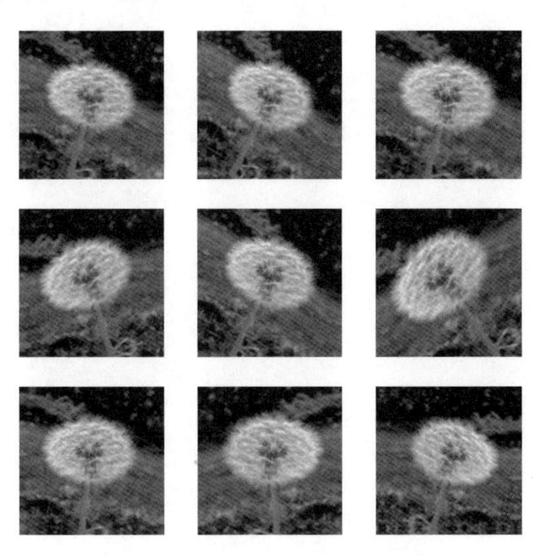

图 11-9　数据增强效果

9. 过拟合处理：将 Dropout 引入网络

下面介绍另一种处理过拟合的技术：将 Dropout 引入网络，这是一种正则化处理方式。当将 Dropout 应用于一个层时，它会在训练过程中从该层中随机删除(通过将激活设置为 0)许多输出单元。Dropout 将一个小数作为其输入值，例如 0.1、0.2、0.4 等，同时对应着从应用层中随机删除 10%、20%、40% 的输出单元。如下代码所示，创建一个新的神经网络 layers.Dropout，然后使用增强图像对其进行训练。

```
model = Sequential([
  data_augmentation,
  layers.experimental.preprocessing.Rescaling(1./255),
  layers.Conv2D(16, 3, padding='same', activation='relu'),
  layers.MaxPooling2D(),
  layers.Conv2D(32, 3, padding='same', activation='relu'),
  layers.MaxPooling2D(),
  layers.Conv2D(64, 3, padding='same', activation='relu'),
  layers.MaxPooling2D(),
  layers.Dropout(0.2),
  layers.Flatten(),
  layers.Dense(128, activation='relu'),
  layers.Dense(num_classes)
])
```

10. 重新编译和训练模型

经过前面的过拟合处理，接下来重新编译和训练模型。代码如下：

```
model.compile(optimizer='adam',

loss=tf.keras.losses.SparseCategoricalCrossentropy(from_logits=True),
              metrics=['accuracy'])
model.summary()
Model: "sequential_2"
```

程序执行后会输出：

```
_________________________________________________________________
Layer (type)                 Output Shape              Param #
=================================================================
sequential_1 (Sequential)    (None, 180, 180, 3)       0
_________________________________________________________________
rescaling_2 (Rescaling)      (None, 180, 180, 3)       0
_________________________________________________________________
conv2d_3 (Conv2D)            (None, 180, 180, 16)      448
_________________________________________________________________
```

```
max_pooling2d_3 (MaxPooling2 (None, 90, 90, 16)       0
_________________________________________________________________
conv2d_4 (Conv2D)           (None, 90, 90, 32)       4640
_________________________________________________________________
max_pooling2d_4 (MaxPooling2 (None, 45, 45, 32)       0
_________________________________________________________________
conv2d_5 (Conv2D)           (None, 45, 45, 64)       18496
_________________________________________________________________
max_pooling2d_5 (MaxPooling2 (None, 22, 22, 64)       0
_________________________________________________________________
dropout (Dropout)           (None, 22, 22, 64)       0
_________________________________________________________________
flatten_1 (Flatten)          (None, 30976)           0
_________________________________________________________________
dense_2 (Dense)             (None, 128)             3965056
_________________________________________________________________
dense_3 (Dense)             (None, 5)               645
=================================================================
Total params: 3,989,285
Trainable params: 3,989,285
Non-trainable params: 0
_________________________________________________________________
```

重新训练模型的代码如下：

```
epochs = 15
history = model.fit(
  train_ds,
  validation_data=val_ds,
  epochs=epochs
)
```

程序执行后会输出：

```
Epoch 1/15
92/92 [==============================] - 2s 13ms/step - loss: 1.2685 - accuracy:
0.4465 - val_loss: 1.0464 - val_accuracy: 0.5899
Epoch 2/15
92/92 [==============================] - 1s 11ms/step - loss: 1.0195 - accuracy:
0.5964 - val_loss: 0.9466 - val_accuracy: 0.6008
###省略部分输出
Epoch 15/15
92/92 [==============================] - 1s 11ms/step - loss: 0.4930 - accuracy:
0.8096 - val_loss: 0.6705 - val_accuracy: 0.7384
```

在使用数据增强和Dropout处理后，过拟合比以前少了，训练准确率和验证准确率更接近。接下来重新可视化训练结果，代码如下：

```
acc = history.history['accuracy']
val_acc = history.history['val_accuracy']

loss = history.history['loss']
val_loss = history.history['val_loss']

epochs_range = range(epochs)

plt.figure(figsize=(8, 8))
plt.subplot(1, 2, 1)
plt.plot(epochs_range, acc, label='Training Accuracy')
plt.plot(epochs_range, val_acc, label='Validation Accuracy')
plt.legend(loc='lower right')
plt.title('Training and Validation Accuracy')

plt.subplot(1, 2, 2)
plt.plot(epochs_range, loss, label='Training Loss')
plt.plot(epochs_range, val_loss, label='Validation Loss')
plt.legend(loc='upper right')
plt.title('Training and Validation Loss')
plt.show()
```

程序执行后效果如图 11-10 所示。

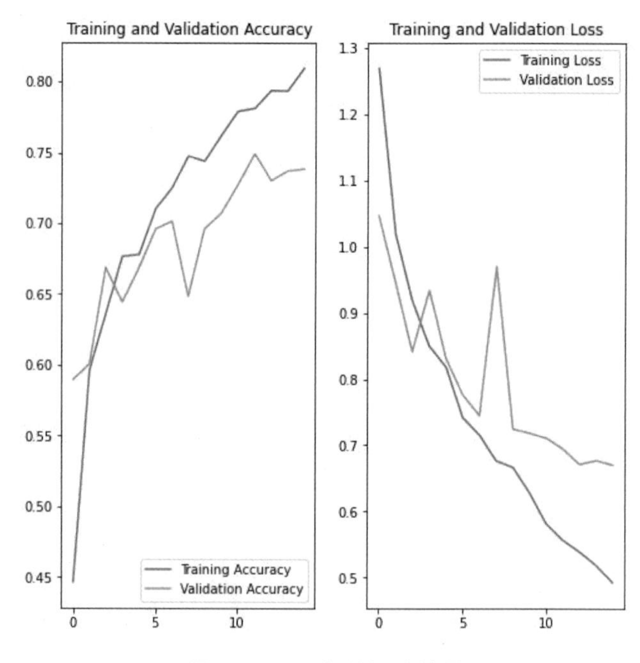

图 11-10　可视化训练结果

11. 预测新数据

使用最新创建的模型对未包含在训练集或验证集中的图像进行分类处理，代码如下：

```
sunflower_url = "https://storage.googleapis.com/download.tensorflow.org/
example_images/592px-Red_sunflower.jpg"
sunflower_path = tf.keras.utils.get_file('Red_sunflower', origin=sunflower_url)

img = keras.preprocessing.image.load_img(
    sunflower_path, target_size=(img_height, img_width)
)
img_array = keras.preprocessing.image.img_to_array(img)
img_array = tf.expand_dims(img_array, 0)  # 创建一个batch批次

predictions = model.predict(img_array)
score = tf.nn.softmax(predictions[0])

print(
    "This image most likely belongs to {} with a {:.2f} percent confidence."
    .format(class_names[np.argmax(score)], 100 * np.max(score))
)
```

程序执行后会输出：

```
Downloading data from https://storage.googleapis.com/download.tensorflow.org/
example_images/592px-Red_sunflower.jpg
122880/117948 [==============================] - 0s 0us/step
This image most likely belongs to sunflowers with a 99.36 percent confidence.
```

需要注意的是，数据增强和Dropout层在推理时处于非活动状态。

11.4 基于迁移学习的图像分类

迁移学习利用预训练的深度学习模型，在新任务上进行微调或特征提取，以加快训练过程并提高性能。通过将预训练模型的权重应用于新的图像分类任务，可以把从大规模数据集中学习到的特征知识加以利用。

扫码看视频

11.4.1 迁移学习介绍

迁移学习(Transfer Learning)是指将已经在一个任务上学习到的知识或模型参数应用到另一个相关任务上的机器学习技术。在深度学习领域，迁移学习是指将在一个大规模数据集上预训练好的神经网络模型的特征表示迁移到新的任务上，以加快模型的训练速度，提

高泛化能力和提升性能。

迁移学习的主要思想是，将在一个源任务上学习到的知识和特征表示，提取为数据的一般特征和模式。这些通用的特征可以迁移到目标任务上，从而减少目标任务的训练时间和数据需求，同时能够更好地泛化到新的数据上。

实现迁移学习的基本步骤如下。

(1) 预训练模型选择：选择一个在大规模数据集上预训练好的模型作为源模型。通常选择在图像分类任务上预训练好的模型，如 VGG、ResNet、Inception 等。

(2) 特征提取：将新的数据输入源模型提取出数据的特征表示。这些特征表示可以是中间层的输出或全局平均池化层的输出。

(3) 新模型构建：在源模型的基础上构建新模型，通常是在提取的特征表示之上添加一个或多个全连接层进行分类。

(4) 微调(Fine-tuning)：根据目标任务的数据，对新模型进行训练。可以选择解冻源模型的一部分或全部参数，并联合训练源模型和新模型。

通过迁移学习，可以充分利用源任务上学习到的知识和模型参数，加快模型的训练速度，提高模型的性能和泛化能力。特别是在数据集较小的情况下，迁移学习是一种有效的方法，可以用来解决过拟合和数据稀缺的问题。

11.4.2 基于迁移学习的图片分类器

在本节的实例中，使用 TensorFlow.js 在浏览器中实现一个实时训练的分类器。首先，加载并运行一个名为 MobileNet 的常用预训练模型，用于在浏览器中进行图片分类。然后，使用迁移学习技术，该技术使用预训练的 MobileNet 模型对训练进行 Bootstrap 处理，并自定义该模型以对应用进行训练。

实例 11-7：使用 TensorFlow.js 实现一个实时训练的分类器

通过对本实例的学习可以掌握以下知识点。

- 如何加载预训练的 MobileNet 模型并利用新数据进行预测。
- 如何通过网络摄像头进行预测。
- 如何通过 MobileNet 模型的中间激活功能，使用网络摄像头即时为定义的一组新类别执行迁移学习。

1. 加载 TensorFlow.js 和 MobileNet 模型

编写 HTML 文件 index.html，在文件中使用 TensorFlow.js 和 MobileNet 模型。代码如下：

```
<html>
  <head>
    <!-- Load the latest version of TensorFlow.js -->
    <script src="https://cdn.jsdelivr.net/npm/@tensorflow/tfjs"></script>
    <script src="https://cdn.jsdelivr.net/npm/@tensorflow-models/mobilenet"></script>
  </head>
  <body>
    <div id="console"></div>
    <!-- Add an image that we will use to test -->
    <img id="img" crossorigin src="https://i.imgur.com/JlUvsxa.jpg" width="227"
height="227"/>
    <!-- Load index.js after the content of the page -->
    <script src="index.js"></script>
  </body>
</html>
```

2. 设置 MobileNet

编写文件 index.js，设置 MobileNet 以在浏览器中进行判断识别。代码如下：

```
let net;

async function app() {
  console.log('Loading mobilenet..');

  //加载模型
  net = await mobilenet.load();
  console.log('Successfully loaded model');

  //通过模型对图像进行预测
  const imgEl = document.getElementById('img');
  const result = await net.classify(imgEl);
  console.log(result);
}

app();
```

在浏览器中运行文件 index.html，会在开发者工具的 JavaScript 控制台中看到一张狗狗的图片，这是 MobileNet 预测的最有可能的内容。请注意，下载模型可能需要一些时间，要耐心等待。另外，此模型也可以在手机上使用。

3. 识别摄像头图片

在浏览器中运行 MobileNet 对摄像头拍摄的图片进行判断识别。首先，设置网络摄像头元素。

(1) 打开文件 index.html，将以下代码行添加到 <body> 部分内，然后删除用于加载狗狗图片的 <img> 标签：

```
<video autoplay playsinline muted id="webcam" width="224" height="224"></video>
```

(2) 打开文件 index.js，将 webcamElement 添加到文件的最顶部。代码如下：

```
const webcamElement = document.getElementById('webcam');
```

现在，在函数 app()中移除通过图片获得的预测结果，然后修改为通过创建一个网络摄像头元素进行预测的无限循环。函数 app()的新代码如下：

```
async function app() {
  console.log('Loading mobilenet..');

  //加载模型
  net = await mobilenet.load();
  console.log('Successfully loaded model');

  //从 Tensorflow.js 数据 API 创建一个对象，该对象可以作为 tensor 从网络摄像头捕获的图像
  const webcam = await tf.data.webcam(webcamElement);
  while (true) {
    const img = await webcam.capture();
    const result = await net.classify(img);

    document.getElementById('console').innerText = `
      prediction: ${result[0].className}\n
      probability: ${result[0].probability}
    `;
    //处理张量以释放内存
    img.dispose();

    //等待下一个动画帧触发
    await tf.nextFrame();
  }
}
```

如果此时在浏览器中打开控制台，会看到 MobileNet 模型对摄像头采集到的每个帧的预测概率。这些预测概率可能是无意义的，因为 ImageNet 数据集中的内容与网络摄像头捕捉的图片并不相似。

4. 自定义分类器

在 MobileNet 预测的基础上添加一个自定义分类器，制作一个即时使用网络摄像头的自定义 3 个类别的对象分类器。依旧通过 MobileNet 进行分类，但这次将对特定摄像头图

片的模型进行内部表示(激活)，并用其进行分类。使用一个名为 *K* 最近邻(KNN)分类器的模块，它能有效地将网络摄像头图片(实际上是它们的 MobileNet 激活)归到不同的类别。当用户要求进行预测时，只需要选择拥有要为其进行预测的图片最相似的、激活的类别。

(1) 在文件 index.html 中<head>标签的末尾添加 KNN 分类器的导入项(仍需要 MobileNet，因此请勿移除该导入项)。代码如下：

```
<script
src="https://cdn.jsdelivr.net/npm/@tensorflow-models/knn-classifier"></script>
```

然后在文件 index.html 中<video>标签的下面添加 3 个按钮，这 3 个按钮将用于向模型中添加训练图片。代码如下：

```
...
<button id="class-a">Add A</button>
<button id="class-b">Add B</button>
<button id="class-c">Add C</button>
...
```

(2) 在文件 index.js 的顶部创建分类器，代码如下：

```
const classifier = knnClassifier.create();
```

然后修改函数 app()，代码如下：

```
async function app() {
  console.log('Loading mobilenet..');
  //加载模型
  net = await mobilenet.load();
  console.log('Successfully loaded model');
  //从 Tensorflow.js API 创建一个对象，该对象可以作为 tensor 从摄像头捕获的图像
  const webcam = await tf.data.webcam(webcamElement);
  //从摄像头读取图像并将其与特定的类索引相关联
  const addExample = async classId => {
    //从摄像头捕获图像
    const img = await webcam.capture();
    //获取 MobileNet'conv\u preds'的中间激活，并将其传递给 KNN 分类器
    const activation = net.infer(img, true);
    //将中间激活传递给分类器
    classifier.addExample(activation, classId);
    //释放张量
    img.dispose();
  };
  //单击按钮时，为该类添加一个示例
  document.getElementById('class-a').addEventListener('click', () => addExample(0));
  document.getElementById('class-b').addEventListener('click', () => addExample(1));
  document.getElementById('class-c').addEventListener('click', () => addExample(2));
```

```
  while (true) {
    if (classifier.getNumClasses() > 0) {
      const img = await webcam.capture();
      //从摄像头获取 MobileNet 的激活
      const activation = net.infer(img, 'conv_preds');
      //从分类器模块中获取最可能的类和可信度
      const result = await classifier.predictClass(activation);
      const classes = ['A', 'B', 'C'];
      document.getElementById('console').innerText = `
        prediction: ${classes[result.label]}\n
        probability: ${result.confidences[result.label]}
      `;
      //释放张量
      img.dispose();
    }
    await tf.nextFrame();
  }
}
```

在浏览器中运行文件 index.html，可以使用常见物体、面部/身体、手势为这三个类别捕获图片。当每次单击某一个“添加”按钮时，都会将一张图片作为一个示例添加到该类别中。在执行此操作时，模型会针对传入的摄像头图片持续进行预测，并实时显示预测结果。

11.5 基于循环神经网络的图像分类

循环神经网络(Recurrent Neural Network，RNN)主要应用于序列数据的处理，但也可以用于图像分类中。例如，可以将图像视为像素序列，然后使用 RNN 进行序列建模和分类。

扫码看视频

11.5.1 循环神经网络介绍

循环神经网络是一种用于处理序列数据的神经网络模型。与传统的前馈神经网络不同，RNN 具有循环结构，可以保留和利用序列数据中的时间信息。

在传统的前馈神经网络中，每个输入和输出之间是独立的，而 RNN 引入了一个隐藏状态(Hidden State)来保存过去的信息，并在当前时间步骤使用它。RNN 的隐藏状态可以看作网络的记忆，它可以将过去的信息传递到当前时间步骤，并对当前的输入进行处理。

RNN 的一个关键特点是它能够处理任意长度的序列输入。它通过权重共享的方式，将相同的网络结构应用于不同的时间步骤上。这样，RNN 可以在处理每个时间步骤的输入时，共享参数并保留序列数据的上下文信息。

RNN 的基本结构是一个循环单元(Recurrent Unit)，通常使用 tanh 或 ReLU 等激活函数来处理输入和隐藏状态。常见的 RNN 变体包括长短期记忆网络(Long Short-Term Memory，LSTM)和门控循环单元(Gated Recurrent Unit，GRU)，它们在处理长期依赖性和梯度消失问题上更加有效。

RNN 广泛应用于自然语言处理(例如语言模型、机器翻译和文本生成)、语音识别、时间序列预测、图像描述生成等任务中，其中序列数据的时间依赖性是关键。

11.5.2 实战演练

实例 11-8 演示了如何使用循环神经网络实现图像分类，其中使用了 LSTM 作为 RNN 的基本单元。

实例 11-8：使用循环神经网络实现图像分类

源码路径：daima\11\xun.py

```
# 加载并准备数据集
(train_images, train_labels), (test_images, test_labels) =
keras.datasets.mnist.load_data()
train_images = train_images / 255.0
test_images = test_images / 255.0
# 将图像转换为序列数据
# 将图像展平并将每个图像看作一个序列
train_sequences = train_images.reshape(train_images.shape[0], -1, 28)
test_sequences = test_images.reshape(test_images.shape[0], -1, 28)
# 定义循环神经网络模型
model = keras.Sequential([
    keras.layers.LSTM(64, input_shape=(None, 28)),  # LSTM层用于处理序列数据
    keras.layers.Dense(10, activation='softmax')    # 输出层，对应类别数目
])
# 编译和训练模型
model.compile(optimizer='adam', loss='sparse_categorical_crossentropy',
metrics=['accuracy'])
model.fit(train_sequences, train_labels, epochs=10, batch_size=32,
validation_data=(test_sequences, test_labels))
# 评估模型
test_loss, test_acc = model.evaluate(test_sequences, test_labels)
print('Test accuracy:', test_acc)
```

在上述代码中，使用 MNIST 数据集作为示例数据集。首先，将图像展平为序列，即将每张图像的每一行作为序列中的一个时间步骤。然后，定义一个包含 LSTM 层和输出层的循环神经网络模型。接下来，使用 Adam 优化器和稀疏交叉熵损失函数编译模型，并在训

练数据集上训练模型。最后，使用测试数据集评估模型的准确率。

注意：实际上，在图像分类任务中，卷积神经网络(CNN)是更常用和有效的选择，因为 CNN 能够更好地捕捉图像的空间特征。RNN 主要用于处理序列数据，例如自然语言处理任务或时间序列预测任务。如果图像中存在时间依赖关系或需要处理图像序列数据，那么可以尝试使用 RNN 进行图像分类。

11.6 基于卷积循环神经网络的图像分类

循环神经网络在图像处理任务中的应用相对较少，因为传统的 RNN 架构不太适用于处理图像数据。然而，有一些扩展和变种的 RNN 模型可以用于图像处理任务，特别是在处理与时间有关的图像序列时。一种常见的 RNN 变体是卷积循环神经网络(Convolutional Recurrent Neural Network，CRNN)。

扫码看视频

11.6.1 卷积循环神经网络介绍

卷积循环神经网络(CRNN)结合了卷积神经网络(CNN)和循环神经网络(RNN)的特性，用于处理图像序列数据，例如图像标注、场景文本识别等任务。

CRNN 的主要思想是用 CNN 提取图像的空间特征，然后将提取的特征序列输入到 RNN 中，以捕捉图像序列的上下文信息。通过这种方式，CRNN 能够同时考虑图像的空间结构和时间依赖关系。CRNN 的整体结构通常包含以下几个关键组件。

- 卷积层：使用卷积操作提取图像的空间特征。卷积层通常包括多个卷积核以捕捉不同的特征。在处理图像序列任务中，卷积核的宽度通常等于图像的宽度，而高度则可以根据需要调整。
- 池化层：用于降低特征图的维度，并提取最显著的特征。池化操作通常通过取局部区域内的最大值或平均值来实现。
- 循环层：通常使用循环神经网络(如 LSTM 或 GRU)来处理卷积层输出的特征序列。循环层能够捕捉到序列数据的时间依赖关系，并生成具有上下文信息的隐藏状态。
- 全连接层：用于将循环层输出的隐藏状态映射到类别标签。全连接层可以包括多个神经元，并使用适当的激活函数(如 softmax)来输出分类概率。

CRNN 的训练过程通常是端到端，通过反向传播算法更新网络参数。在训练之前，需要准备好带有标签的图像序列数据集，并对图像进行预处理(如归一化、调整大小等)。

CRNN 在处理图像序列任务中具有广泛的应用，如场景文本识别、图像标注、视频描述生成等。通过结合 CNN 和 RNN 的特性，CRNN 能够充分利用图像序列数据中的空间和时间信息，从而在处理图像序列任务时取得良好的效果。

11.6.2 CRNN 图像识别器

实例 11-9 的功能是使用卷积循环神经网络模型(CRNN)对 CIFAR-10 数据集进行图像识别。在本实例中定义了一个卷积循环神经网络模型(CRNN)，该模型由卷积层、池化层、LSTM 层和全连接层组成。加载并预处理 CIFAR-10 数据集，使用交叉熵损失函数和 Adam 优化器进行模型训练，然后在测试集上评估模型的准确性。

实例 11-9：使用卷积循环神经网络模型对数据集进行图像识别

源码路径：daima\11\shipin.py

```
# 定义卷积循环神经网络模型
class CRNN(nn.Module):
    def __init__(self):
        super(CRNN, self).__init__()
        self.conv1 = nn.Conv2d(3, 64, kernel_size=3, stride=1, padding=1)
        self.relu = nn.ReLU()
        self.pool = nn.MaxPool2d(kernel_size=2, stride=2)
        self.lstm = nn.LSTM(64 * 8 * 8, 128, batch_first=True)
        self.fc = nn.Linear(128, 10)

    def forward(self, x):
        x = self.relu(self.conv1(x))
        x = self.pool(x)
        x = x.view(x.size(0), -1)
        x = x.unsqueeze(1)
        x, _ = self.lstm(x)
        x = x[:, -1, :]
        x = self.fc(x)
        return x

# 设置训练参数
batch_size = 32
lr = 0.001
num_epochs = 10

# 加载和预处理数据
transform = transforms.Compose([
    transforms.ToTensor(),
    transforms.Normalize((0.5, 0.5, 0.5), (0.5, 0.5, 0.5))
```

```
])

train_dataset = torchvision.datasets.CIFAR10(root='./data', train=True,
download=True, transform=transform)
train_loader = torch.utils.data.DataLoader(train_dataset, batch_size=batch_size,
shuffle=True)

test_dataset = torchvision.datasets.CIFAR10(root='./data', train=False,
download=True, transform=transform)
test_loader = torch.utils.data.DataLoader(test_dataset, batch_size=batch_size,
shuffle=False)

# 创建模型实例
model = CRNN()

# 定义损失函数和优化器
criterion = nn.CrossEntropyLoss()
optimizer = optim.Adam(model.parameters(), lr=lr)

# 训练模型
total_step = len(train_loader)
for epoch in range(num_epochs):
    for i, (images, labels) in enumerate(train_loader):
        # 前向传播
        outputs = model(images)
        loss = criterion(outputs, labels)

        # 反向传播和优化
        optimizer.zero_grad()
        loss.backward()
        optimizer.step()

        # 每100个批次打印一次训练状态
        if (i+1) % 100 == 0:
            print(f'Epoch [{epoch+1}/{num_epochs}], Step [{i+1}/{total_step}], Loss:
{loss.item():.4f}')

# 测试模型
model.eval()
with torch.no_grad():
    correct = 0
    total = 0
    for images, labels in test_loader:
        outputs = model(images)
        _, predicted = torch.max(outputs.data, 1)
        total += labels.size(0)
        correct += (predicted == labels).sum().item()
```

```
    accuracy = 100 * correct / total
    print(f'Test Accuracy: {accuracy:.2f} %')
```

上述代码的具体说明如下。

- 导入所需的 PyTorch 库：torch 用于核心功能，torch.nn 用于定义神经网络模型，torch.optim 用于定义优化器，torchvision 用于数据集和数据转换操作。
- 定义 CRNN 模型：创建一个继承自 nn.Module 的类 CRNN，其中定义了卷积层、激活函数、池化层、LSTM 层和全连接层。这些层共同构成了 CRNN 模型。
- 设置训练参数：定义训练的批量大小(batch_size)、学习率(lr)和训练轮数(num_epochs)。
- 加载和预处理数据：使用 torchvision 库加载 CIFAR-10 数据集，并定义数据预处理操作。数据集被分为训练集和测试集，并使用 DataLoader()函数将其转换为可迭代的数据加载器。
- 创建模型实例：实例化 CRNN 类，创建 CRNN 模型。
- 定义损失函数和优化器：使用交叉熵损失函数 nn.CrossEntropyLoss()和 Adam 优化器 optim.Adam()来定义训练过程中使用的损失函数和优化算法。
- 训练模型：通过迭代训练数据加载器中的批次数据，进行前向传播、计算损失、反向传播和优化权重操作。每 100 个批次打印一次训练状态。
- 测试模型：通过 model.eval()将模型设置为评估模式，通过迭代测试数据加载器中的批次数据，进行前向传播并计算预测精度。

总体而言，上述代码展示了使用卷积循环神经网络进行图像分类的基本流程，包括模型定义、数据加载和预处理、训练和测试过程。通过调整参数和网络结构，上述代码也可以应用于其他图像分类任务中。

第 12 章

国内常用的第三方人脸识别平台

在本书前面的内容中，讲解了在 Python 程序中使用各种库实现图像处理和人脸识别的知识。为了进一步提高开发效率，国内一线开发公司推出了自己的在线识别 API，开发者可以调用它们的 API 实现人脸识别功能。在本章的内容中，将介绍国内常用的第三方人脸识别平台。

12.1 百度 AI 开放平台

百度 AI 开放平台为开发者提供了全球领先的语音、图像、NLP 等多项人工智能技术，开放了对话式人工智能系统、智能驾驶系统两大行业生态，共享 AI 领域最新的应用场景和解决方案。

扫码看视频

12.1.1 百度 AI 开放平台介绍

在百度 AI 开放平台中，提供了人脸实名认证、短语音识别、人脸离线识别、文字识别、证件识别、语音合成、地址识别和车牌识别等功能，如图 12-1 所示。

图 12-1 百度 AI 开放平台界面

12.1.2 使用百度 AI 之前的准备工作

为了提高开发效率，降低开发成本，我们使用百度公司提供的 AI 接口实现在线人脸识别功能，具体原理如下。

(1) 向百度 AI 发送人脸检测请求，让百度 AI 去完成人脸识别，百度 AI 返回识别结果。

(2) 发送的请求必须有百度提供的访问令牌(access_token)，百度 AI 才能够接受。

1. 发送请求前的准备工作

在向百度 AI 发送人脸检测请求之前，必须先获取 access_token，并注册如下人脸识别 API 参数。

- client_id：当前应用程序的标识。
- client_secret：决定是否有访问权限。

也就是说，开发者需要注册百度 API 获取 id 与 secret，在注册时使用百度账号进行注册。注册后需要创建人脸识别应用，创建应用后才会获得 id 与 secret。

- id：应用的 API Key，例如 kSD6zWfxpki2AKWtysCUe0nS。
- secret：应用的 Secret Key，例如 uNXjdRa7SbYwt0EgBdRwsmQYX6VADGx8。

在使用 requests.get(host)发送请求后，最终得到字典数据格式的数据，从字典中取出键为 access_token 的值即可得到 access_token 的值。

2. 发送请求

通过网络请求方式让百度 AI 进行人脸识别。让百度 AI 检测一张画面(图片)是否存在人脸以及人脸的一些属性。通过函数 requests.post()完成识别请求，返回检测到的结果。返回的结果数据是一个字典，里面包含多项数据内容，通过键值对表示。

3. 完成人脸搜索

在百度 AI 库中搜索是否存在对应的人脸，有则实现签到功能。

综上所述，我们在使用百度 AI 实现人脸识别功能之前，需要先创建一个百度 AI 应用程序并获得 access_token，具体流程如下。

(1) 输入网址 https://ai.baidu.com/，登录百度 AI 主页，如图 12-2 所示。

(2) 单击顶部导航栏中的“开放能力”链接，然后在弹出的子链接中依次单击“人脸与人体识别”|“人脸识别”，如图 12-3 所示。

(3) 在弹出的新界面中单击“立即使用”按钮，如图 12-4 所示。这一步需要输入百度账号登录百度智能云，如果没有百度账号则需要先申请一个。

(4) 在弹出的新界面中单击“人脸实名认证”链接，再单击“创建应用”按钮，如图 12-5 所示。

(5) 在弹出的新界面中依次设置应用程序的“应用名称”和“应用类型”，例如都填写“人脸检测”，其他选项保持默认，最后单击下面的“立即创建”按钮，如图 12-6 所示。

(6) 创建成功后，在应用列表中会显示刚刚创建的应用，并可以查看这个应用的 API Key 和 Secret Key，如图 12-7 所示。通过使用 API Key 和 Secret Key 可以获取 access_token。

图 12-2　百度 AI 主页

图 12-3　依次单击“开放能力”|“人脸与人体识别”|“人脸识别”链接

图 12-4　单击“立即使用”按钮

图 12-5　单击“创建应用”按钮

图 12-6　单击“立即创建”按钮

图 12-6　单击“立即创建”按钮(续)

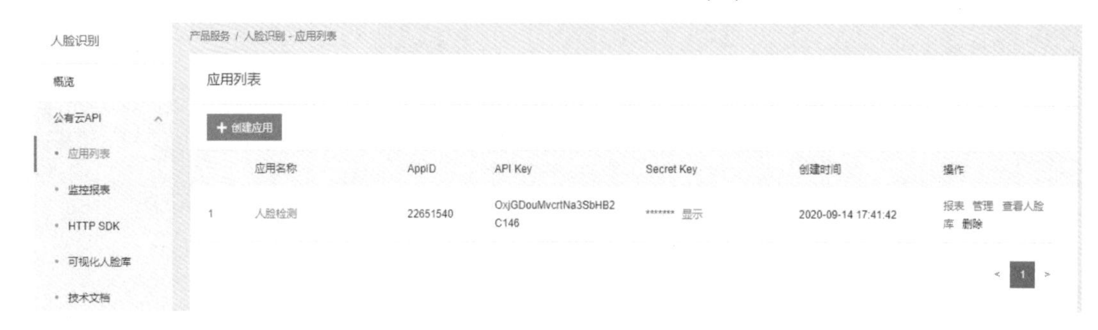

图 12-7　在应用列表中显示创建的应用

12.1.3　基于百度 AI 平台的人脸识别

实例 12-1 的功能是调用百度 AI 检测某张照片的基本信息，并返回这张照片中人物的年龄和颜值信息。

实例 12-1：调用百度 AI 检测某张照片中人物的年龄和颜值信息

源码路径：daima\12\baidu.py

```
from aip import AipFace
import base64

APP_ID = '22651540'
API_KEY = ''
SECRET_KEY = ''

client=AipFace(APP_ID,API_KEY,SECRET_KEY)     #读取照片文件
file=open("111.jpg","rb")
```

```
#对照片二进制进行 base64 编码
img=base64.b64encode(file.read()).decode()
print(img)                                         #检测 img 这张照片中的人脸信息
options={"max_face_num":10,                        #最多的人脸数量
         "face_field":"age,beauty"                 #希望检测结果数据中包含年龄信息、颜值信息
        }
data=client.detect(img,"BASE64",options)
print(data)
if data["error_code"]==0:                          #返回数据中的检测结果
  result=data["result"]                            #人脸数量
  faceNum=result["face_num"]
  faceList=result["face_list"]
  for face in faceList:
     print(f"年龄：{face['age']}岁，颜值：{face['beauty']}")
else:
  print("出错了")
```

程序执行后会输出照片 111.jpg 的信息：

```
{'error_code': 0, 'error_msg': 'SUCCESS', 'log_id': 6594151535750, 'timestamp': 1623674390, 'cached': 0, 'result': {'face_num': 1, 'face_list': [{'face_token': '3132f502fd35b0b632a613414d7701ef', 'location': {'left': 37.77, 'top': 260.84, 'width': 211, 'height': 190, 'rotation': 0}, 'face_probability': 1, 'angle': {'yaw': -4.76, 'pitch': 9.01, 'roll': 1.28}, 'age': 2, 'beauty': 412.25}]}}
年龄：2 岁，颜值：412.25
```

实例 12-2 的功能是开发一个 tkinter 桌面程序，弹出文件选择框供用户选择一张照片，然后调用百度 AI 返回这张照片中人物的年龄、性别、是否戴眼镜、人种和颜值信息。

实例 12-2：调用百度 AI 返回照片中人物的年龄、性别、是否戴眼镜、人种和颜值信息

源码路径：daima\12\baidu02.py

```
import requests
import base64
import tkinter.filedialog

def get_access_token(client_id, client_secret):
    # client_id 为官网获取的 AK， client_secret 为官网获取的 SK
    # 帮助文档 https://ai.baidu.com/docs#/Auth/top
    # 帮助文档中 Python 代码基于 Python 2，本文已经转换为 Python 3x 并调试通过
    host = 'https://aip.baidubce.com/oauth/2.0/token?grant_type=
client_credentials&client_id=' + client_id + '&client_secret=' + client_secret
    header = {'Content-Type': 'application/json; charset=UTF-8'}
    response1 = requests.post(url=host, headers=header)
    # <class 'requests.models.Response'>
    json1 = response1.json()  # <class 'dict'>
    access_token = json1['access_token']
```

```
    return access_token

def open_pic2base64():
    # 本地图片地址根据自己的实际情况进行修改
    # 打开本地图片，并转换为base64
    root = tkinter.Tk()  # 创建一个tkinter.Tk()实例
    root.withdraw()  # 将tkinter.Tk()实例隐藏
    file_path = tkinter.filedialog.askopenfilename(title=u'选择文件')
    f = open(file_path, 'rb')
    img = base64.b64encode(f.read()).decode('utf-8')
    return img


def bd_rec_face(client_id, client_secret):
    # 识别人脸，给出性别、年龄、人种、颜值分数、是否戴眼镜等信息

    request_url = "https://aip.baidubce.com/rest/2.0/face/v3/detect"
    params = {"image": open_pic2base64(), "image_type": "BASE64",
              "face_field": "age,beauty,glasses,gender,race"}
    header = {'Content-Type': 'application/json'}

    access_token = get_access_token(client_id, client_secret)  # 调用鉴权接口获取的token
    request_url = request_url + "?access_token=" + access_token

    request_url = request_url + "?access_token=" + access_token
    response1 = requests.post(url=request_url, data=params, headers=header)
    json1 = response1.json()
    print("性别为", json1["result"]["face_list"][0]['gender']['type'])
    print("年龄为", json1["result"]["face_list"][0]['age'], '岁')
    print("人种为", json1["result"]["face_list"][0]['race']['type'])
    print("颜值评分为", json1["result"]["face_list"][0]['beauty'], '分/100分')
    print("是否戴眼镜", json1["result"]["face_list"][0]['glasses']['type'])

if __name__ == '__main__':
    # 以下为代码功能测试
    # 账户为id，client_id 为官网获取的AK， client_secret 为官网获取的SK
    APP_ID = '22651540'
    API_KEY = ''
    SECRET_KEY = ''

    # 人脸识别
    bd_rec_face(API_KEY, SECRET_KEY )
```

例如，选择识别某张照片后会输出：

```
性别为 male
年龄为 35 岁
人种为 yellow
```

```
颜值评分为 39.99 分/100 分
是否戴眼镜 common
```

实例 12-3 的功能是调用百度 AI 识别出某张照片中的人脸，如果是男性，就用红色矩形框标记出人脸；如果是女性，则用绿色矩形框标记出人脸。

实例 12-3：调用百度 AI 识别出某张照片中的人脸

源码路径：daima\12\baidu03.py

```
# 导入 base64 库
import base64
# 导入百度 AI 人脸识别库
from aip import AipFace
# 导入 Pillow 库
from PIL import Image,ImageDraw

# 定义常量
APP_ID = ' '
API_KEY = '  '
SECRET_KEY = ' '

# 初始化 AipFace 对象
client = AipFace(APP_ID, API_KEY, SECRET_KEY)

def baiduAiFace(filename:str):
    # 打开图像
    f = open(filename, 'rb')
    # 对图像进行 base64 编码
    base64_data = base64.b64encode(f.read())
    # 对原图像进行 base64 解码,得到要处理的图像
    image = base64_data.decode()
    # 定义图像类型
    imageType = "BASE64"
    # 定义可选参数
    options = {}
    # 定义可识别的人脸数最大值为 10
    options['max_face_num'] = 10
    options['face_field'] = 'gender'
    # 调用 AIP 接口，返回值类型为字典
    imageDic = client.detect(image,imageType,options=options)
    # 获取人脸信息列表
    face_list = imageDic['result']["face_list"]
    # 由人脸信息列表中提取所需性别、位置信息
    for item in face_list:
        gender = item['gender']['type']
```

```
        left = item['location']['left']
        top = item['location']['top']
        width = item['location']['width']
        height = item['location']['height']
        # 构建迭代器
        yield (gender,left,top,width,height)

def DrawImage(filename:str):
    # 打开图像
    image = Image.open(filename)
    # 生成一个可用于画图的对象
    draw = ImageDraw.Draw(image)
    # 根据百度平台返回的人脸坐标信息，在图像中人脸的位置画一个矩形框
    for _,item in enumerate(baiduAiFace(filename)):
        # 用 gender、left、top、width、height 分别表示性别，人脸框左上角的横、纵坐标，
        # 以及人脸框的宽度、高度
        (gender,left,top,width,height) = item
        # 根据性别定义矩形框的颜色，男性为红色，RGB 值为(255,0,0)；女性为绿色，RGB 值为(0,255,0)
        outRGB = (255,0,0) if gender == 'male' else (0,255,0)
        draw.polygon([(left,top),(left+width,top),(left+width,height+top),
(left,height+top)], outline=outRGB)
    # 展示图像
    image.show()

if __name__ == '__main__':
DrawImage('111.jpg')
```

程序执行后会用矩形框标记出图片 111.jpg 中的人脸，如图 12-8 所示。

图 12-8　调用百度 AI 识别出照片中的人脸

12.2 科大讯飞 AI 开放平台

科大讯飞成立于 1999 年 12 月 30 日，专业从事智能语音及语言技术研究、软件及芯片产品开发、语音信息服务及电子政务系统集成。拥有灵犀语音助手、讯飞输入法等优秀产品。科大讯飞为开发者和客户提供了一整套 AI 平台，可以快速实现 AI 相关功能。

扫码看视频

12.2.1 科大讯飞 AI 开放平台介绍

在科大讯飞 AI 平台中，提供了语音处理、图像识别、自然语言处理、人脸识别、文字识别、医疗服务等功能，如图 12-9 所示。

图 12-9 科大讯飞 AI 界面

12.2.2 申请试用

和百度在线 AI 一样，开发者需要在线获取科大讯飞 AI 开放平台的 API Key 和 API Secret，才可以在程序中使用科大讯飞的 AI 功能。对于普通开发者来说，可以在科大讯飞网站申请免费试用功能，通过实名认证后可以创建一个应用，如图 12-10 所示。

图 12-10　创建应用界面

在创建一个应用后会自动生成 3 个参数：APPID、API Key 和 API Secret，将这三个参数添加到自己的 Python 程序中即可调用科大讯飞的在线 AI 功能。

12.2.3　基于科大讯飞 AI 的人脸识别

实例 12-4 的功能是基于科大讯飞自研的人脸识别算法，对比两张照片中的人脸信息，判断这两张照片中的人脸是不是同一个人并返回相似度得分。该功能的实现是通过 HTTP API 的方式给开发者提供一个通用的接口。HTTP API 适用于一次性交互数据传输的 AI 服务场景，使用分块传输方式。在程序中需要先填写在科大讯飞官方网站创建的应用 APPID、API Key 和 API Secret。

实例 12-4：对比两张照片中的人脸是不是同一个人

源码路径：daima\12\face_compare_keda.py

```
class AssembleHeaderException(Exception):
    def __init__(self, msg):
        self.message = msg

class Url:
    def __init__(this, host, path, schema):
        this.host = host
        this.path = path
        this.schema = schema
        pass
```

```
# 进行 sha256 加密和 base64 编码
def sha256base64(data):
    sha256 = hashlib.sha256()
    sha256.update(data)
    digest = base64.b64encode(sha256.digest()).decode(encoding='utf-8')
    return digest


def parse_url(requset_url):
    stidx = requset_url.index("://")
    host = requset_url[stidx + 3:]
    schema = requset_url[:stidx + 3]
    edidx = host.index("/")
    if edidx <= 0:
        raise AssembleHeaderException("invalid request url:" + requset_url)
    path = host[edidx:]
    host = host[:edidx]
    u = Url(host, path, schema)
    return u


def assemble_ws_auth_url(requset_url, method="GET", api_key="", api_secret=""):
    u = parse_url(requset_url)
    host = u.host
    path = u.path
    now = datetime.now()
    date = format_date_time(mktime(now.timetuple()))
    print(date)
    signature_origin = "host: {}\ndate: {}\n{} {} HTTP/1.1".format(host, date,
method, path)
    print(signature_origin)
    signature_sha = hmac.new(api_secret.encode('utf-8'),
signature_origin.encode('utf-8'),
                            digestmod=hashlib.sha256).digest()
    signature_sha = base64.b64encode(signature_sha).decode(encoding='utf-8')
    authorization_origin = "api_key=\"%s\", algorithm=\"%s\", headers=\"%s\",
signature=\"%s\"" % (
        api_key, "hmac-sha256", "host date request-line", signature_sha)
    authorization = base64.b64encode(authorization_origin.encode('utf-8')).decode
(encoding='utf-8')
    print(authorization_origin)
    values = {
        "host": host,
        "date": date,
        "authorization": authorization
    }
```

```
    return requset_url + "?" + urlencode(values)

def gen_body(appid, img1_path, img2_path, server_id):
    with open(img1_path, 'rb') as f:
        img1_data = f.read()
    with open(img2_path, 'rb') as f:
        img2_data = f.read()
    body = {
        "header": {
            "app_id": appid,
            "status": 3
        },
        "parameter": {
            server_id: {
                "service_kind": "face_compare",
                "face_compare_result": {
                    "encoding": "utf8",
                    "compress": "raw",
                    "format": "json"
                }
            }
        },
        "payload": {
            "input1": {
                "encoding": "jpg",
                "status": 3,
                "image": str(base64.b64encode(img1_data), 'utf-8')
            },
            "input2": {
                "encoding": "jpg",
                "status": 3,
                "image": str(base64.b64encode(img2_data), 'utf-8')
            }
        }
    }
    return json.dumps(body)

def run(appid, apikey, apisecret, img1_path, img2_path, server_id='s67c9c78c'):
    url = 'http://api.xf-yun.com/v1/private/{}'.format(server_id)
    request_url = assemble_ws_auth_url(url, "POST", apikey, apisecret)
    headers = {'content-type': "application/json", 'host': 'api.xf-yun.com',
'app_id': appid}
    print(request_url)
    response = requests.post(request_url, data=gen_body(appid, img1_path, img2_path,
server_id), headers=headers)
    resp_data = json.loads(response.content.decode('utf-8'))
```

```
    print(resp_data)
    print(base64.b64decode(resp_data['payload']['face_compare_result']
['text']).decode())

#请填写控制台获取的APPID、API Secret、API Key以及要比对的图片路径
if __name__ == '__main__':
    run(
        appid='11b6f6bb',
        apisecret='     ',
        apikey='     ',
        img1_path=r'111.jpg',
        img2_path=r'222.jpg',
    )
```

程序执行后会调用科大讯飞的在线 AI 对比两张照片 111.jpg 和 222.jpg，并返回如下对比信息：

```
Tue, 15 Jun 2021 07:09:40 GMT
host: api.xf-yun.com
date: Tue, 15 Jun 2021 07:09:40 GMT
POST /v1/private/s67c9c78c HTTP/1.1
api_key="431ee6a26215785be1c4c75c61178a06", algorithm="hmac-sha256",
headers="host date request-line",
signature="gN03v/tVvUfvRimPER0QXPpgPDja8buQ3VPrnBNVSAc="
http://api.xf-yun.com/v1/private/s67c9c78c?host=api.xf-yun.com&date=Tue%2C+15+
Jun+2021+07%3A09%3A40+GMT&authorization=YXBpX2tleT0iNDMxZWU2YTI2MjE1Nzg1YmUxYzRjNzVj
NjExNzhhMDYiLCBhbGdvcml0aG09ImhtYWMtc2hhMjU2IiwgaGVhZGVycz0iaG9zdCBkYXRlIHJlcXVlc3Qt
bGluZSIsIHNpZ25hdHVyZT0iZ04wM3YvdFZ2VWZ2UmltUEVSMFFYUHBnUERqYThidVEzVlBybkJOVlNBYz0i
{'header': {'code': 0, 'message': 'success', 'sid':
'ase000d9780@hu17a0e810a0a0210882'}, 'payload': {'face_compare_result':
{'compress': 'raw', 'encoding': 'utf8', 'format': 'json', 'text':
'ewoJInJldCIgOiAwLAoJInNjb3JlIiA6IDAuODExNjIwNDczODYxNjk0MzQKfQo='}}}
{
    "ret" : 0,
    "score" : 0.81162047386169434
}
```

实例 12-5 的功能是基于科大讯飞自研的人脸识别算法，对指定图片中的人脸进行精准定位并标记出来，分析人物性别、表情、是否戴口罩等属性信息。在程序中需要先填写在科大讯飞官方网站创建的应用 APPID、API Key 和 API Secret。

实例 12-5：分析指定图片中的人物性别、表情、是否戴口罩等属性信息

源码路径：daima\12\face_detect_keda.py

```
class AssembleHeaderException(Exception):
    def __init__(self, msg):
```

```
        self.message = msg

class Url:
    def __init__(this, host, path, schema):
        this.host = host
        this.path = path
        this.schema = schema
        pass

# 进行 sha256 加密和 base64 编码
def sha256base64(data):
    sha256 = hashlib.sha256()
    sha256.update(data)
    digest = base64.b64encode(sha256.digest()).decode(encoding='utf-8')
    return digest

def parse_url(requset_url):
    stidx = requset_url.index("://")
    host = requset_url[stidx + 3:]
    schema = requset_url[:stidx + 3]
    edidx = host.index("/")
    if edidx <= 0:
        raise AssembleHeaderException("invalid request url:" + requset_url)
    path = host[edidx:]
    host = host[:edidx]
    u = Url(host, path, schema)
    return u

def assemble_ws_auth_url(requset_url, method="GET", api_key="", api_secret=""):
    u = parse_url(requset_url)
    host = u.host
    path = u.path
    now = datetime.now()
    date = format_date_time(mktime(now.timetuple()))
    print(date)
    signature_origin = "host: {}\ndate: {}\n{} {} HTTP/1.1".format(host, date,
method, path)
    print(signature_origin)
    signature_sha = hmac.new(api_secret.encode('utf-8'),signature_
origin.encode('utf-8'),
                        digestmod=hashlib.sha256).digest()
    signature_sha = base64.b64encode(signature_sha).decode(encoding='utf-8')
    authorization_origin = "api_key=\"%s\", algorithm=\"%s\", headers=\"%s\",
signature=\"%s\"" % (
        api_key, "hmac-sha256", "host date request-line", signature_sha)
    authorization = base64.b64encode(authorization_origin.encode('utf-8')).decode
(encoding='utf-8')
```

```
    print(authorization_origin)
    values = {
        "host": host,
        "date": date,
        "authorization": authorization
    }
    return requset_url + "?" + urlencode(values)

def gen_body(appid, img_path, server_id):
    with open(img_path, 'rb') as f:
        img_data = f.read()
    body = {
        "header": {
            "app_id": appid,
            "status": 3
        },
        "parameter": {
            server_id: {
                "service_kind": "face_detect",
                #"detect_points": "1",    # 检测特征点
                #"detect_property": "1",  # 检测人脸属性
                "face_detect_result": {
                    "encoding": "utf8",
                    "compress": "raw",
                    "format": "json"
                }
            }
        },
        "payload": {
            "input1": {
                "encoding": "jpg",
                "status": 3,
                "image": str(base64.b64encode(img_data), 'utf-8')
            }
        }
    }
    return json.dumps(body)

def run(appid, apikey, apisecret, img_path, server_id='s67c9c78c'):
    url = 'http://api.xf-yun.com/v1/private/{}'.format(server_id)
    request_url = assemble_ws_auth_url(url, "POST", apikey, apisecret)
    headers = {'content-type': "application/json", 'host': 'api.xf-yun.com',
'app_id': appid}
    print(request_url)
    response = requests.post(request_url, data=gen_body(appid, img_path, server_id),
headers=headers)
    resp_data = json.loads(response.content.decode('utf-8'))
```

```
    print(resp_data)
    print(base64.b64decode(resp_data['payload']['face_detect_result']
['text']).decode())

#请填写控制台获取的 APPID、API Secret、API Key 以及要检测的图片路径
if __name__ == '__main__':
    run(
        appid='11b6f6bb',
        apisecret='    ',
        apikey='     ',
        img_path=r'111.jpg',
    )
```

程序执行后会返回照片 111.jpg 的基本信息：


```
Tue, 15 Jun 2021 07:19:51 GMT
host: api.xf-yun.com
date: Tue, 15 Jun 2021 07:19:51 GMT
POST /v1/private/s67c9c78c HTTP/1.1
api_key="431ee6a26215785be1c4c75c61178a06", algorithm="hmac-sha256",
headers="host date request-line",
signature="+aQNtQj7B7mOw0Y3TFhTArsSzGvuH01woPDTTsZtUO0="
http://api.xf-yun.com/v1/private/s67c9c78c?host=api.xf-yun.com&date=Tue%2C+15+
Jun+2021+07%3A19%3A51+GMT&authorization=YXBpX2tleT0iNDMxZWU2YTI2MjE1Nzg1YmUxYzR
jNzVjNjExNzhhMDYiLCBhbGdvcml0aG09ImhtYWMtc2hhMjU2IiwgaGVhZGVycz0iaG9zdCBkYXRlIH
JlcXVlc3QtbGluZSIsIHNpZ25hdHVyZT0iK2FRTnRRajdCN21PdzBZM1RGaFRBcnNTekd2dUgwMXdvU
ERUVHNadFVPMD0i
{'header': {'code': 0, 'message': 'success', 'sid':
'ase000da92c@hu17a0e8a5c330210882'}, 'payload': {'face_detect_result':
{'compress': 'raw', 'encoding': 'utf8', 'format': 'json', 'text':
'ewoJInJldCIgOiAwLAoJImZhY2VfbnVtIiA6IDEsCgkiZmFjZV8xIiA6IAoJewoJCSJ4IiA6IDQyLA
oJCSJ5IiA6IDIxMSwKCQkidyIgOiAyMDUsCgkJImgiIDogMjQ4LAoJCSJzY29yZSIgOiAwLjk4MjM0M
DQ1NTA1NTIzNjgyCgl9Cn0K'}}}
{
    "ret" : 0,
    "face_num" : 1,
    "face_1" :
    {
        "x" : 42,
        "y" : 211,
        "w" : 205,
        "h" : 248,
        "score" : 0.98234045505523682
    }
}
```


实例文件 face_age_keda.py 的功能是基于科大讯飞的人脸特征分析年龄的 Web API 接

口，检测指定 URL 图像中的人脸并进行年龄预测。

实例 12-6：检测指定 URL 图像中的人脸并进行年龄预测

源码路径：daima\12\12-2\face_age_keda.py

```
# 使用人脸特征分析年龄 Web API 接口地址
URL = "http://tupapi.xfyun.cn/v1/age"
# 应用 ID(必须为 webapi 类型应用，并提供人脸特征分析服务)
APPID = " "
# 接口密钥
API_KEY = "431ee6a26215785be1c4c75c61178a06"
ImageName = "girl"
ImageUrl = "https://"  # 要检测图片的 url
# 图片数据可以通过两种方式上传，第一种是在请求头设置 image_url 参数，第二种是将图片二进制数据
# 写入请求体中。若同时设置，以第一种为准
# 本实例使用第一种方式上传图片地址，如果想使用第二种方式，将图片二进制数据写入请求体即可

def getHeader(image_name, image_url=None):
    curTime = str(int(time.time()))
    param = "{\"image_name\":\"" + image_name + "\",\"image_url\":\"" + image_url + "\"}"
    paramBase64 = base64.b64encode(param.encode('utf-8'))
    tmp = str(paramBase64, 'utf-8')

    m2 = hashlib.md5()
    m2.update((API_KEY + curTime + tmp).encode('utf-8'))
    checkSum = m2.hexdigest()

    header = {
        'X-CurTime': curTime,
        'X-Param': paramBase64,
        'X-Appid': APPID,
        'X-CheckSum': checkSum,
    }
    return header

r = requests.post(URL, headers=getHeader(ImageName, ImageUrl))
print(r.content)
```

程序执行后会返回网络图片 ImageUrl 中人物的年龄预测信息，返回的是 JSON 格式的数据。


```
b'{"code":0,"data":{"fileList":[{"label":5,"labels":[5,12,4,6,11],"name":"https
://gimg2.baidu.com/image_search/src=http%3A%2F%2Fn.sinaimg.cn%2Fsinacn10%2F309%
2Fw534h575%2F20180926%2Fa837-hhuhisn1021919.jpg\\u0026refer=http%3A%2F%2Fn.sina
img.cn\\u0026app=2002\\u0026size=f9999,10000\\u0026q=a80\\u0026n=0\\u0026g=0n\\
u0026fmt=jpeg?sec=1626338751\\u0026t=f087fe8fbe7dd7d66543003d8312f9dc","rate":
```

```
0.5975701808929443,"rates":[0.5975701808929443,0.26976269483566284,0.0613187737762928,
0.03654952719807625,0.020218132063746452],"review":false,"tag":"Using url"}], "review
Count":0,"topNStatistic":[{"count":1,"label":5}]},"desc":"success","sid":
"tup00002d5b@dx3d361423b5851aba00"}'
```


在上述返回的 JSON 格式的结果中，label 表示对年龄的预测，不同 label 值对应的年龄段信息如表 12-1 所示。

表 12-1 label 值对应的年龄段

label 值	对应年龄段/岁	label 值	对应年龄段/岁
0	0～1	7	41～50
1	2～5	8	51～60
2	6～10	9	61～80
3	11～15	10	80 以上
4	16～20	11	其他
5	21～25	12	26～30
6	31～40		

这就说明，科大讯飞预测的网络图片 ImageUrl 中人物的年龄范围是 21~25。

第13章 斗转星移换图系统

在本章的内容中，将通过演示一个项目的实现过程，详细讲解如何使用 Python 深度学习技术实现图像转换功能。本项目的名称为"斗转星移换图系统"，能够以指定的图片为素材，将图片中的动物换成不同的装扮样式，例如将普通的一匹马换成一匹斑马。本章项目通过 PyTorch+Visdom+CycleGAN 实现。

13.1 背景介绍

传统的图像转换方法通常需要成对的训练数据，这对于一些场景来说实现非常困难，因为获取大量成对数据需要大量的时间和精力。CycleGAN的出现解决了这个问题，通过无监督学习的方式，在缺乏成对数据的情况下进行图像转换。

扫码看视频

13.1.1 CycleGAN 的作用

CycleGAN是一种用于图像转换的无监督学习算法，它能够在两个不同的图像域之间进行图像转换，例如将马的图像转换为斑马的图像。它的设计目标是实现在缺乏成对训练数据的情况下进行图像转换，即不需要具有对应配对的输入图像和目标图像。

CycleGAN的主要功能是将一个图像域中的图像转换到另一个图像域中，同时保持图像的内容不变。它可以用于各种图像转换任务，例如将夏季风景图像转换为冬季风景图像等。此外，还可以应用于其他任务中，例如风格转换、语音转换等。

13.1.2 CycleGAN 的原理

CycleGAN基于生成对抗网络(GAN)的思想，其中包含两个生成器网络和两个判别器网络。两个生成器网络负责从一个图像域转换到另一个图像域，两个判别器网络用于区分生成的图像和真实图像。CycleGAN的关键思想是通过循环一致性损失来保持图像的内容一致性。换句话说，如果将一张图像转换为另一张图像，然后再将其转换回原始图像域，应该能够恢复原始图像。

训练过程中，生成器和判别器通过对抗训练相互竞争地进行学习。生成器通过最小化生成图像与真实图像之间的差异来生成逼真的转换图像，判别器则通过最大化区分生成图像和真实图像的能力来提高自己的准确性。

总的来说，CycleGAN利用循环一致性损失、对抗损失和身份损失来实现图像域之间的转换，从而达到无监督学习的目标。这使得CycleGAN在无须成对数据的情况下能够学习到良好的图像转换效果。

13.2 系统模块架构

本项目的功能模块架构如图 13-1 所示。

扫码看视频

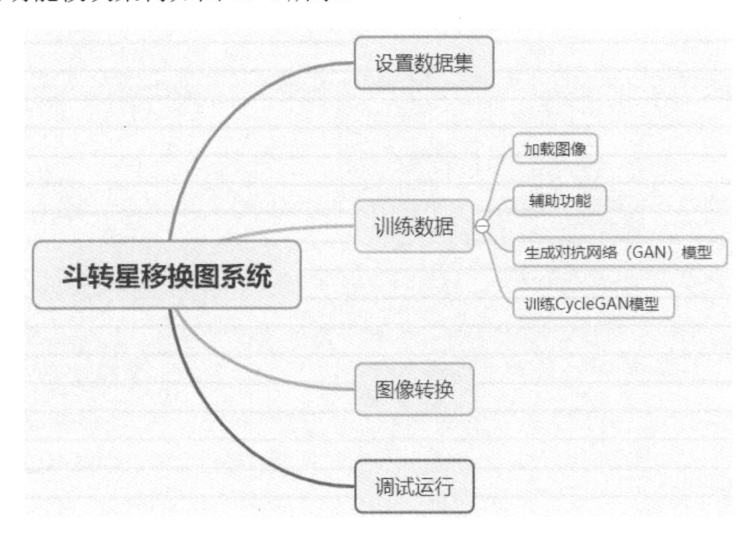

图 13-1 功能模块架构图

13.3 设置数据集

在本项目中，首先需要下载并设置一个数据集，最简单的方法是使用 UC Berkeley 仓库中已经存在的数据集。编写脚本文件 download_dataset，用于下载 UC Berkeley 仓库中的数据集，文件 download_dataset 的具体实现代码如下。

扫码看视频

```
#!/bin/bash    指定使用 Bash 解释器来执行该脚本

FILE=$1

if [[ $FILE != "ae_photos" && $FILE != "apple2orange" && $FILE !=
"summer2winter_yosemite" &&  $FILE != "horse2zebra" && $FILE != "monet2photo" &&
$FILE != "cezanne2photo" && $FILE != "ukiyoe2photo" && $FILE != "vangogh2photo" &&
$FILE != "maps" && $FILE != "cityscapes" && $FILE != "facades" && $FILE !=
"iphone2dslr_flower" && $FILE != "ae_photos" ]]; then
```

```
   echo "Available datasets are: apple2orange, summer2winter_yosemite, horse2zebra, monet2photo, cezanne2photo, ukiyoe2photo, vangogh2photo, maps, cityscapes, facades, iphone2dslr_flower, ae_photos"
   exit 1
fi

URL=https://people.eecs.berkeley.edu/~taesung_park/CycleGAN/datasets/$FILE.zip
ZIP_FILE=./datasets/$FILE.zip
TARGET_DIR=./datasets/$FILE
mkdir -p ./datasets
wget -N $URL -O $ZIP_FILE
unzip $ZIP_FILE -d ./datasets/
rm $ZIP_FILE

# 适应项目期望的目录层次结构
mkdir -p "$TARGET_DIR/train" "$TARGET_DIR/test"
mv "$TARGET_DIR/trainA" "$TARGET_DIR/train/A"
mv "$TARGET_DIR/trainB" "$TARGET_DIR/train/B"
mv "$TARGET_DIR/testA" "$TARGET_DIR/test/A"
```

接下来便可以通过如下命令下载 UC Berkeley 仓库中的指定数据集：

```
./download_dataset <dataset_name>
```

在上述格式中，<dataset_name>是数据集的名称，有效的<dataset_name>名称有 apple2orange、summer2winter_yosemite、horse2zebra、monet2photo、cezanne2photo、ukiyoe2photo、vangogh2photo、maps、cityscapes、facades、iphone2dslr_flower、ae_photos 等。

或者，也可以通过设置以下目录结构来构建自己的数据集：

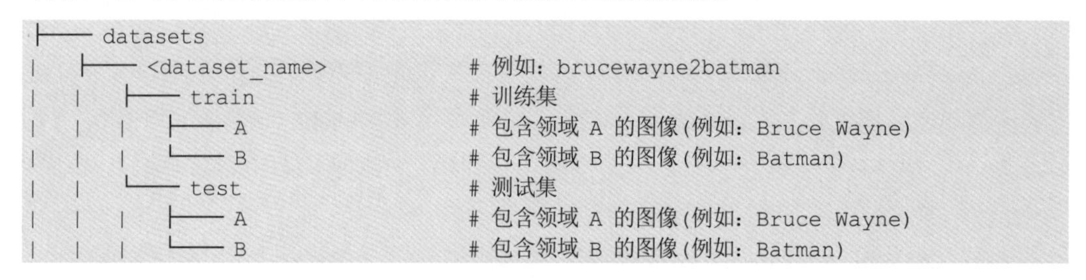

```
├── datasets
|   ├── <dataset_name>          # 例如：brucewayne2batman
|   |   ├── train               # 训练集
|   |   |   ├── A               # 包含领域 A 的图像(例如：Bruce Wayne)
|   |   |   └── B               # 包含领域 B 的图像(例如：Batman)
|   |   └── test                # 测试集
|   |   |   ├── A               # 包含领域 A 的图像(例如：Bruce Wayne)
|   |   |   └── B               # 包含领域 B 的图像(例如：Batman)
```

接下来根据项目需求创建相应的数据集目录结构，并将相应的图像放入对应的目录中。例如，如果选择的是 brucewayne2batman 数据集，需要在 train 和 test 目录下分别创建 A 目录和 B 目录，并将对应的图像放入其中。A 目录应包含领域 A 的图像(例如：Bruce Wayne)，B 目录应包含领域 B 的图像(例如：Batman)。

13.4 训练数据

在深度学习中，训练数据是用于训练模型的输入样本和对应的目标输出。训练数据通常由大量的样本组成，每个样本都包含一个输入和一个对应的目标输出。训练数据的质量和多样性对深度学习模型的性能至关重要。通常，更多、更具代表性的训练数据可以帮助模型更好地学习特征和模式，并提高其泛化能力。

扫码看视频

13.4.1 加载图像

编写文件 datasets.py，功能是实现了一个数据集类 ImageDataset，用于加载图像数据集，并通过__getitem__()方法获取指定索引的数据，通过__len__()方法获取数据集的长度。该类在训练 CycleGAN 模型时用于加载训练数据。文件 datasets.py 的具体编码流程如下。

(1) 导入所需的库和模块，对应的实现代码如下：

```
import glob
import random
import os

from torch.utils.data import Dataset
from PIL import Image
import torchvision.transforms as transforms
```

(2) 定义类 ImageDataset，并在构造函数__init__()中初始化一些属性。其中，root 参数是数据集的根目录，transforms_是数据集的转换操作，unaligned 表示输入和输出图像是否对齐，mode 表示数据集的模式(默认为训练模式)。对应的实现代码如下：

```
class ImageDataset(Dataset):
    def __init__(self, root, transforms_=None, unaligned=False, mode='train'):
        self.transform = transforms.Compose(transforms_)
        self.unaligned = unaligned

        self.files_A = sorted(glob.glob(os.path.join(root, '%s/A' % mode) + '/*.*'))
        self.files_B = sorted(glob.glob(os.path.join(root, '%s/B' % mode) + '/*.*'))
```

在上述构造函数中，首先创建了一个 transforms.Composc 对象，用于将多个图像通过转换操作组合起来。然后根据给定的 root 和 mode 构造两个文件列表 files_A 和 files_B，分别存储了图像域 A 和图像域 B 的文件路径。

(3) 创建方法__getitem__()，用于获取指定索引的数据。首先根据索引从 files_A 中选择对应的图像文件，并使用 Image.open()打开图像文件。然后通过 transform()方法将图像进行转换操作，得到 item_A。接下来根据 unaligned 的值决定如何选择图像域 B 的数据。如果 unaligned 为 True，则随机选择一个图像文件，并进行相同的转换操作；如果 unaligned 为 False，则根据索引选择对应的图像文件，并进行转换操作。最终得到 item_B。最后，将 item_A 和 item_B 以字典的形式返回。对应的实现代码如下：

```
def __getitem__(self, index):
    item_A = self.transform(Image.open(self.files_A[index % len(self.files_A)]))

    if self.unaligned:
        item_B = self.transform(Image.open(self.files_B[random.randint(0,
len(self.files_B) - 1)]))
    else:
        item_B = self.transform(Image.open(self.files_B[index %
len(self.files_B)]))

    return {'A': item_A, 'B': item_B}
```

(4) 创建方法__len__()返回数据集的长度，即图像域 A 和图像域 B 中图像数量的较大值。对应的实现代码如下：

```
def __len__(self):
    return max(len(self.files_A), len(self.files_B))
```

13.4.2 辅助功能

编写文件 utils.py 实现一些辅助函数和类，用于训练过程中的日志记录、图像处理和参数初始化。文件 utils.py 的具体实现代码如下：

```
def tensor2image(tensor):
    image = 127.5*(tensor[0].cpu().float().numpy() + 1.0)
    if image.shape[0] == 1:
        image = np.tile(image, (3,1,1))
    return image.astype(np.uint8)

class Logger():
    def __init__(self, n_epochs, batches_epoch):
        self.viz = Visdom()
        self.n_epochs = n_epochs
        self.batches_epoch = batches_epoch
        self.epoch = 1
        self.batch = 1
```

```
        self.prev_time = time.time()
        self.mean_period = 0
        self.losses = {}
        self.loss_windows = {}
        self.image_windows = {}


    def log(self, losses=None, images=None):
        self.mean_period += (time.time() - self.prev_time)
        self.prev_time = time.time()

        sys.stdout.write('\rEpoch %03d/%03d [%04d/%04d] -- ' % (self.epoch,
self.n_epochs, self.batch, self.batches_epoch))

        for i, loss_name in enumerate(losses.keys()):
            if loss_name not in self.losses:
                self.losses[loss_name] = losses[loss_name].data[0]
            else:
                self.losses[loss_name] += losses[loss_name].data[0]

            if (i+1) == len(losses.keys()):
                sys.stdout.write('%s: %.4f -- ' % (loss_name,
self.losses[loss_name]/self.batch))
            else:
                sys.stdout.write('%s: %.4f | ' % (loss_name,
self.losses[loss_name]/self.batch))

        batches_done = self.batches_epoch*(self.epoch - 1) + self.batch
        batches_left = self.batches_epoch*(self.n_epochs - self.epoch) +
self.batches_epoch - self.batch
        sys.stdout.write('ETA: %s' %
(datetime.timedelta(seconds=batches_left*self.mean_period/batches_done)))

        # 绘制图像
        for image_name, tensor in images.items():
            if image_name not in self.image_windows:
                self.image_windows[image_name] =
self.viz.image(tensor2image(tensor.data), opts={'title':image_name})
            else:
                self.viz.image(tensor2image(tensor.data),
win=self.image_windows[image_name], opts={'title':image_name})

        # 每个 epoch 结束
        if (self.batch % self.batches_epoch) == 0:
            for loss_name, loss in self.losses.items():
                if loss_name not in self.loss_windows:
```

```
                self.loss_windows[loss_name] = self.viz.line
(X=np.array([self.epoch]), Y=np.array([loss/self.batch]), opts={'xlabel':
'epochs', 'ylabel': loss_name, 'title': loss_name})
            else:
                self.viz.line(X=np.array([self.epoch]), Y=np.array
([loss/self.batch]), win=self.loss_windows[loss_name], update='append')
            self.losses[loss_name] = 0.0

        self.epoch += 1
        self.batch = 1
        sys.stdout.write('\n')
    else:
        self.batch += 1



class ReplayBuffer():
    def __init__(self, max_size=50):
        assert (max_size > 0), 'Empty buffer or trying to create a black hole.
Be careful.'
        self.max_size = max_size
        self.data = []

    def push_and_pop(self, data):
        to_return = []
        for element in data.data:
            element = torch.unsqueeze(element, 0)
            if len(self.data) < self.max_size:
                self.data.append(element)
                to_return.append(element)
            else:
                if random.uniform(0,1) > 0.5:
                    i = random.randint(0, self.max_size-1)
                    to_return.append(self.data[i].clone())
                    self.data[i] = element
                else:
                    to_return.append(element)
        return Variable(torch.cat(to_return))

class LambdaLR():
    def __init__(self, n_epochs, offset, decay_start_epoch):
        assert ((n_epochs - decay_start_epoch) > 0), "Decay must start before the
training session ends!"
        self.n_epochs = n_epochs
        self.offset = offset
        self.decay_start_epoch = decay_start_epoch
```

```
    def step(self, epoch):
        return 1.0 - max(0, epoch + self.offset - 
self.decay_start_epoch)/(self.n_epochs - self.decay_start_epoch)

def weights_init_normal(m):
    classname = m.__class__.__name__
    if classname.find('Conv') != -1:
        torch.nn.init.normal(m.weight.data, 0.0, 0.02)
    elif classname.find('BatchNorm2d') != -1:
        torch.nn.init.normal(m.weight.data, 1.0, 0.02)
        torch.nn.init.constant(m.bias.data, 0.0)
```

在上述代码中创建了如下所示的成员。

- tensor2image(tensor)：将张量转换为图像。将张量转换为 NumPy 数组，并进行一些归一化和类型转换操作，最终返回一个表示图像的 NumPy 数组。
- Logger()：训练过程中的日志记录类。它使用 Visdom 库可视化训练过程中的损失和图像，并在每个 epoch 结束时打印相关信息。
- ReplayBuffer()：回放缓冲区类，用于存储训练数据的历史记录。它具有固定的最大大小，并提供了存入数据和取出数据的方法。
- LambdaLR()：学习率衰减类，根据指定的参数在训练过程中调整学习率。它根据当前 epoch 计算一个衰减系数，用于更新优化器的学习率。
- weights_init_normal(m)：权重初始化函数，用于对模型的权重进行初始化。根据模型的类型，对卷积层和批量归一化层的权重进行正态分布初始化。

13.4.3 生成对抗网络模型

编写文件 models.py，功能是使用 PyTorch 生成一个对抗网络(GAN)模型，包括生成器(Generator)和判别器(Discriminator)，以及用于构建生成器和判别器的残差块(Residual Block)。文件 models.py 的具体编码流程如下。

(1) 创建类 ResidualBlock，定义一个残差块。在初始化方法__init__()中，通过一系列的卷积层、实例归一化层和 ReLU 激活函数层构建一个残差块。forward()方法实现残差块的前向传播，即输入 x 与残差块内部的卷积块输出相加得到最终输出。对应的实现代码如下：

```
class ResidualBlock(nn.Module):
    def __init__(self, in_features):
        super(ResidualBlock, self).__init__()

        conv_block = [  nn.ReflectionPad2d(1),
                        nn.Conv2d(in_features, in_features, 3),
```

```
                nn.InstanceNorm2d(in_features),
                nn.ReLU(inplace=True),
                nn.ReflectionPad2d(1),
                nn.Conv2d(in_features, in_features, 3),
                nn.InstanceNorm2d(in_features)  ]

        self.conv_block = nn.Sequential(*conv_block)

    def forward(self, x):
        return x + self.conv_block(x)
```

(2) 编写类 Generator 实现生成器模型，在初始化方法__init__()中，根据输入通道数 input_nc、输出通道数 output_nc 和残差块数量 n_residual_blocks 构建生成器模型。方法 forward()实现生成器模型的前向传播，将输入 x 进行模型的逐层计算，最终输出生成的图像。对应的实现代码如下：

```
class Generator(nn.Module):
    def __init__(self, input_nc, output_nc, n_residual_blocks=9):
        super(Generator, self).__init__()

        # 初始卷积块
        model = [   nn.ReflectionPad2d(3),
                    nn.Conv2d(input_nc, 64, 7),
                    nn.InstanceNorm2d(64),
                    nn.ReLU(inplace=True) ]

        # 下采样
        in_features = 64
        out_features = in_features*2
        for _ in range(2):
            model += [  nn.Conv2d(in_features, out_features, 3, stride=2, padding=1),
                        nn.InstanceNorm2d(out_features),
                        nn.ReLU(inplace=True) ]
            in_features = out_features
            out_features = in_features*2

        # 残差块
        for _ in range(n_residual_blocks):
            model += [ResidualBlock(in_features)]

        # 上采样
        out_features = in_features//2
        for _ in range(2):
            model += [  nn.ConvTranspose2d(in_features, out_features, 3, stride=2,
padding=1, output_padding=1),
                        nn.InstanceNorm2d(out_features),
```

```
                nn.ReLU(inplace=True) ]
            in_features = out_features
            out_features = in_features//2

        # 输出层
        model += [  nn.ReflectionPad2d(3),
                    nn.Conv2d(64, output_nc, 7),
                    nn.Tanh() ]

        self.model = nn.Sequential(*model)

    def forward(self, x):
        return self.model(x)
```

在上述代码中，生成器模型的主要结构如下。

- 初始卷积块：包括反射填充层(ReflectionPad2d)、卷积层(Conv2d)、实例归一化层(InstanceNorm2d)和 ReLU 激活函数层。
- 下采样：通过循环两次，每次包括卷积层、实例归一化层和 ReLU 激活函数层，将输入特征图的通道数翻倍，尺寸减半。
- 残差块：执行 n_residual_blocks 次循环，每次都使用残差块(ResidualBlock)。
- 上采样：通过循环两次，每次包括转置卷积层(ConvTranspose2d)、实例归一化层和 ReLU 激活函数层，将输入特征图的通道数减半，尺寸加倍。
- 输出层：包括反射填充层、卷积层和 Tanh 激活函数层。

(3) 编写类 Discriminator 实现判别器模型，在初始化方法__init__()中，根据输入通道数 input_nc 构建判别器模型。对应的实现代码如下：

```
class Discriminator(nn.Module):
    def __init__(self, input_nc):
        super(Discriminator, self).__init__()

        # 一系列连续的卷积层
        model = [   nn.Conv2d(input_nc, 64, 4, stride=2, padding=1),
                    nn.LeakyReLU(0.2, inplace=True) ]

        model += [  nn.Conv2d(64, 128, 4, stride=2, padding=1),
                    nn.InstanceNorm2d(128),
                    nn.LeakyReLU(0.2, inplace=True) ]

        model += [  nn.Conv2d(128, 256, 4, stride=2, padding=1),
                    nn.InstanceNorm2d(256),
                    nn.LeakyReLU(0.2, inplace=True) ]

        model += [  nn.Conv2d(256, 512, 4, padding=1),
```

```
                nn.InstanceNorm2d(512),
                nn.LeakyReLU(0.2, inplace=True) ]

        # FCN 分类层
        model += [nn.Conv2d(512, 1, 4, padding=1)]

        self.model = nn.Sequential(*model)

    def forward(self, x):
        x =  self.model(x)
        # 平均池化和展平
        return F.avg_pool2d(x, x.size()[2:]).view(x.size()[0], -1)
```

在上述代码中，判别器模型的主要结构如下。

- 一系列连续的卷积层：由多个卷积层、实例归一化层、LeakyReLU 激活函数层构成。
- 全连接网络(FCN)分类层：通过卷积层实现对输入图像的判别，输出一个标量。
- forward()方法实现判别器模型的前向传播，即输入张量 x 进行模型的逐层计算，最终输出判别结果。

13.4.4　训练 CycleGAN 模型

编写文件 train.py 实现 CycleGAN 模型的训练过程，包括生成器和判别器的优化、损失函数的计算和反向传播等。训练过程中会逐渐优化生成器和判别器的参数，使得生成的图像在两个域之间具有一致性。文件 train.py 的具体编码流程如下。

(1) 导入所需的库和模块。这些库和模块包括命令行参数解析(argparse)、图像转换(transforms)、数据加载(DataLoader)、变量(Variable)、图像处理(PIL)、PyTorch 相关模块(torch)，以及自定义的模型、工具和数据集。

(2) 解析命令行参数。通过 argparse 库，定义一系列命令行参数，包括训练的一些参数，如起始 epoch、总 epoch 数、批大小、数据集路径等。最后将这些参数存储在 opt 变量中，并打印出来。对应代码如下：

```
parser = argparse.ArgumentParser()
parser.add_argument('--epoch', type=int, default=0, help='starting epoch')
parser.add_argument('--n_epochs', type=int, default=200, help='number of epochs of
training')
parser.add_argument('--batchSize', type=int, default=1, help='size of the batches')
parser.add_argument('--dataroot', type=str, default='datasets/horse2zebra/',
help='root directory of the dataset')
parser.add_argument('--lr', type=float, default=0.0002, help='initial learning
rate')
```

```
parser.add_argument('--decay_epoch', type=int, default=100, help='epoch to start linearly decaying the learning rate to 0')
parser.add_argument('--size', type=int, default=256, help='size of the data crop (squared assumed)')
parser.add_argument('--input_nc', type=int, default=3, help='number of channels of input data')
parser.add_argument('--output_nc', type=int, default=3, help='number of channels of output data')
parser.add_argument('--cuda', action='store_true', help='use GPU computation')
parser.add_argument('--n_cpu', type=int, default=8, help='number of cpu threads to use during batch generation')
opt = parser.parse_args()
print(opt)
```

(3) 判断是否有可用的 CUDA 设备，并提醒用户可以使用--cuda 选项来启用 GPU 加速。对应代码如下：

```
if torch.cuda.is_available() and not opt.cuda:
   print("WARNING: You have a CUDA device, so you should probably run with --cuda")
```

(4) 定义生成器和判别器的网络模型。其中生成器(netG_A2B 和 netG_B2A)用于将输入从域 A 转换到域 B，以及从域 B 转换到域 A；判别器(netD_A 和 netD_B)用于区分生成的图像和原始图像。如果启用了 CUDA，模型将被移动到 GPU 上。然后，通过 weights_init_normal 函数对模型的权重进行初始化。对应的实现代码如下：

```
netG_A2B = Generator(opt.input_nc, opt.output_nc)
netG_B2A = Generator(opt.output_nc, opt.input_nc)
netD_A = Discriminator(opt.input_nc)
netD_B = Discriminator(opt.output_nc)

if opt.cuda:
   netG_A2B.cuda()
   netG_B2A.cuda()
   netD_A.cuda()
   netD_B.cuda()

netG_A2B.apply(weights_init_normal)
netG_B2A.apply(weights_init_normal)
netD_A.apply(weights_init_normal)
netD_B.apply(weights_init_normal)
```

(5) 定义用于计算损失的损失函数。GAN 损失(criterion_GAN)使用均方误差函数 MSELoss()，循环一致性损失(criterion_cycle)和身份损失(criterion_identity)使用 L1 损失函数 L1Loss()。对应的实现代码如下：

```
criterion_GAN = torch.nn.MSELoss()
criterion_cycle = torch.nn.L1Loss()
criterion_identity = torch.nn.L1Loss()
```

(6) 定义生成器和判别器的优化器。生成器的参数通过 itertools.chain()函数连接在一起，以便一起进行优化。优化器使用 Adam 优化算法，学习率为 opt.lr，动量参数为(0.5, 0.999)。对应的实现代码如下：

```
optimizer_G = torch.optim.Adam(itertools.chain(netG_A2B.parameters(),
netG_B2A.parameters()),
                            lr=opt.lr, betas=(0.5, 0.999))
optimizer_D_A = torch.optim.Adam(netD_A.parameters(), lr=opt.lr, betas=(0.5,
0.999))
optimizer_D_B = torch.optim.Adam(netD_B.parameters(), lr=opt.lr, betas=(0.5,
0.999))
```

(7) 定义学习率的调整策略。使用 LambdaLR 调度程序，根据给定的总 epoch 数、起始 epoch 和学习率线性衰减的 epoch，为生成器和判别器的优化器设置学习率。

```
lr_scheduler_G = torch.optim.lr_scheduler.LambdaLR(optimizer_G,
lr_lambda=LambdaLR(opt.n_epochs, opt.epoch, opt.decay_epoch).step)
lr_scheduler_D_A = torch.optim.lr_scheduler.LambdaLR(optimizer_D_A,
lr_lambda=LambdaLR(opt.n_epochs, opt.epoch, opt.decay_epoch).step)
lr_scheduler_D_B = torch.optim.lr_scheduler.LambdaLR(optimizer_D_B,
lr_lambda=LambdaLR(opt.n_epochs, opt.epoch, opt.decay_epoch).step)
```

(8) 定义输入和目标张量的数据类型。如果 CUDA 可用，那么数据类型为 torch.cuda.FloatTensor，否则为 torch.Tensor。然后，创建输入张量 input_A 和 input_B，以及用于判别器的真实目标张量 target_real 和假目标张量 target_fake。对应的实现代码如下：

```
Tensor = torch.cuda.FloatTensor if opt.cuda else torch.Tensor
input_A = Tensor(opt.batchSize, opt.input_nc, opt.size, opt.size)
input_B = Tensor(opt.batchSize, opt.output_nc, opt.size, opt.size)
target_real = Variable(Tensor(opt.batchSize).fill_(1.0), requires_grad=False)
target_fake = Variable(Tensor(opt.batchSize).fill_(0.0), requires_grad=False)
```

(9) 创建用于缓存生成图像的缓冲区。fake_A_buffer 用于缓存生成器 A 到 B 生成的假图像，fake_B_buffer 用于缓存生成器 B 到 A 生成的假图像。对应的实现代码如下：

```
fake_A_buffer = ReplayBuffer()
fake_B_buffer = ReplayBuffer()
```

(10) 定义数据集的转换和数据加载器。数据集转换包括将图像的大小调整为 opt.size 的 1.12 倍，随机裁剪为 opt.size 大小，随机水平翻转，转换为张量，并进行归一化处理。然后使用 ImageDataset 类加载数据集，指定数据集目录 opt.dataroot，使用 transforms_进行数据转换，设置 unaligned=True 表示输入和输出图像不一定对齐。最后，使用 DataLoader()函数创建数据加载器，指定批次大小 opt.batchSize、是否打乱顺序和使用的 CPU 线程数。对应的实现代码如下：

```
transforms_ = [ transforms.Resize(int(opt.size*1.12), Image.BICUBIC),
             transforms.RandomCrop(opt.size),
             transforms.RandomHorizontalFlip(),
             transforms.ToTensor(),
             transforms.Normalize((0.5,0.5,0.5), (0.5,0.5,0.5)) ]
dataloader = DataLoader(ImageDataset(opt.dataroot, transforms_=transforms_,
unaligned=True),
                    batch_size=opt.batchSize, shuffle=True,
num_workers=opt.n_cpu)
```

(11) 创建用于记录训练过程中损失和图像的日志记录器，实现训练过程的循环。首先是外层的 epoch 循环，从 opt.epoch 开始，一直到 opt.n_epochs 结束。然后是内层的数据批次循环，通过数据加载器逐批次获取数据。在循环的开头，将输入图像赋值给变量 real_A 和 real_B，并将其封装为 Variable 类型。接下来是生成器 A 到 B 和生成器 B 到 A 的阶段，首先，将生成器的梯度清零，再计算身份损失、GAN 损失和循环一致性损失。生成器 A 到 B 将真实图像 A 转换为假图像 B，生成器 B 到 A 将真实图像 B 转换为假图像 A。然后，使用判别器判别生成的假图像，并计算判别器的 GAN 损失。接着计算循环一致性损失，通过将生成的假图像再次传递给相应的生成器并将其与原始输入图像进行比较。最后，计算总损失并进行反向传播和优化。对应的实现代码如下：

```
       logger.log({'loss_G': loss_G, 'loss_G_identity': (loss_identity_A +
loss_identity_B), 'loss_G_GAN': (loss_GAN_A2B + loss_GAN_B2A),
                'loss_G_cycle': (loss_cycle_ABA + loss_cycle_BAB), 'loss_D':
(loss_D_A + loss_D_B)},
                images={'real_A': real_A, 'real_B': real_B, 'fake_A': fake_A,
'fake_B': fake_B})

    lr_scheduler_G.step()
    lr_scheduler_D_A.step()
    lr_scheduler_D_B.step()

    torch.save(netG_A2B.state_dict(), 'output/netG_A2B.pth')
    torch.save(netG_B2A.state_dict(), 'output/netG_B2A.pth')
    torch.save(netD_A.state_dict(), 'output/netD_A.pth')
    torch.save(netD_B.state_dict(), 'output/netD_B.pth')
```

在上述代码中，loss_G 代表生成器的总体损失，它是生成器的训练目标。loss_G_identity 是生成器的身份损失，用于衡量生成器在输入图像上生成自身的能力。loss_G_GAN 是生成器的 GAN 损失，它帮助生成器生成逼真的输出图像，使其能够通过判别器的判别。loss_G_cycle 是生成器的循环一致性损失，它确保在图像从域 A 到域 B 再返回域 A 的过程中，生成器能够保持图像内容的一致性。

在上述代码中，实现了判别器 A 和判别器 B 的部分。首先，将判别器的梯度清零，然后计算判别器 A 和判别器 B 的 GAN 损失。判别器 A 用于区分真实图像 A 和生成的假图像 A，判别器 B 用于区分真实图像 B 和生成的假图像 B。最后，计算总损失并进行反向传播和优化。在每个 epoch 的末尾，保存生成器和判别器的模型权重，并记录损失和图像到日志中。

通过如下命令运行上述训练程序：

```
./train --dataroot datasets/<dataset_name>/ --cuda
```

该命令将使用位于 dataroot/train 目录下的图像进行训练，使用的超参数是根据 CycleGAN 作者提供的最佳结果进行选择的。读者可以自由更改这些超参数，并使用如下命令查看这些选项的具体说明：

```
./train --help
```

如果您的电脑没有 GPU，请删除 --cuda 选项后再运行命令。

另外，还可以通过在另一个终端中运行 python3-m visdom 命令，并在浏览器中打开 http://localhost:8097/ 来查看训练进度、实时输出图像和训练损失可视化图(使用默认参数、horse2zebra 数据集)。

13.5 图像转换

扫码看视频

编写文件 test.py 实现图像转换功能，使用前面训练的模型将指定图像转换为我们需要的目标图像。文件 test.py 的主要代码如下：

```
parser = argparse.ArgumentParser()
parser.add_argument('--batchSize', type=int, default=1, help='size of the batches')
parser.add_argument('--dataroot', type=str, default='datasets/horse2zebra/',
help='root directory of the dataset')
parser.add_argument('--input_nc', type=int, default=3, help='number of channels of
input data')
parser.add_argument('--output_nc', type=int, default=3, help='number of channels
of output data')
parser.add_argument('--size', type=int, default=256, help='size of the data
(squared assumed)')
```

```
parser.add_argument('--cuda', action='store_true', help='use GPU computation')
parser.add_argument('--n_cpu', type=int, default=8, help='number of cpu threads to
use during batch generation')
parser.add_argument('--generator_A2B', type=str, default='output/netG_A2B.pth',
help='A2B generator checkpoint file')
parser.add_argument('--generator_B2A', type=str, default='output/netG_B2A.pth',
help='B2A generator checkpoint file')
opt = parser.parse_args()
print(opt)

if torch.cuda.is_available() and not opt.cuda:
   print("WARNING: You have a CUDA device, so you should probably run with --cuda")

netG_A2B = Generator(opt.input_nc, opt.output_nc)
netG_B2A = Generator(opt.output_nc, opt.input_nc)

if opt.cuda:
   netG_A2B.cuda()
   netG_B2A.cuda()

netG_A2B.load_state_dict(torch.load(opt.generator_A2B))
netG_B2A.load_state_dict(torch.load(opt.generator_B2A))

netG_A2B.eval()
netG_B2A.eval()

Tensor = torch.cuda.FloatTensor if opt.cuda else torch.Tensor
input_A = Tensor(opt.batchSize, opt.input_nc, opt.size, opt.size)
input_B = Tensor(opt.batchSize, opt.output_nc, opt.size, opt.size)

transforms_ = [ transforms.ToTensor(),
             transforms.Normalize((0.5,0.5,0.5), (0.5,0.5,0.5)) ]
dataloader = DataLoader(ImageDataset(opt.dataroot, transforms_=transforms_,
mode='test'),
                   batch_size=opt.batchSize, shuffle=False,
num_workers=opt.n_cpu)

if not os.path.exists('output/A'):
   os.makedirs('output/A')
if not os.path.exists('output/B'):
   os.makedirs('output/B')

for i, batch in enumerate(dataloader):
   real_A = Variable(input_A.copy_(batch['A']))
   real_B = Variable(input_B.copy_(batch['B']))
```

```
    fake_B = 0.5*(netG_A2B(real_A).data + 1.0)
    fake_A = 0.5*(netG_B2A(real_B).data + 1.0)

    save_image(fake_A, 'output/A/%04d.png' % (i+1))
    save_image(fake_B, 'output/B/%04d.png' % (i+1))

    sys.stdout.write('\rGenerated images %04d of %04d' % (i+1, len(dataloader)))

sys.stdout.write('\n')
```

对上述代码的具体说明如下。

(1) 通过命令行解析器解析用户提供的参数。

(2) 定义一些变量，包括生成器网络、输入和目标张量的内存分配、数据加载器等。

(3) 加载预训练的生成器网络权重，并将网络设置为评估模式。

(4) 创建输出目录(如果不存在)。

(5) 使用数据加载器迭代测试数据集中的批次。

(6) 设置模型的输入，并通过生成器网络生成输出图像。

(7) 将生成的图像保存到输出目录中。

(8) 在迭代过程中打印生成图像的进度。

通过如下命令运行上述脚本程序，可以使用预训练的生成器模型将输入图像转换为输出图像，并将输出图像保存在指定的目录中：

```
./test --dataroot datasets/<dataset_name>/ --cuda
```

上述命令将会对位于 dataroot/test 目录下的图像进行处理，通过生成器生成结果，并将输出保存在 output/A 和 output/B 目录下。与训练过程类似，一些参数(如加载的权重)可以进行调整。详细信息可以通过如下命令查看：

```
./test --help
```

13.6 调试运行

在终端运行如下命令，然后在 Web 浏览器中打开 http://localhost:8097/来查看训练进度以及实时输出图像，如图 13-2 所示。

扫码看视频

```
python3 -m visdom
```

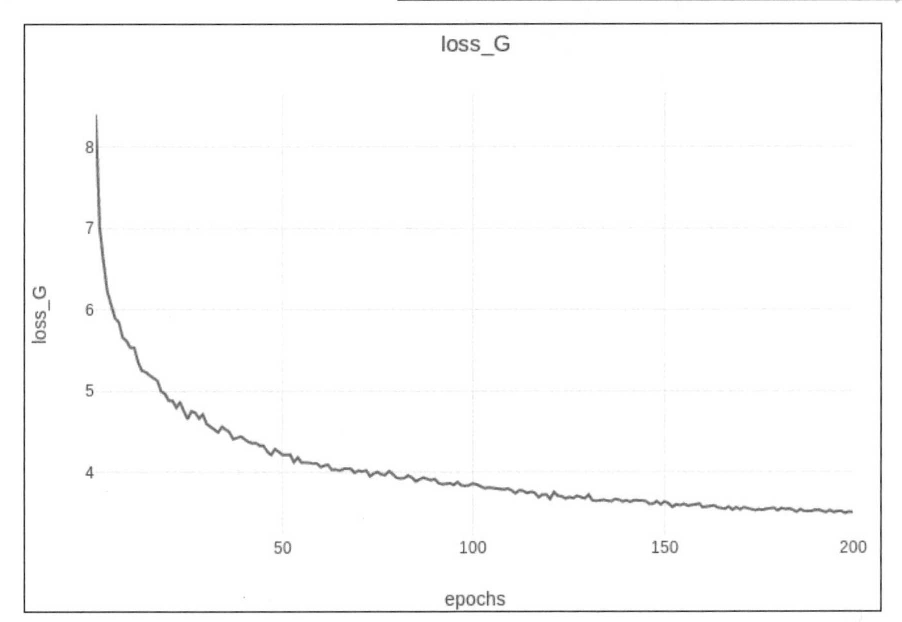

(a) 训练进度 1

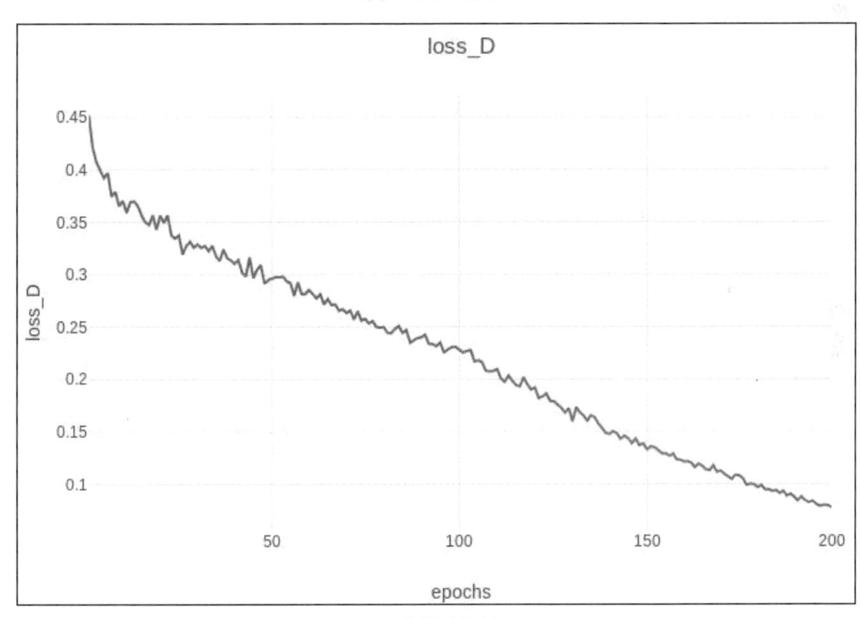

(b) 训练进度 2

图 13-2　训练过程

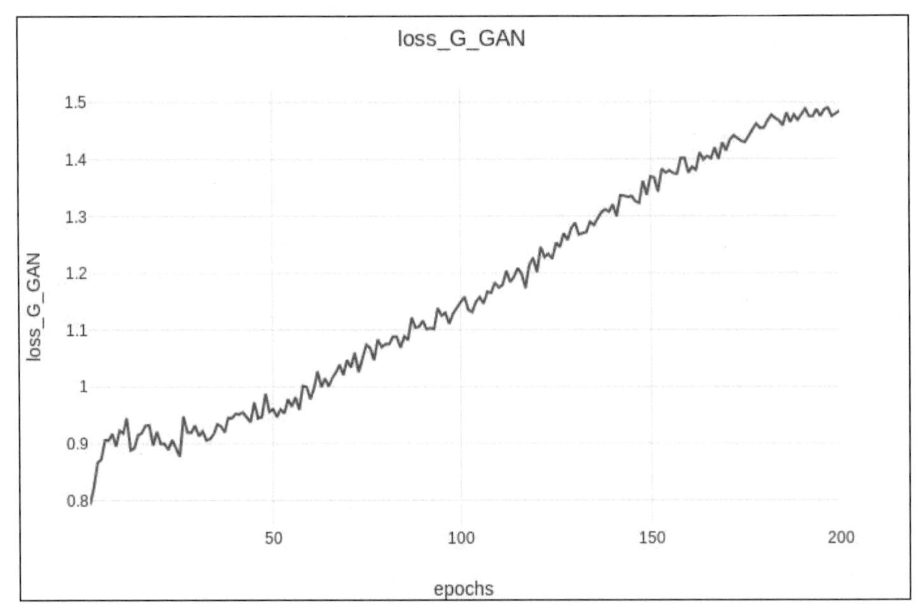

(c) 训练进度 3

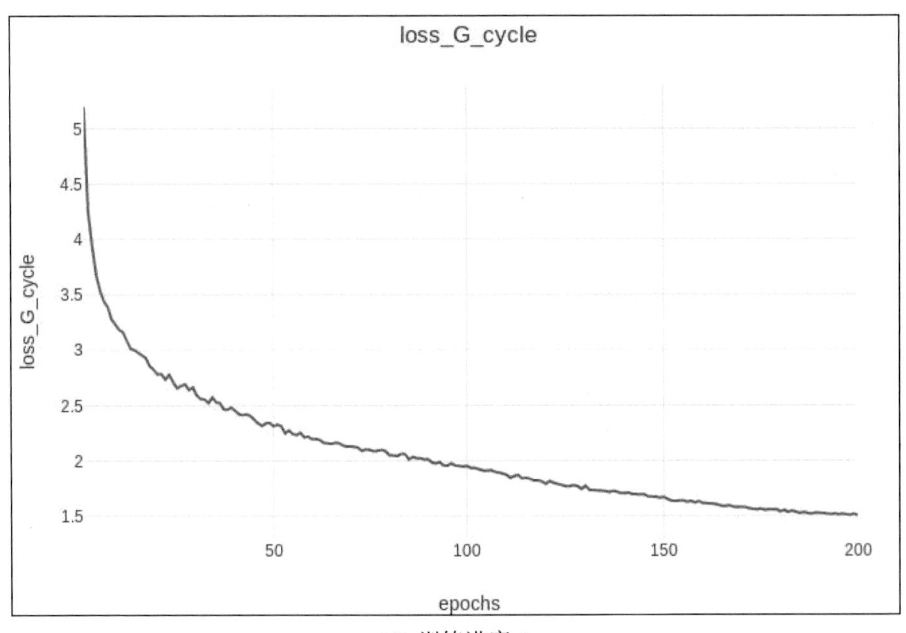

(d) 训练进度 4

图 13-2　训练过程(续)

转换图像的效果如图 13-3 所示。

(a) 转换前

(b) 转换后

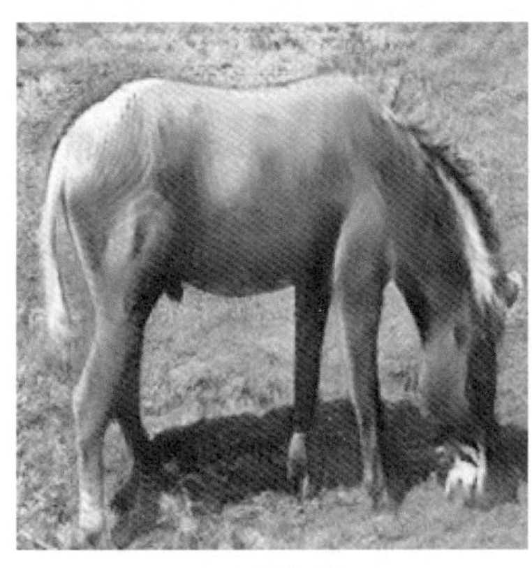

(c) 转换前

(d) 转换后

图 13-3 转换图像的效果

第 14 章

智能 OCR 文本检测识别系统

OCR(Optical Character Recognition)即光学字符识别，是指用电子设备(如扫描仪或数码相机)检查纸上打印的字符，通过检测暗、亮的模式确定其形状，然后用字符识别方法将形状翻译成计算机文字的过程，即对文本资料进行扫描，然后对图像文件进行分析处理，获取文字及版面信息的过程。在本章的内容中，将详细讲解如何使用人工智能技术开发一个 OCR 文本检测识别系统。本章项目通过 OpenCV+TensorFlow Lite+TensorFlow+Android 实现。

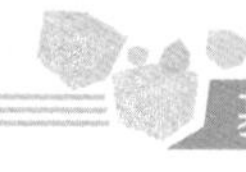

14.1 OCR 系统介绍

在开发 OCR 系统之前，需要先了解开发 OCR 系统的理论知识、步骤和流程。

扫码看视频

14.1.1 OCR 的基本原理和方式

在传统的 OCR 系统中，基本原理就是通过扫描仪将一份文稿的图像输入计算机，然后由计算机取出每个文字的图像，并将其转换成汉字的编码。其具体工作过程是：扫描仪通过电荷耦合器件 CCD 将汉字文稿的光信号转换为电信号，经过模拟/数字转换器转化为数字信号传输给计算机。计算机接收的是文稿的数字图像，其图像上的汉字可能是印刷汉字，也可能是手写汉字，然后对这些汉字进行识别。对于印刷体字符，首先采用光学的方式将文档资料转换成原始黑白点阵的图像文件，再通过识别软件将图像中的文字转换成文本格式，以便文字处理软件的进一步加工。其中文字识别是 OCR 的重要技术。

与其他信息数据一样，在计算机中所有扫描仪捕捉到的图文信息都是用 0、1 这两个数字来记录和进行识别的，所有信息都只是以 0、1 的形式保存的一串串点或样本点。OCR 识别程序识别页面上的字符信息，主要通过单元模式匹配法和特征提取法两种方式进行。

单元模式匹配法(Pattern Matching)是将每一个字符与保存有标准字体和字号位图的文件进行不严格的比较。如果应用程序中有一个已保存字符的大数据库，则应用程序会选取合适的字符进行正确的匹配。软件必须使用一些处理技术，找出最相似的匹配，通常是不断比较同一个字符的不同版本。有些软件可以扫描一页文本，并鉴别出定义新字体的每一个字符。有些软件则使用自己的识别技术，尽其所能鉴别页面上的字符，然后将不可识别的字符进行人工选择或直接录入。

特征提取法(Feature Extraction)是将每个字符分解为很多个不同的字符特征，包括斜线、水平线和曲线等。然后，将这些特征与理解(识别)的字符进行匹配。例如，应用程序识别到两条水平横线，它就会“认为”该字符可能是“二”。特征提取法的优点是可以识别多种字体，例如中文书法体就是采用特征提取法实现字符识别的。

大多数 OCR 应用软件都加入了语法智能检查功能，这种功能进一步提高了识别率。它主要通过上下文检查法实现拼写和语法的纠正，在识别文字时，OCR 应用程序会做多次的上下文衔接性检查，根据程序中已经存在的词组、固定的用词顺序，对应地检查字符串的用词。比较高级的应用软件会自动用它“认为”正确的词语替换错误词语，纠正语句意思。

14.1.2 深度学习对 OCR 的影响

深度学习算法的应用使 OCR 技术得到了一次跨越式的升级，整体提升了 OCR 的识别率与识别速度。深度学习 OCR 借助神经网络模仿人脑机制对图像、文本等数据进行分析，可以更加可靠、快速地完成海量样本的训练，得到接近专业人员水平的识别准确率和效果的模型，同时在低质量图像、生僻字、非均匀背景、多语言混合等复杂场景中实现了高效精准的识别与分类。

但是随着模型复杂度的提高，也带来了占用存储空间大、计算资源消耗问题，使其需要强大的算力支撑，否则很难落实到各个硬件平台。而如今众多的手机芯片，大多数基于 ARM 结构，相比服务端算力有限，移动端 OCR 算法多以牺牲一定的精度来获取运行速度，轻量化网络，深度学习的移动端部署已成为重要的发展方向。

相比于传统 OCR，在识别精度与速度上，深度学习 OCR 遥遥领先。以银行卡识别为例，深度学习移动端 OCR 可适用于对焦不准、高噪声、低分辨率、强光影等复杂背景的图像识别，准确率提升 10%以上，同时识别速度变为原来的二分之一。

在证件分割中，深度学习网络可高效地学习到边缘情况，通过边缘检测，得到物体的边缘轮廓，然后通过边缘跟踪合并，得到证件信息，保障识别效果。

在目标检测中，可在杂乱无序、千奇百怪的复杂场景中准确定位出主方向、角度、直线、图章、文字等区域；面对缺边缺角、光斑、形变、遮挡等异常图像情况可做出提示。

14.1.3 与 OCR 相关的深度学习技术

1. LSTM+CTC

长短期记忆网络(LSTM)是一种特殊结构的 RNN，用来解决 RNN 存在的长期依赖于输入信息的问题。CTC(连接时间分类器)主要用来解决输入特征和输出标签的匹配问题。在进行分组识别时，可将相邻块识别为相同的结果，导致字符重复出现；利用 CTC 来解决对齐问题，可在训练后的结果中去除空隙字符和重复字符。

2. CRNN

卷积循环神经网络(CRNN)是目前比较流行的文字识别模型，它可以进行端到端的训练，无须对样本数据进行字符分割，可识别任意长度的文本序列，具有快速、高效的性能。文字识别运算流程如下。

1) 卷积层

用于从输入图像中提取特征序列，首先进行预处理，将所有输入图像缩放为同一高度，默认为32px，宽度可任意；然后执行卷积操作(由类似于VGG的卷积层、最大池化层和BN层组成)；再从左到右提取序列特征，作为循环层的输入，每个特征向量都代表图像在一定宽度(默认为单个像素)内的特征(因为CRNN已将输入图像缩放为同样高度，所以只需按一定的宽度提取特征)。

2) 循环层

用于预测从卷积层获得的特征序列的标签分布，由双向LSTM构成循环层，预测特征序列中各特征向量的标签分布。因为LSTM需要时间维度，序列的宽度在模型中被视为timesteps。Map-to-Sequence层把误差从循环层反馈到卷积层，它是通过特征序列的转换把它们连接起来的。

3) 转录层

通过去重、整合等操作，将从循环层获得的标签分布转换为最后的识别结果。转录层对LSTM网络所预测的特征序列进行集成，并转化为最终输出结果。基于CRNN模型的双向LSTM网络层的最终连接，实现了对终端的识别。

14.2 OCR项目介绍

OCR系统的识别过程通常分为两个阶段。首先，使用文本检测模型检测可能的文本周围的边界框。其次，将处理后的边界框送入文本识别模型，以确定边界框内的特定字符(在文本识别之前，还需要进行非最大抑制、透视变换等操作)。在本项目中使用两个模型实现上述两个阶段的功能，这两个模型都来自TensorFlow Hub，它们都是FP16量化模型。本项目的具体结构如图14-1所示。

扫码看视频

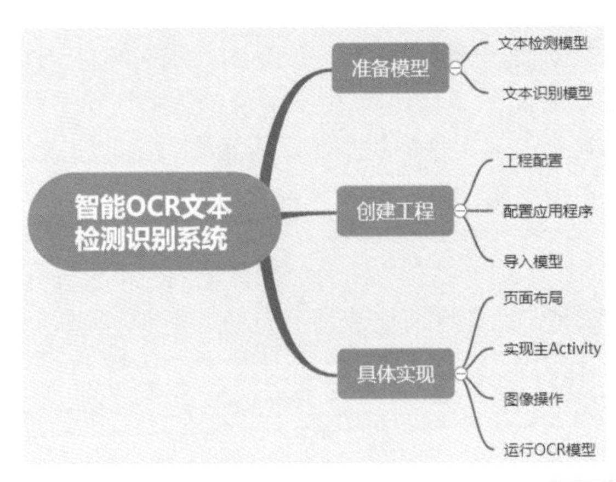

图14-1 项目结构

14.3 准备模型

本项目使用的是 TensorFlow 官方提供的文本检测模型和文本识别模型，大家可以登录 TensorFlow 官方网站下载对应的模型文件。两个模型的基本信息如表 14-1 所示。

扫码看视频

表 14-1 模型信息

模型名称	大小/MB
文本检测	45.9
文本识别	16.8

14.3.1 文本检测模型

在本项目中，使用的文本检测模型是 east-text-detector，功能是从自然场景中进行文本检测。下载模型 east-text-detector 的地址是 https://tfhub.dev/sayakpaul/lite-model/east-text-detector/fp16/1。

14.3.2 文本识别模型

在本项目中，使用的文本识别模型是 keras-ocr，功能是从图像中识别文本。下载模型 keras-ocr 的地址是 https://tfhub.dev/tulasiram58827/lite-model/keras-ocr/float16/2。

keras-ocr 是一个用于检测和识别文本的模型库，以 CRAFT 作为文本检测器，以 CRNN 作为文本识别器来实现。keras-ocr 基于循环卷积神经网络(CRNN)技术，是一种非常流行的文本识别模型。

keras-ocr 支持对自定义数据集进行微调，可以在 keras-ocr 的帮助下分别微调检测器和识别器。当转换为 TFLite 格式时，CTC 解码器部分从模型中删除，因为 TFLite 格式不支持它。基于此，我们需要在模型的输出中显式地运行解码器，以获得最终输出。

14.4 创建工程

在准备好 TensorFlow 模型后，接下来将使用这两个模型基于 Android 系统开发一个 OCR 文本检测识别系统。在本节的内容中，将讲解创建 Android 工程的过程。

扫码看视频

14.4.1 工程配置

使用 Android Studio 创建一个 Android 工程，工程名为 android。工程结构如图 14-2 所示。

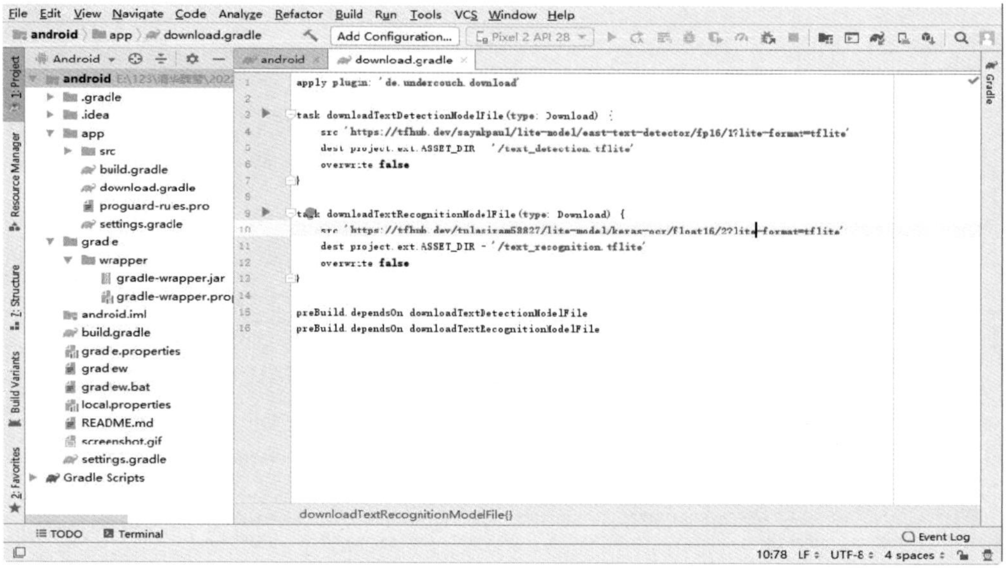

图 14-2 工程结构

14.4.2 配置应用程序

打开 app 模块中的文件 build.gradle，分别设置 Android 的编译版本和运行版本，在文件 build.gradle 的 dependencies 部分设置需要引用的库文件，特别是与 Tensorflow Lite、OpenCV 相关的库。

14.4.3 导入模型

在文件 download.gradle 中设置使用的文本检测模型和文本识别模型的下载地址，具体代码如下：

```
task downloadTextDetectionModelFile(type: Download) {
   src 'https://tfhub.dev/sayakpaul/lite-model/east-text-detector/fp16/1?lite-format
=tflite'
   dest project.ext.ASSET_DIR + '/text_detection.tflite'
```

```
    overwrite false
}

task downloadTextRecognitionModelFile(type: Download) {
    src 'https://tfhub.dev/tulasiram58827/lite-model/keras-ocr/float16/2?lite-format
=tflite'
    dest project.ext.ASSET_DIR + '/text_recognition.tflite'
    overwrite false
}
```

14.5 具体实现

在创建 Android 工程后，接下来进入本项目的正式编码阶段。在本节的内容中，将讲解使用 Kotlin 语言开发 OCR 文本检测识别系统的过程。

扫码看视频

14.5.1 页面布局

(1) 本项目主界面的页面布局文件是 tfe_is_activity_main.xml，功能是在 Android 屏幕上方显示预先准备的图片，在屏幕下方显示文本检测结果。

(2) 在上面的页面布局文件 tfe_is_activity_main.xml 中，通过调用文件 tfe_is_bottom_sheet_layout.xml 显示在主界面屏幕下方的悬浮式配置面板，可以在悬浮式面板中设置使用 GPU 实现文本识别功能。

14.5.2 实现主 Activity

本项目的主 Activity 功能是由文件 MainActivity.kt 实现的，通过调用前面的布局文件 tfe_is_activity_main.xml，在屏幕上方滑动显示要识别的图片，在屏幕下方会显示检测结果。文件 MainActivity.kt 的具体编码流程如下。

(1) 设置系统需要的公共属性，预先准备好要使用的素材图片，对应代码如下：

```
private const val TAG = "MainActivity"
class MainActivity : AppCompatActivity() {
  private val tfImageName = "tensorflow.jpg"
  private val androidImageName = "android.jpg"
  private val chromeImageName = "chrome.jpg"
  private lateinit var viewModel: MLExecutionViewModel
  private lateinit var resultImageView: ImageView
  private lateinit var tfImageView: ImageView
  private lateinit var androidImageView: ImageView
```

```
    private lateinit var chromeImageView: ImageView
    private lateinit var chipsGroup: ChipGroup
    private lateinit var runButton: Button
    private lateinit var textPromptTextView: TextView

    private var useGPU = false
    private var selectedImageName = "tensorflow.jpg"
    private var ocrModel: OCRModelExecutor? = null
    private val inferenceThread =
Executors.newSingleThreadExecutor().asCoroutineDispatcher()
    private val mainScope = MainScope()
    private val mutex = Mutex()
}
```

(2) 通过 onCreate()方法设置在程序启动时需要实例化的对象，此方法是在 Activity 创建时被系统调用的，是一个 Activity 生命周期的开始。对应代码如下：

```
override fun onCreate(savedInstanceState: Bundle?) {
  super.onCreate(savedInstanceState)
  setContentView(R.layout.tfe_is_activity_main)
  val toolbar: Toolbar = findViewById(R.id.toolbar)
  setSupportActionBar(toolbar)
  supportActionBar?.setDisplayShowTitleEnabled(false)
  tfImageView = findViewById(R.id.tf_imageview)
  androidImageView = findViewById(R.id.android_imageview)
  chromeImageView = findViewById(R.id.chrome_imageview)
  val candidateImageViews = arrayOf<ImageView>(tfImageView, androidImageView,
chromeImageView)
  val assetManager = assets
  try {
    val tfInputStream: InputStream = assetManager.open(tfImageName)
    val tfBitmap = BitmapFactory.decodeStream(tfInputStream)
    tfImageView.setImageBitmap(tfBitmap)
    val androidInputStream: InputStream = assetManager.open(androidImageName)
    val androidBitmap = BitmapFactory.decodeStream(androidInputStream)
    androidImageView.setImageBitmap(androidBitmap)
    val chromeInputStream: InputStream = assetManager.open(chromeImageName)
    val chromeBitmap = BitmapFactory.decodeStream(chromeInputStream)
    chromeImageView.setImageBitmap(chromeBitmap)
  } catch (e: IOException) {
    Log.e(TAG, "Failed to open a test image")
  }

  for (iv in candidateImageViews) {
    setInputImageViewListener(iv)
  }
```

```
  resultImageView = findViewById(R.id.result_imageview)
  chipsGroup = findViewById(R.id.chips_group)
  textPromptTextView = findViewById(R.id.text_prompt)
  val useGpuSwitch: Switch = findViewById(R.id.switch_use_gpu)

  viewModel = AndroidViewModelFactory(application).create
(MLExecutionViewModel::class.java)
  viewModel.resultingBitmap.observe(
    this,
    Observer { resultImage ->
      if (resultImage != null) {
        updateUIWithResults(resultImage)
      }
      enableControls(true)
    }
  )
}
```

(3) 监听用户是否选中悬浮面板中的 GPU 按钮，对应代码如下：

```
mainScope.async(inferenceThread) { createModelExecutor(useGPU) }
useGpuSwitch.setOnCheckedChangeListener { _, isChecked ->
  useGPU = isChecked
  mainScope.async(inferenceThread) { createModelExecutor(useGPU) }
}
runButton = findViewById(R.id.rerun_button)
runButton.setOnClickListener {
  enableControls(false)

  mainScope.async(inferenceThread) {
    mutex.withLock {
      if (ocrModel != null) {
        viewModel.onApplyModel(baseContext, selectedImageName, ocrModel, inferenceThread)
      } else {
        Log.d(
          TAG,
          "Skipping running OCR since the ocrModel has not been properly initialized ..."
        )
      }
    }
  }
  }
  setChipsToLogView(HashMap<String, Int>())
  enableControls(true)
}
```

(4) 编写方法 setInputImageViewListener()，功能是监听用户选中的图片，如果图片被选中，则会检测图片中的文字。对应代码如下：

```
@SuppressLint("ClickableViewAccessibility")
private fun setInputImageViewListener(iv: ImageView) {
  iv.setOnTouchListener(
    object : View.OnTouchListener {
      override fun onTouch(v: View, event: MotionEvent?): Boolean {
        if (v.equals(tfImageView)) {
          selectedImageName = tfImageName
          textPromptTextView.setText(getResources().getString (R.string.tfe_
using_first_image))
        } else if (v.equals(androidImageView)) {
          selectedImageName = androidImageName
          textPromptTextView.setText(getResources().getString (R.string.tfe_
using_second_image))
        } else if (v.equals(chromeImageView)) {
          selectedImageName = chromeImageName
          textPromptTextView.setText(getResources().getString (R.string.tfe_
using_third_image))
        }
        return false
      }
    }
  )
}
```

(5) 编写方法 createModelExecutor()，功能是检测并标记出图片中的文字后，调用文本识别模型进行识别。对应代码如下：

```
private suspend fun createModelExecutor(useGPU: Boolean) {
  mutex.withLock {
    if (ocrModel != null) {
      ocrModel!!.close()
      ocrModel = null
    }
    try {
      ocrModel = OCRModelExecutor(this, useGPU)
    } catch (e: Exception) {
      Log.e(TAG, "Fail to create OCRModelExecutor: ${e.message}")
      val logText: TextView = findViewById(R.id.log_view)
      logText.text = e.message
    }
  }
}
```

(6) 编写方法 setChipsToLogView()，功能是设置调试日志中的信息。对应代码如下：

```
private fun setChipsToLogView(itemsFound: Map<String, Int>) {
  chipsGroup.removeAllViews()
  for ((word, color) in itemsFound) {
    val chip = Chip(this)
    chip.text = word
    chip.chipBackgroundColor = getColorStateListForChip(color)
    chip.isClickable = false
    chipsGroup.addView(chip)
  }
  val labelsFoundTextView: TextView = findViewById(R.id.tfe_is_labels_found)
  if (chipsGroup.childCount == 0) {
    labelsFoundTextView.text = getString(R.string.tfe_ocr_no_text_found)
  } else {
    labelsFoundTextView.text = getString(R.string.tfe_ocr_texts_found)
  }
  chipsGroup.parent.requestLayout()
}
```

(7) 编写方法 getColorStateListForChip()，功能是获取颜色值列表，把识别后的文本用突出颜色显示。对应代码如下：

```
private fun getColorStateListForChip(color: Int): ColorStateList {
  val states =
    arrayOf(
      intArrayOf(android.R.attr.state_enabled),
      intArrayOf(android.R.attr.state_pressed)
    )
  val colors = intArrayOf(color, color)
  return ColorStateList(states, colors)
}
```

14.5.3　图像操作

在本实例中需要检测图像中的文字，所以图像处理至关重要。编写文件 ImageUtils.kt 实现图像处理相关功能，具体编码流程如下。

(1) 编写方法 decodeExifOrientation()，功能是将 Exif orientation(方向参数)枚举转换为矩阵。对应代码如下：

```
abstract class ImageUtils {
  companion object {
    private fun decodeExifOrientation(orientation: Int): Matrix {
      val matrix = Matrix()

      //应用与声明的 Exif 方向相对应的转换
```

```
    when (orientation) {
      ExifInterface.ORIENTATION_NORMAL, ExifInterface.ORIENTATION_UNDEFINED -> Unit
      ExifInterface.ORIENTATION_ROTATE_90 -> matrix.postRotate(90F)
      ExifInterface.ORIENTATION_ROTATE_180 -> matrix.postRotate(180F)
      ExifInterface.ORIENTATION_ROTATE_270 -> matrix.postRotate(270F)
      ExifInterface.ORIENTATION_FLIP_HORIZONTAL -> matrix.postScale(-1F, 1F)
      ExifInterface.ORIENTATION_FLIP_VERTICAL -> matrix.postScale(1F, -1F)
      ExifInterface.ORIENTATION_TRANSPOSE -> {
        matrix.postScale(-1F, 1F)
        matrix.postRotate(270F)
      }
      ExifInterface.ORIENTATION_TRANSVERSE -> {
        matrix.postScale(-1F, 1F)
        matrix.postRotate(90F)
      }

      // Exif orientation 无效时出错
      else -> throw IllegalArgumentException("Invalid orientation: $orientation")
    }

    //返回生成的矩阵
    return matrix
  }
 }
}
```

(2) 编写方法 setExifOrientation()用于设置 Exif Orientation，实现对图像的修复功能。Exif Orientation 参数的作用是用户以随意方向拍照，都可以看到正确方向的照片，而无须手动旋转。对应代码如下：

```
fun setExifOrientation(filePath: String, value: String) {
 val exif = ExifInterface(filePath)
 exif.setAttribute(ExifInterface.TAG_ORIENTATION, value)
 exif.saveAttributes()
}
```

(3) 编写方法 computeExifOrientation()，功能是将旋转和镜像信息转换为 ExifInterface 常量之一。对应代码如下：

```
fun computeExifOrientation(rotationDegrees: Int, mirrored: Boolean) =
 when {
   rotationDegrees == 0 && !mirrored -> ExifInterface.ORIENTATION_NORMAL
   rotationDegrees == 0 && mirrored -> ExifInterface.ORIENTATION_FLIP_HORIZONTAL
   rotationDegrees == 180 && !mirrored -> ExifInterface.ORIENTATION_ROTATE_180
   rotationDegrees == 180 && mirrored -> ExifInterface.ORIENTATION_FLIP_VERTICAL
   rotationDegrees == 270 && mirrored -> ExifInterface.ORIENTATION_TRANSVERSE
```

```
    rotationDegrees == 90 && !mirrored -> ExifInterface.ORIENTATION_ROTATE_90
    rotationDegrees == 90 && mirrored -> ExifInterface.ORIENTATION_TRANSPOSE
    rotationDegrees == 270 && mirrored -> ExifInterface.ORIENTATION_ROTATE_270
    rotationDegrees == 270 && !mirrored -> ExifInterface.ORIENTATION_TRANSVERSE
  else -> ExifInterface.ORIENTATION_UNDEFINED
}
```

(4) 编写方法 decodeBitmap()，功能是从文件中解码位图，并应用其 Exif 中描述的转换。对应代码如下：

```
fun decodeBitmap(file: File): Bitmap {
  //首先，解码 Exif 数据并检索变换矩阵
  val exif = ExifInterface(file.absolutePath)
  val transformation =
    decodeExifOrientation(
      exif.getAttributeInt(ExifInterface.TAG_ORIENTATION,
ExifInterface.ORIENTATION_ROTATE_90)
    )

  //使用工厂方法读取位图，并使用 Exif 数据进行转换
  val options = BitmapFactory.Options()
  val bitmap = BitmapFactory.decodeFile(file.absolutePath, options)
  return Bitmap.createBitmap(
    BitmapFactory.decodeFile(file.absolutePath),
    0,
    0,
    bitmap.width,
    bitmap.height,
    transformation,
    true
  )
}
```

(5) 编写方法 bitmapToTensorImageForRecognition()，功能是将位图转换为具有目标大小和标准化识别模型的 TensorImage。各个参数的具体说明如下。

- bitmapIn：位图输入。
- width：转换后的 TensorImage 的目标宽度。
- height：转换后的 TensorImage 的目标高度。
- means：图像的像素值的平均数。
- stds：图像的标准差。

方法 bitmapToTensorImageForRecognition()的具体代码如下：

```
fun bitmapToTensorImageForRecognition(
  bitmapIn: Bitmap,
```

```
  width: Int,
  height: Int,
  mean: Float,
  std: Float
): TensorImage {
  val imageProcessor =
    ImageProcessor.Builder()
      .add(ResizeOp(height, width, ResizeOp.ResizeMethod.BILINEAR))
      .add(TransformToGrayscaleOp())
      .add(NormalizeOp(mean, std))
      .build()
  var tensorImage = TensorImage(DataType.FLOAT32)

  tensorImage.load(bitmapIn)
  tensorImage = imageProcessor.process(tensorImage)

  return tensorImage
}
```

(6) 编写方法 bitmapToTensorImageForDetection()，功能是将位图转换为具有目标大小和标准化检测模型的 TensorImage。各个参数的具体说明如下。

- bitmapIn：位图输入。
- width：转换后的 TensorImage 的目标宽度。
- height：转换后的 TensorImage 的目标高度。
- means：图像的像素值的平均数。
- stds：图像的标准差。

方法 bitmapToTensorImageForDetection()的具体代码如下：

```
fun bitmapToTensorImageForDetection(
  bitmapIn: Bitmap,
  width: Int,
  height: Int,
  means: FloatArray,
  stds: FloatArray
): TensorImage {
  val imageProcessor =
    ImageProcessor.Builder()
      .add(ResizeOp(height, width, ResizeOp.ResizeMethod.BILINEAR))
      .add(NormalizeOp(means, stds))
      .build()
  var tensorImage = TensorImage(DataType.FLOAT32)
  tensorImage.load(bitmapIn)
  tensorImage = imageProcessor.process(tensorImage)
  return tensorImage
}
```

14.5.4 运行 OCR 模型

编写文件 OCRModelExecutor.kt，功能是运行 OCR 模型，分别实现文本检测和文本识别功能。文件 CameraConnectionFragment.java 的具体编码流程如下。

(1) 设置需要的常量属性，对应代码如下：

```
class OCRModelExecutor(context: Context, private var useGPU: Boolean = false) :
AutoCloseable {
  private var gpuDelegate: GpuDelegate? = null

  private val recognitionResult: ByteBuffer
  private val detectionInterpreter: Interpreter
  private val recognitionInterpreter: Interpreter

  private var ratioHeight = 0.toFloat()
  private var ratioWidth = 0.toFloat()
  private var indicesMat: MatOfInt
  private var boundingBoxesMat: MatOfRotatedRect
  private var ocrResults: HashMap<String, Int>
}
```

(2) 初始化处理，验证是否支持 OpenCV，对应代码如下：

```
init {
  try {
    if (!OpenCVLoader.initDebug()) throw Exception("Unable to load OpenCV")
    else Log.d(TAG, "OpenCV loaded")
  } catch (e: Exception) {
    val exceptionLog = "something went wrong: ${e.message}"
    Log.d(TAG, exceptionLog)
  }
}
```

(3) 创建检测解释器，检测指定范围内的图像信息，对应代码如下：

```
detectionInterpreter = getInterpreter(context, textDetectionModel, useGPU)
//识别模型需要 Flex，因此无论用户如何选择，都会禁用 GPU 代理
recognitionInterpreter = getInterpreter(context, textRecognitionModel, false)
recognitionResult = ByteBuffer.allocateDirect(recognitionModelOutputSize * 8)
recognitionResult.order(ByteOrder.nativeOrder())
indicesMat = MatOfInt()
boundingBoxesMat = MatOfRotatedRect()
ocrResults = HashMap<String, Int>()
```

(4) 编写方法 execute()，功能是处理参数 data 指定的图像，对应代码如下：

```
fun execute(data: Bitmap): ModelExecutionResult {
  try {
    ratioHeight = data.height.toFloat() / detectionImageHeight
    ratioWidth = data.width.toFloat() / detectionImageWidth
    ocrResults.clear()

    detectTexts(data)

    val bitmapWithBoundingBoxes = recognizeTexts(data, boundingBoxesMat, indicesMat)

    return ModelExecutionResult(bitmapWithBoundingBoxes, "OCR result", ocrResults)
  } catch (e: Exception) {
    val exceptionLog = "something went wrong: ${e.message}"
    Log.d(TAG, exceptionLog)

    val emptyBitmap = ImageUtils.createEmptyBitmap(displayImageSize, displayImageSize)
    return ModelExecutionResult(emptyBitmap, exceptionLog, HashMap<String, Int>())
  }
}
```

(5) 编写方法 detectTexts()，功能是指定参数 data 图像中的文字，对应代码如下：

```
private fun detectTexts(data: Bitmap) {
  val detectionTensorImage =
    ImageUtils.bitmapToTensorImageForDetection(
      data,
      detectionImageWidth,
      detectionImageHeight,
      detectionImageMeans,
      detectionImageStds
    )

  val detectionInputs = arrayOf(detectionTensorImage.buffer.rewind())
  val detectionOutputs: HashMap<Int, Any> = HashMap<Int, Any>()

  val detectionScores =
    Array(1) { Array(detectionOutputNumRows) { Array(detectionOutputNumCols)
{ FloatArray(1) } } }
  val detectionGeometries =
    Array(1) { Array(detectionOutputNumRows) { Array(detectionOutputNumCols)
{ FloatArray(5) } } }
  detectionOutputs.put(0, detectionScores)
  detectionOutputs.put(1, detectionGeometries)

  detectionInterpreter.runForMultipleInputsOutputs(detectionInputs, detectionOutputs)
```

```
  val transposeddetectionScores =
    Array(1) { Array(1) { Array(detectionOutputNumRows)
{ FloatArray(detectionOutputNumCols) } } }
  val transposedDetectionGeometries =
    Array(1) { Array(5) { Array(detectionOutputNumRows)
{ FloatArray(detectionOutputNumCols) } } }

  //转换检测输出张量
for (i in 0 until transposeddetectionScores[0][0].size) {
    for (j in 0 until transposeddetectionScores[0][0][0].size) {
      for (k in 0 until 1) {
        transposeddetectionScores[0][k][i][j] = detectionScores[0][i][j][k]
      }
      for (k in 0 until 5) {
        transposedDetectionGeometries[0][k][i][j] = detectionGeometries[0][i][j][k]
      }
    }
  }

  val detectedRotatedRects = ArrayList<RotatedRect>()
  val detectedConfidences = ArrayList<Float>()

  for (y in 0 until transposeddetectionScores[0][0].size) {
    val detectionScoreData = transposeddetectionScores[0][0][y]
    val detectionGeometryX0Data = transposedDetectionGeometries[0][0][y]
    val detectionGeometryX1Data = transposedDetectionGeometries[0][1][y]
    val detectionGeometryX2Data = transposedDetectionGeometries[0][2][y]
    val detectionGeometryX3Data = transposedDetectionGeometries[0][3][y]
    val detectionRotationAngleData = transposedDetectionGeometries[0][4][y]

    for (x in 0 until transposeddetectionScores[0][0][0].size) {
      if (detectionScoreData[x] < 0.5) {
        continue
      }

      //计算旋转的边界框和约束(主要基于 OpenCV 示例)
      // https://github.com/opencv/opencv/blob/master/samples/dnn/text_detection.py
      val offsetX = x * 4.0
      val offsetY = y * 4.0

      val h = detectionGeometryX0Data[x] + detectionGeometryX2Data[x]
      val w = detectionGeometryX1Data[x] + detectionGeometryX3Data[x]

      val angle = detectionRotationAngleData[x]
      val cos = Math.cos(angle.toDouble())
```

```
    val sin = Math.sin(angle.toDouble())

    val offset =
      Point(
        offsetX + cos * detectionGeometryX1Data[x] + sin * detectionGeometryX2Data[x],
        offsetY - sin * detectionGeometryX1Data[x] + cos * detectionGeometryX2Data[x]
      )
    val p1 = Point(-sin * h + offset.x, -cos * h + offset.y)
    val p3 = Point(-cos * w + offset.x, sin * w + offset.y)
    val center = Point(0.5 * (p1.x + p3.x), 0.5 * (p1.y + p3.y))

    val textDetection =
      RotatedRect(
        center,
        Size(w.toDouble(), h.toDouble()),
        (-1 * angle * 180.0 / Math.PI)
      )
    detectedRotatedRects.add(textDetection)
    detectedConfidences.add(detectionScoreData[x])
   }
  }

  val detectedConfidencesMat = MatOfFloat(vector_float_to_Mat(detectedConfidences))

  boundingBoxesMat = MatOfRotatedRect(vector_RotatedRect_to_Mat(detectedRotatedRects))
  NMSBoxesRotated(
    boundingBoxesMat,
    detectedConfidencesMat,
    detectionConfidenceThreshold.toFloat(),
    detectionNMSThreshold.toFloat(),
    indicesMat
  )
}
```

(6) 编写方法 recognizeTexts()，功能是调用模型实现文字识别功能，通过 copy()方法返回新的 Bitmap 对象，它的像素格式是 ARGB_8888。在 Android 界面中显示图片时，需要的内存空间不是按图片的实际大小来计算的，而是按像素点的多少乘以每个像素点占用的空间大小来计算的。比如，一个 400×800 的图片以 ARGB_8888 形式显示，则占用(400×800×4)/1024=1500KB 的内存。在图像中检测文字的时候，会使用 for 循环遍历指定区域内的每一个像素点，然后使用 drawLine()绘制方块，将有文字的区域标记出来。最后将有文字的位图转换为张量图像，从而实现文字识别功能。方法 recognizeTexts()的代码如下：

```
private fun recognizeTexts(
  data: Bitmap,
  boundingBoxesMat: MatOfRotatedRect,
  indicesMat: MatOfInt
): Bitmap {
  val bitmapWithBoundingBoxes = data.copy(Bitmap.Config.ARGB_8888, true)
  val canvas = Canvas(bitmapWithBoundingBoxes)
  val paint = Paint()
  paint.style = Paint.Style.STROKE
  paint.strokeWidth = 10.toFloat()
  paint.setColor(Color.GREEN)

  for (i in indicesMat.toArray()) {
    val boundingBox = boundingBoxesMat.toArray()[i]
    val targetVertices = ArrayList<Point>()
    targetVertices.add(Point(0.toDouble(), (recognitionImageHeight - 1).toDouble()))
    targetVertices.add(Point(0.toDouble(), 0.toDouble()))
    targetVertices.add(Point((recognitionImageWidth - 1).toDouble(), 0.toDouble()))
    targetVertices.add(
      Point((recognitionImageWidth - 1).toDouble(), (recognitionImageHeight -
1).toDouble())
    )

    val srcVertices = ArrayList<Point>()

    val boundingBoxPointsMat = Mat()
    boxPoints(boundingBox, boundingBoxPointsMat)
    for (j in 0 until 4) {
      srcVertices.add(
        Point(
          boundingBoxPointsMat.get(j, 0)[0] * ratioWidth,
          boundingBoxPointsMat.get(j, 1)[0] * ratioHeight
        )
      )
      if (j != 0) {
        canvas.drawLine(
          (boundingBoxPointsMat.get(j, 0)[0] * ratioWidth).toFloat(),
          (boundingBoxPointsMat.get(j, 1)[0] * ratioHeight).toFloat(),
          (boundingBoxPointsMat.get(j - 1, 0)[0] * ratioWidth).toFloat(),
          (boundingBoxPointsMat.get(j - 1, 1)[0] * ratioHeight).toFloat(),
          paint
        )
      }
    }
    canvas.drawLine(
```

```
      (boundingBoxPointsMat.get(0, 0)[0] * ratioWidth).toFloat(),
      (boundingBoxPointsMat.get(0, 1)[0] * ratioHeight).toFloat(),
      (boundingBoxPointsMat.get(3, 0)[0] * ratioWidth).toFloat(),
      (boundingBoxPointsMat.get(3, 1)[0] * ratioHeight).toFloat(),
      paint
    )
    val srcVerticesMat =
      MatOfPoint2f(srcVertices[0], srcVertices[1], srcVertices[2], srcVertices[3])
    val targetVerticesMat =
      MatOfPoint2f(targetVertices[0], targetVertices[1], targetVertices[2],
targetVertices[3])
    val rotationMatrix = getPerspectiveTransform(srcVerticesMat, targetVerticesMat)
    val recognitionBitmapMat = Mat()
    val srcBitmapMat = Mat()
    bitmapToMat(data, srcBitmapMat)
    warpPerspective(
      srcBitmapMat,
      recognitionBitmapMat,
      rotationMatrix,
      Size(recognitionImageWidth.toDouble(), recognitionImageHeight.toDouble())
    )

    val recognitionBitmap =
      ImageUtils.createEmptyBitmap(
        recognitionImageWidth,
        recognitionImageHeight,
        0,
        Bitmap.Config.ARGB_8888
      )
    matToBitmap(recognitionBitmapMat, recognitionBitmap)

    val recognitionTensorImage =
      ImageUtils.bitmapToTensorImageForRecognition(
        recognitionBitmap,
        recognitionImageWidth,
        recognitionImageHeight,
        recognitionImageMean,
        recognitionImageStd
      )
    recognitionResult.rewind()
    recognitionInterpreter.run(recognitionTensorImage.buffer, recognitionResult)
    var recognizedText = ""
    for (k in 0 until recognitionModelOutputSize) {
      var alphabetIndex = recognitionResult.getInt(k * 8)
      if (alphabetIndex in 0..alphabets.length - 1)
```

```
      recognizedText = recognizedText + alphabets[alphabetIndex]
    }
    Log.d("Recognition result:", recognizedText)
    if (recognizedText != "") {
      ocrResults.put(recognizedText, getRandomColor())
    }
  }
  return bitmapWithBoundingBoxes
}
```

(7) 编写方法 loadModelFile()，功能是加载指定的模型文件，对应代码如下：

```
private fun loadModelFile(context: Context, modelFile: String): MappedByteBuffer {
  val fileDescriptor = context.assets.openFd(modelFile)
  val inputStream = FileInputStream(fileDescriptor.fileDescriptor)
  val fileChannel = inputStream.channel
  val startOffset = fileDescriptor.startOffset
  val declaredLength = fileDescriptor.declaredLength
  val retFile = fileChannel.map(FileChannel.MapMode.READ_ONLY, startOffset,
declaredLength)
  fileDescriptor.close()
  return retFile
}
@Throws(IOException::class)
private fun getInterpreter(
  context: Context,
  modelName: String,
  useGpu: Boolean = false
): Interpreter {
  val tfliteOptions = Interpreter.Options()
  tfliteOptions.setNumThreads(numberThreads)
  gpuDelegate = null
  if (useGpu) {
    gpuDelegate = GpuDelegate()
    tfliteOptions.addDelegate(gpuDelegate)
  }
  return Interpreter(loadModelFile(context, modelName), tfliteOptions)
}
```

(8) 编写方法 close()，功能是关闭识别功能，对应代码如下：

```
override fun close() {
  detectionInterpreter.close()
  recognitionInterpreter.close()
  if (gpuDelegate != null) {
    gpuDelegate!!.close()
  }
}
```

(9) 编写方法 getRandomColor()，功能是获取 Android 的随机颜色，然后应用于识别出的文字，达到突出识别结果的效果。方法 getRandomColor()的代码如下：

```
fun getRandomColor(): Int {
  val random = Random()
  return Color.argb(
    (128),
    (255 * random.nextFloat()).toInt(),
    (255 * random.nextFloat()).toInt(),
    (255 * random.nextFloat()).toInt()
  )
}
companion object {
  public const val TAG = "TfLiteOCRDemo"
  private const val textDetectionModel = "text_detection.tflite"
  private const val textRecognitionModel = "text_recognition.tflite"
  private const val numberThreads = 4
  private const val alphabets = "0123456789abcdefghijklmnopqrstuvwxyz"
  private const val displayImageSize = 257
  private const val detectionImageHeight = 320
  private const val detectionImageWidth = 320
  private val detectionImageMeans =
    floatArrayOf(103.94.toFloat(), 116.78.toFloat(), 123.68.toFloat())
  private val detectionImageStds = floatArrayOf(1.toFloat(), 1.toFloat(), 1.toFloat())
  private val detectionOutputNumRows = 80
  private val detectionOutputNumCols = 80
  private val detectionConfidenceThreshold = 0.5
  private val detectionNMSThreshold = 0.4
  private const val recognitionImageHeight = 31
  private const val recognitionImageWidth = 200
  private const val recognitionImageMean = 0.toFloat()
  private const val recognitionImageStd = 255.toFloat()
  private const val recognitionModelOutputSize = 48
}
```

14.6 调试运行

单击 Android Studio 顶部的运行按钮运行本项目，在 Android 设备中将会显示执行效果。在屏幕上方会显示要识别的图片，在下方悬浮面板中显示识别结果。如果图像中没有文字，执行效果如图 14-3 所示。如果图像中有文字，则显示识别结果，执行效果如图 14-4 所示。

扫码看视频

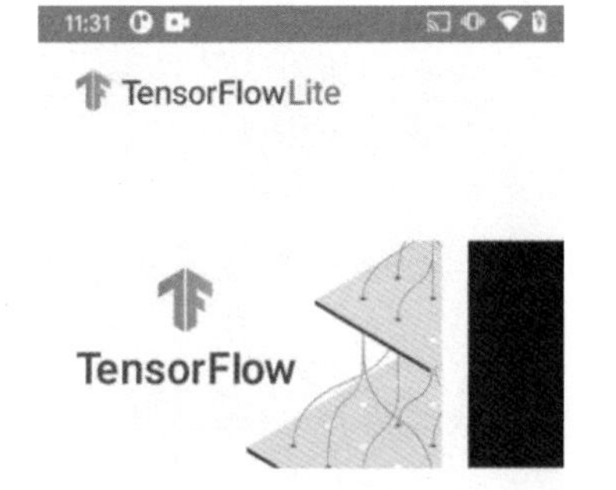

图 14-3　没有文字时的执行效果

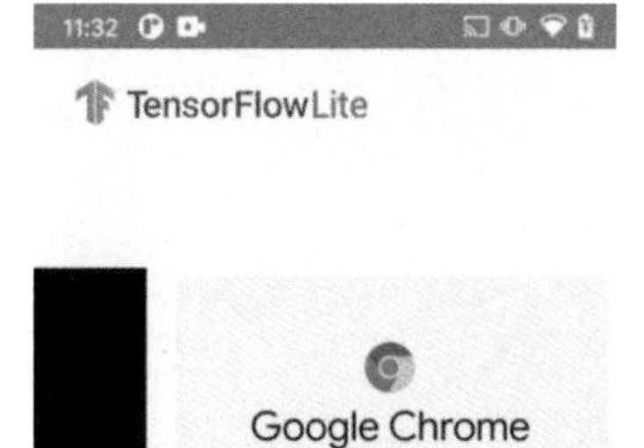

图 14-4　有文字时的执行效果